실무를 위한

기계가공 프로젝트 공학

MACHINING PROJECT PRACTICE

측정 • 기계요소조립 • 기계가공조립 • 복합가공조립 • 융합가공조립 • 응용가공조립 • 부록

구민사

머 리 말

전문기술분야는 기능=품질이라는 성격이 있어 기능향상뿐만 아니라 창의성과 아울러 책임감, 문제해결력을 더욱더 요구하고 있습니다.

이에 본 교재는
국가직무능력표준(NCS) 기반으로

기계 가공분야의 기능역량과 문제해결력을 높이도록 기초부터 응용까지 프로젝트 중심으로 구성하였습니다.

본 교재의 국가직무능력[NCS] 영역

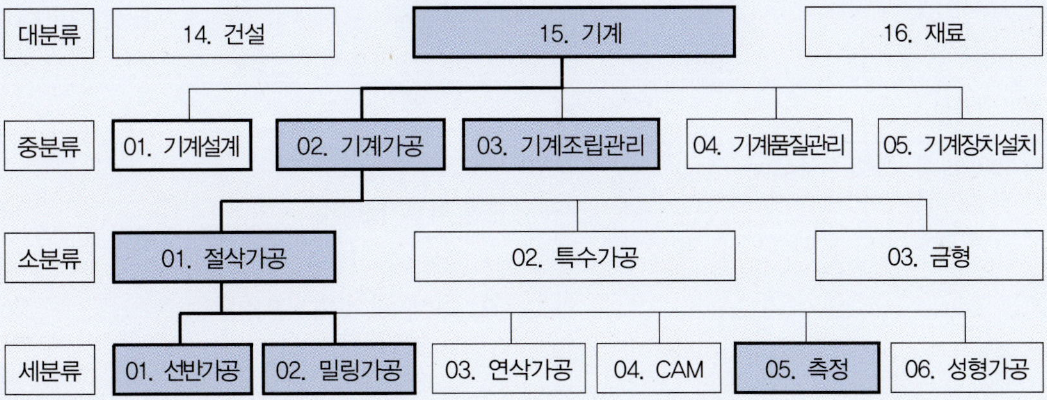

프로젝트는 산업현장의 치공구 및 기계류, 생활주변 및 실세계 속의 탐구대상물을 주제로 융복합 기술향상과 아울러 수행과정에서 의미 있는 산출물을 제시할 수 있도록 전개하였습니다.

측정, 조립, 기계가공 등의 기계와 전기, 공압을 융합한 본 교재가 메이커 교육을 준비하는 모든 분께 도움이 되기를 바랍니다.

이 책의 출판을 위해 적극적으로 도움주신 도서출판 구민사 조규백 대표님과 직원 여러분께 깊은 감사를 드립니다.

저자일동

차 례

01 측정 14

A. 측정의 개요 ······ 14
B. 측정방법 ······ 14
1. 직접측정(direct measurement) ······ 15
2. 비교측정(comparative measurement) ······ 21
3. 간접측정(indirect measurement) ······ 27
C. 공차와 오차 ······ 29
1. 공차 ······ 29
2. 오차 ······ 30
D. 품질과 검사 ······ 32
1. 품질(Quality) ······ 32
2. 검사(Inspection) ······ 32
단원평가 ······ 35

02 기계요소조립 38

A. 바이스, 줄, 손톱, 다이스 ······ 38
1. 바이스 ······ 38
2. 줄 ······ 39
3. 손톱 ······ 42
4. 다이스 ······ 43
B. 드릴 ······ 43
1. 탁상 드릴 머신 ······ 43
2. 드릴머신의 부속장치 ······ 44
3. 드릴 ······ 44
4. 드릴의 연삭 ······ 45
C. 카운터보어, 카운터싱크, 리머 ······ 49
1. 카운터보어 ······ 49
2. 카운터 싱크 ······ 50
3. 리머 ······ 51
D. 탭 ······ 52
E. 요소조립가공 ······ 53
1. 소요시간 : 4시간 ······ 53
2. 과제 ······ 53
3. 보고서 내용 ······ 53
F. 기계요소조립 ······ 56
1. 주제 : 슬라이더 제작 ······ 56
2. 주제 : 나사바이스[수가공] 제작 ······ 63
단원평가 ······ 72

03 기계가공조립 74

A. 선반(LATHE) 가공 ······ 74
1. 선반 부속 장치 ······ 75
2. 선반의 공구 ······ 76
3. 선반 가공 종류 ······ 78
4. 선반가공의 절삭조건에 의한 영향 ······ 84
B. 밀링(MILLING) 가공 ······ 93
1. 밀링 공구 ······ 94
2. 밀링 가공의 조건 ······ 95
3. 상향절삭과 하향절삭 ······ 97
C. 기계가공조립 ······ 109
1. 선반가공 ······ 114
2. 밀링가공 ······ 116
3. 조립가공 및 부품조립 ······ 123
단원평가 ······ 130

04 복합가공조립 132

A. 수행계획서 작성 ······ 138
B. 도면 작성 및 도면분석 ······ 138
1. 부품 스케치하기 ······ 138
2. 도면검토 및 분석하기 ······ 139
C. 부품 가공 준비 ······ 139
1. 부품 가공에 필요한 기계 및 공구 선정하기 ······ 139
2. 부품 가공에 필요한 측정기 선정하기 ······ 139
3. 제작에 필요한 재료 선정하기 ······ 140
4. 부품 가공 시 안전 및 유의 사항 조사하기 ······ 140
D. 부품 가공 ······ 140
1. 부품⑦ 가공 ······ 140
2. 부품③, ⑤ 가공 ······ 141
3. 부품④, ⑥ 가공 ······ 143
4. 부품②, ① 가공 ······ 146
E. 조립가공 및 부품조립 ······ 148
1. 부품 금긋기 ······ 148
2. 조립 가공하기 ······ 150
3. 부품 조립하기 ······ 151

F. 검사 및 품질 분석 ········ 152
G. 프로젝트 수행과정 발표 ········ 152
1. 전시 자료 제작 ········ 152
2. 프레젠테이션 자료 제작 ········ 152
단원평가 ········ 156

05 융합가공조립 160

A. 수행계획서 작성 ········ 168
B. 도면 작성 및 도면 분석 ········ 168
1. 부품 스케치하기 ········ 168
2. 도면 검토 및 분석하기 ········ 169
C. 부품 가공 준비 ········ 169
1. 부품 가공에 필요한 기계 및 공구 선정하기 ········ 169
2. 부품 가공에 필요한 측정기 선정하기 ·· 169
3. 제작에 필요한 재료 선정하기 ········ 169
4. 부품 가공 시 안전 및 유의 사항 조사하기 ········ 170
D. 부품 가공 ········ 170
1. 부품① 가공 ········ 170
2. 부품② 가공 ········ 173
3. 부품③, ④ 가공 ········ 174
4. 부품⑤ 가공 ········ 176
5. 부품⑦ 가공 ········ 178
E. 조립가공 및 부품조립 ········ 179
1. 조립 가공하기 ········ 179
2. 부품 조립하기 ········ 181
F. 측정 및 품질 분석 ········ 182
G. 프로젝트 수행과정 발표 ········ 182
1. 전시회 자료 제작 ········ 182
2. 프레젠테이션 자료 제작 ········ 182

06 응용가공조립 189

A. 수행계획서 작성 ········ 196
B. 도면 작성 및 도면 분석 ········ 196
1. 부품 스케치하기 ········ 196
2. 도면 검토 및 분석하기 ········ 197
C. 부품 가공 준비 ········ 197
1. 부품 가공에 필요한 공작 기계 선정하기 ········ 197
2. 부품 가공에 필요한 측정기구 선정하기 ··· 197
3. 제작에 필요한 재료 선정하기 ········ 197
4. 부품 가공 시 안전 및 유의 사항 조사하기 ········ 198
D. 부품 가공 ········ 198
1. 부품① 가공 ········ 198
2. 부품② 가공 ········ 200
3. 부품③ 가공 ········ 200
4. 부품④ 가공 ········ 202
5. 부품⑤ 가공 ········ 207
6. 부품⑥ 가공 ········ 209
7. 부품⑦ 가공 ········ 210
8. 부품⑧ 가공 ········ 214
9. 부품⑬ 가공 ········ 218
10. 부품⑭ 가공 ········ 219
11. 부품⑨ 가공 ········ 220
12. 부품⑪ 가공 ········ 221
13. ⑱번 부품 가공 ········ 222
14. 부품⑰ 가공 ········ 222
E. 조립가공 및 부품조립 ········ 223
1. 조립 가공하기 ········ 223
2. 부품 조립하기 ········ 226
F. 측정 및 품질 분석 ········ 227
G. 프로젝트 수행과정 발표 ········ 227
1. 전시회 자료 제작 ········ 227
2. 프레젠테이션 자료 제작 ········ 227

07 부록 238

부록_01 : 수행 과정별 보고서(양식) ········ 238
부록_02 : 프로젝트 스케치도 그리기(양식) ··· 245
부록_03 : 프로젝트 과제 공구목록 ········ 246
부록_04 : 프로젝트 과제 재료목록 ········ 247
부록_05 : 원기둥 고정구 도면 ········ 257

프로젝트 과제 목록

프로젝트 과제 선정분야 및 실습과정별 과제는 〈표-1〉과 같으며 「개별 및 그룹」으로 해결하며 과제를 수정 설계하고 부품을 가공 조립하여 완성한다.

1. [기초실습] 과제 및 학습 내용

(가) 조립 기초실습

과정	단계	프로젝트 과제	주 학습 내용	보조 학습 내용	작업 인원
기초 실습 – 수 가공	요소 조립 실습 (1)	 요소실습	– 손톱 – 줄 – 다이스	– 치공구 – 원기둥 고정구 – 버니어캘리퍼스	개인
	요소 조립 실습 (2)	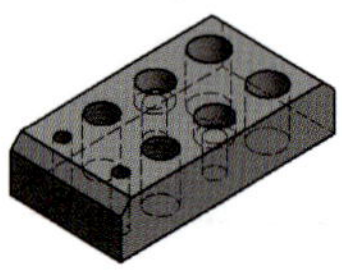 요소실습	– 금긋기, 센터펀치 – 드릴, 탭, 리머 – 카운터보어, 카운터싱크 – 황목, 중목, 세목 줄작업	– 하이트게이지 – 탁상드릴 – 모따기	개인
	주 실습 (1)	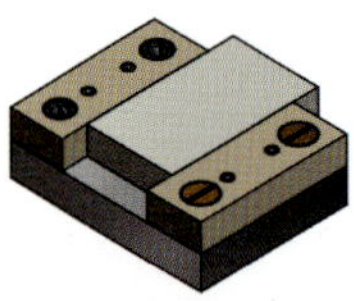 슬라이더 A형 ※요소가공실습 적용과제	– 금긋기, 센터펀치 – 드릴, 탭, 리머 – 카운터보어, 카운터싱크 – 오일스톤	– 작업공정, 조립순서 – 끼워 맞춤 – 볼트 체결 – 맞춤핀	개인
	주 실습 (2)	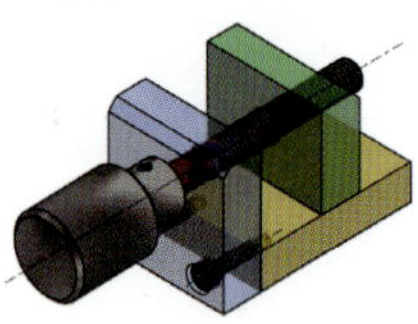 나사바이스[수가공] ※요소가공실습 적용과제	※요소가공실습 적용과제 손톱작업 – 줄 작업 – 드릴링 – 탭, 카운터보어, 리머	– 작업공정, 조립순서 – 탁상 드릴 – 조립 순서 – 볼트 체결	개인 또는 2인

(나) 선반 기초실습

과정	단계	프로젝트 과제	주 학습 내용	보조 학습 내용	작업 인원
기초 실습 – 기계 가공 (선반)	요소 가공 실습 (1)	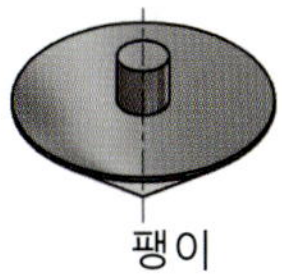 팽이	– 선반 조작 – 외경 가공 – 테이퍼 가공	– 공작물 물림 방법 – 외경바이트 사용방법 – 복식 공구대 사용방법	개인
	요소 가공 실습 (2)	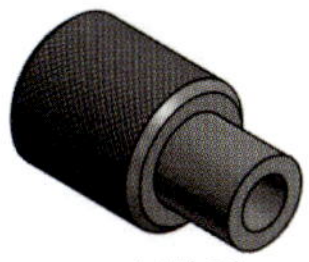 손잡이	– 외경가공 – 널링 가공 – 단 가공 – 모따기 가공	– 심압대 드릴작업 – 널링부 준비가공 – 복식 공구대 사용방법	개인
	요소 가공 실습 (3)	 테이퍼 게이지 ※요소가공실습 적용과제	– 외경가공 – 널링 가공 – 홈 가공 – 테이퍼 가공	– 돌려 물림 방법 – 심압대 센터지지 가공 – 복식 공구대 사용방법 – 센터 드릴	개인
	보충 실습	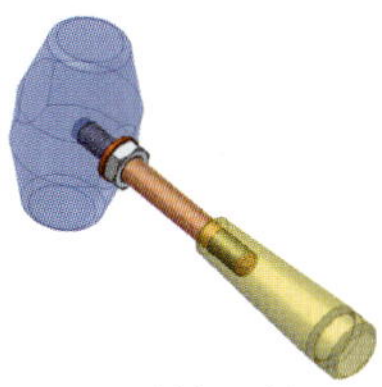 망치 A형 ※요소가공실습 적용과제	– 외경 가공 – 테이퍼 가공	– 공작물 물림 방법 – 외경바이트 사용방법 – 복식 공구대 사용방법 – 테이퍼 계산 방법	개인 또는 2인

(다) 밀링 기초실습

과정	단계	프로젝트 과제	주 학습 내용	보조 학습 내용	작업 인원
기초 실습 – 기계 가공 (밀링)	요소 가공 실습 (1)	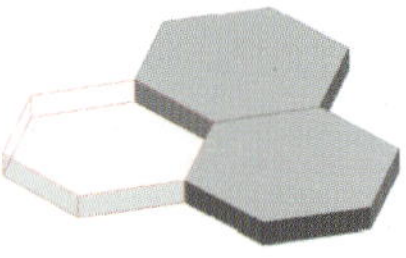 다각형(정육각)	– 밀링조작 – 정면커터 가공 – 직각자 사용법 – V 블록 사용법	– 공작물 물림방법 – 인서트 교체방법 – 각도 계산법 – 하이트게이지 사용법	개인
	요소 가공 실습 (2)	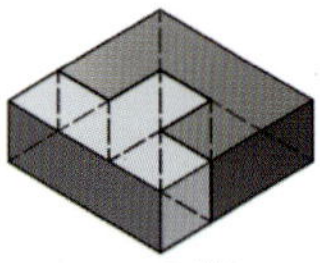 요철	– 밀링조작 – 정면커터 가공 – 엔드밀 가공 – 직각자 사용법	– 공작물 물림방법 – 인서트 교체방법 – 끼워맞춤	개인
	보충 실습	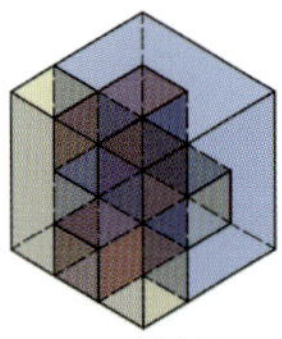 큐브 ※요소가공실습 적용과제	* 요철 3개로 구성 – 엔드밀 가공 – 끼워맞춤 공차	– 공작물 물림방법 – 백래시 제거 가공 – 누적공차	개인 또는 3인
	보충 실습	 축구공 ※요소가공실습 적용과제	* 정육각 20개로 구성 – 정육면체 판 가공 – V 블록 사용 방법	– V 블록 꼭짓점 계산 – 각도 계산 – 조립 순서	10인
	보충 실습	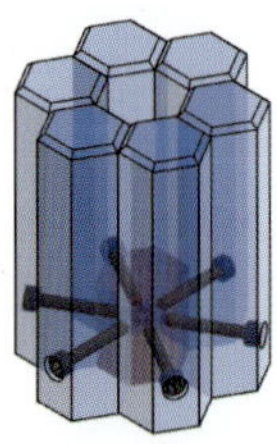 벌집 연필통 ※요소가공실습 적용과제	* ∅소재를 정육각형으로 가공 – 정육면체 기둥 가공 – V 블록 사용 방법	– 정육각형 설계 – 각도 계산 – 조립 순서	3인 또는 6인

2. [전문실습] 과제 및 학습 내용

과정	단계	프로젝트 과제	주 학습 내용	보조 학습 내용	작업 인원
전문실습 – 기계전체	주 실습	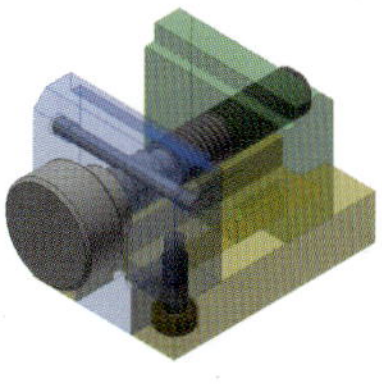 소형바이스	– 조립 및 가공상 주의점 – 제품 기준면 선정 – 구멍위치결정 주의점 – 대칭요철(홈 및 볼록) 가공 공정	– KS 부품 선택 방법 (스냅링, 볼트, 작은 나사) – 기구의 동작 원리 – 끼워 맞춤	2인 1조 (L1–M1)
	보충 실습	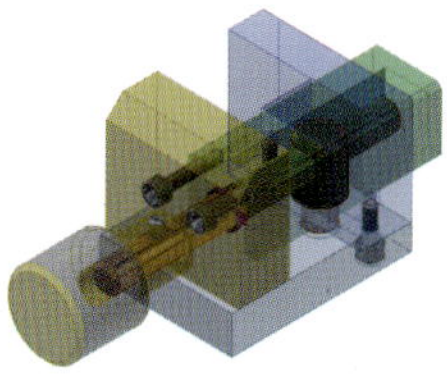 나사탁상바이스 B형	– 조립 및 가공 주의점 – 제품 기준면 선정 – 평행도에 대한 작업공정 – 구멍위치결정 주의점	– KS 부품 선택 방법 (스냅링, 볼트, 작은 나사) – 기구의 동작 원리 – 끼워 맞춤	2인 1조 (L1–M1)

3. [복합실습] 과제 및 학습내용

과정	단계	프로젝트 과제	주 학습 내용	보조 학습 내용	작업 인원
복합실습 – 공압부품 적용	주 실습	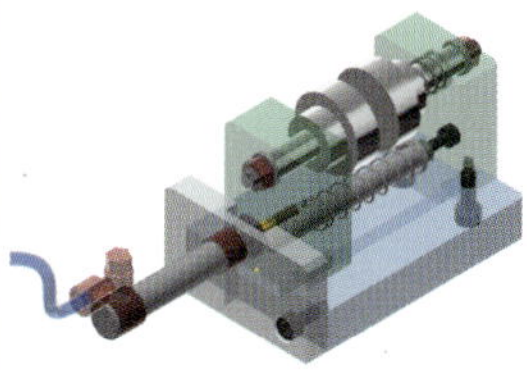 수평공압프레스 A형	– 조립 및 가공 주의 점 – 부품의 상호위치정도 – 좌우방향에 대한 작업 공정 – 공압실린더 공기압 및 스트로크 조정	– KS 부품 선택 방법 (스프링, 실린더, 볼트, 너트, 와셔) – 기구의 동작 원리	2인 또는 4인 1조 (선반작업 2명, 밀링작업 2명)
	보충 실습	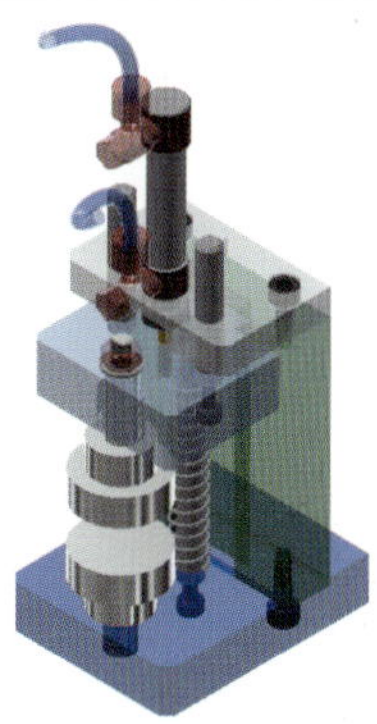 수직공압프레스 A형	– 조립 및 가공 주의 점 – 부품의 상호위치정도에 대한 작업 공정 – 공압실린더 공기압 및 스트로크 조정	– KS 부품 선택 방법 (스프링, 실린더, 볼트, 너트, 와셔) – 기구의 동작 원리	2인 또는 4인 1조 (선반작업 2명, 밀링작업 2명)

4. [융합실습] 과제 및 학습 내용

과정	단계	프로젝트 과제	주 학습 내용	보조 학습 내용	작업 인원
융합 실습 – 전기 적용	주 실습	 전기자동차 A형	– 도면이해 – 기계요소분석 – 원기둥을 사각형으로 가공 – 전기회로 이해	– 베벨기어의 용도 – 널링공구 사용방법 – 엔드밀 내 · 외측 가공 – 납땜 – 전기부품 특성 – 전기회로 배선	2인 1조
	보충 실습	 전기자동차 B형	– 도면 이해 – 동시가공 및 조립공정 – 가공공정 및 끼워 맞춤 – 전기회로 이해	– 임의 각 가공방법 – 조립 마무리 방법 – 널링공구 사용방법 – 납땜 – 전기부품 특성 – 전기회로 배선	3인 1조

5. [응용실습] 과제 및 학습 내용

과정	단계	프로젝트 과제명	주 학습 내용	보조 학습 내용	작업 인원
응용 실습 – 국가 보물 제작	주 실습	 윤장대	- 도면이해 - 가공공정 이해 - 기계요소분석 - 고정구 활용방법	- 앵글v 블록 사용방법 - 베어링 규격 - 볼 엔드밀 가공	4인 1조
	보충 실습	 석가탑	- 도면이해 - 구멍 위치정도 - 동시가공 - 조립순서 이해	- 볼 엔드밀 작업방법 - KS 부품 사용 방법 - 엔드밀 계단가공 방법 - 볼 엔드밀 가공	6인 1조
	보충 실습	 다보탑	- 도면이해 - 구멍 위치정도 - 동시가공 - 조립순서 이해	- 볼 엔드밀 작업방법 - KS 부품 사용 방법 - 드릴 작업의 중요성 - 볼 엔드밀 가공	8인 1조

교재에서 다루는 내용

과정	학습 내용	과제 수행 물품	재료
측정	– 직접측정방법 : 버니어캘리퍼스, 마이크로미터 – 간접측정방법 : 정반, 하이트게이지, 블록게이지, 다이얼게이지, 다이얼테스트인티게이터, 앵글V블록 – 측정기 관리방법 : 방청유 및 정반세척제 사용	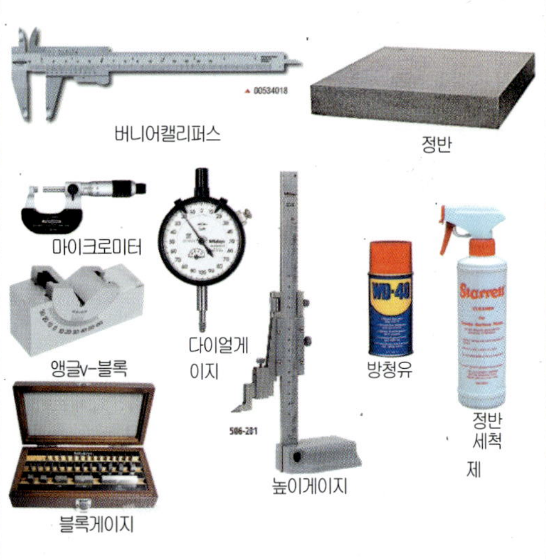	– 방청유 (WD-40) – 정반세척제 (starrett500ml) – 면걸레
조립	– 탁상 바이스 사용방법 – 줄 사용방법 : 평줄, 각줄 : 황목, 중목, 세목 – 기름숫돌 사용방법 – 손톱 작업방법 : 톱날고정방법	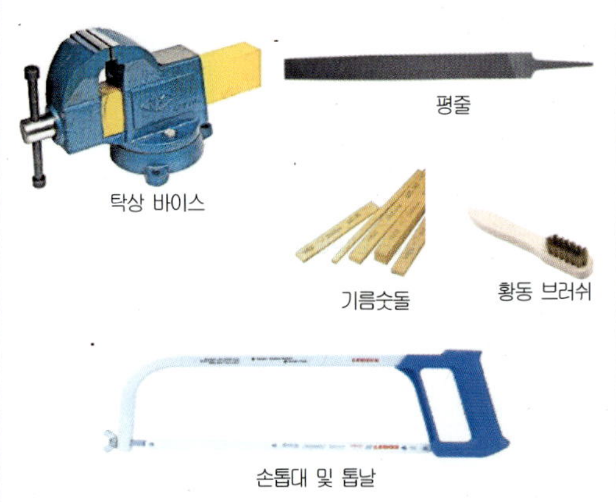	공작물 보호판 붓(청소용)
	– 탭 및 다이스 작업방법 – 조립용 공구 사용방법 : 육각렌치, 스냅링 플라이어 – KS규격품 선택방법 : 무두볼트, 육각렌치볼트 : 접시머리볼트, 맞춤핀, 스냅링	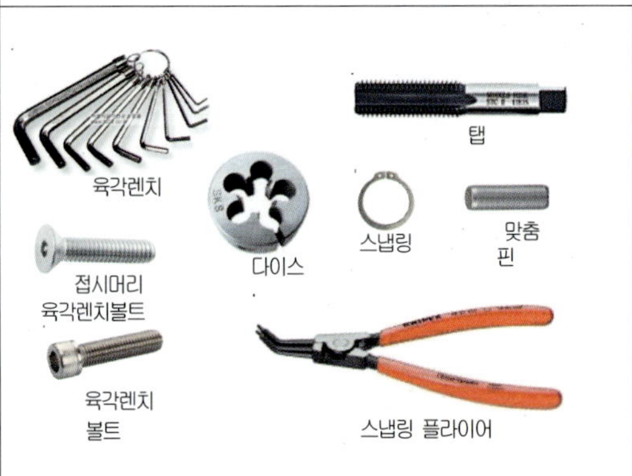	– 탭핑유 (탭매틱 473ml) – 방청유 (WD-40) – 정반세척제 (starrett500ml) – 면걸레

과정	학습 내용	과제 수행 물품	재료
조립	– 탁상드릴의 구조 – 탁상드릴 작업방법 – 금긋기, 센터펀치 – 드릴, 리머 작업방법 – 카운터보어, 카운터싱크 작업방법	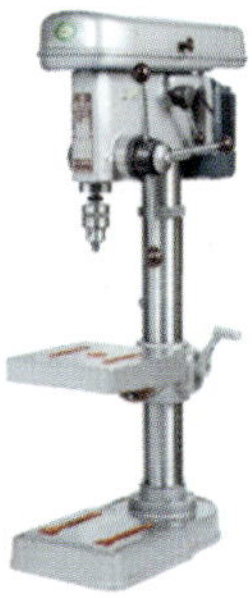 탁상드릴 	– 오일건 (습동유) – 면걸레 – 붓(청소용)

CHAPTER 01

측정

학습 목표

1) 측정기의 용도를 알고 정확하게 사용할 수 있다.
2) 측정방법을 알고 정확하게 정밀도를 검사[1]할 수 있다.
3) 거스러미 제거 공구의 명칭과 용도를 알고 정확하게 사용할 수 있다.

A ∷ 측정의 개요

기계로 가공한 부품 또는 기계요소의 치수, 각도, 형상 등의 양을 사용되는 다른 양과 비교하는 것으로 측정하고자 하는 목적을 알고 있을 때 그에 부합되는 계측기를 선택할 수 있고, 적절한 측정방법을 선택할 수 있다. 기계 및 절삭공구의 절삭 정밀도[2]외에 가공중의 진동 먼지, 온도 등에 의한 치수 변화가 발생하지 않도록 환경을 만들고 정확하게 측정한다.

B ∷ 측정방법

측정값을 얻는 방법에 따라서 크게 직접측정과 간접측정, 비교측정으로 분류한다.

---

1) 측정을 통해 산출된 오차가 도면의 오차 허용도를 만족하는지 확인하는 과정이다.
2) 정밀도(precision)는 같은 측정을 여러번 되풀이 할 때 각각의 측정값 사이의 일치성의 정도를 나타내는 것이다.

1. 직접측정(direct measurement)

직접측정은 측정기를 직접 제품에 접촉 또는 비접촉을 하는 방식이며, 바로 눈금을 읽음으로 측정값을 얻는 방법이다. 절대측정이라고도 한다.

① 강철자를 이용한 측정
② 버니어 캘리퍼스를 이용한 측정
③ 외측 마이크로미터를 이용한 측정

1) 버니어 캘리퍼스(Vernier callipers)

버니어 캘리퍼스 부척의 눈금은 주척의 39mm를 20등분한 것과 눈금 19mm를 20등분(1 − 19/20 = 20/20-19/20 = 1/20)한 것으로 최소 측정값 0.05mm까지 읽을 수 있다.

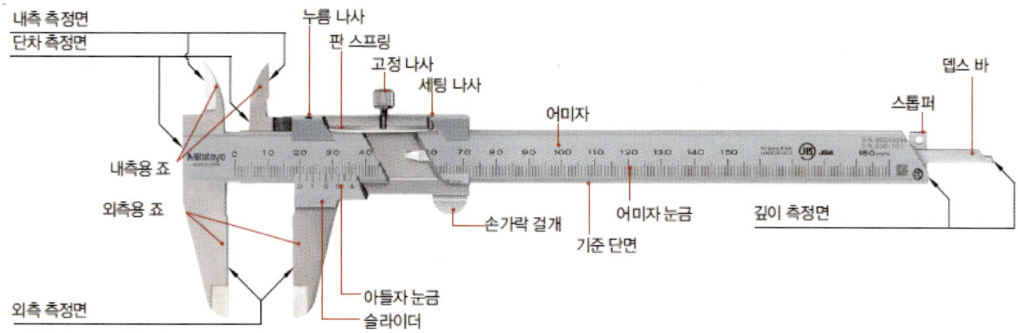

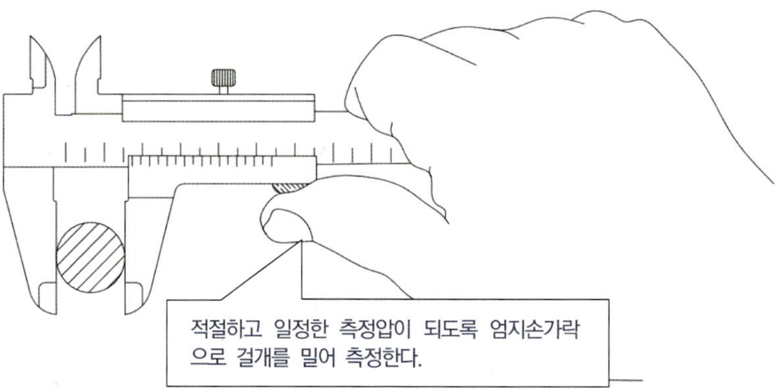

버니어캘리퍼스 잡는 법

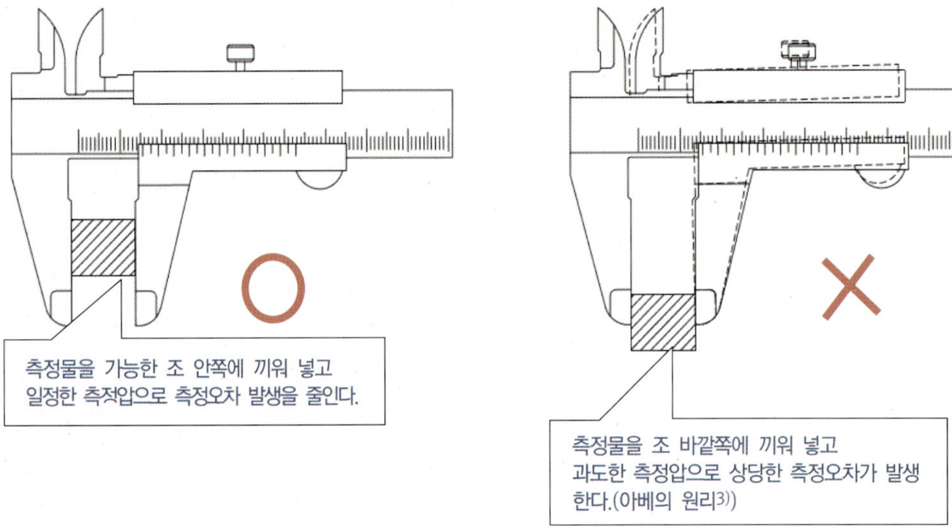

버니어 캘리퍼스 사용상 주의사항

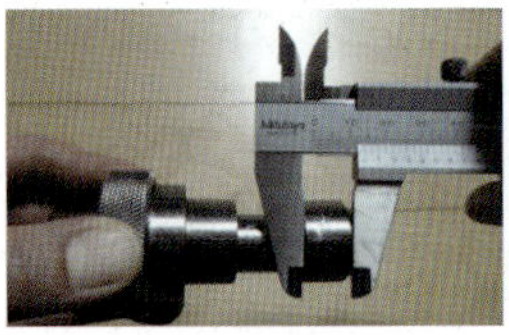

[외측 측정]

[내측 측정]

[단차 측정]

[깊이 측정]

버니어 캘리퍼스 측정 예

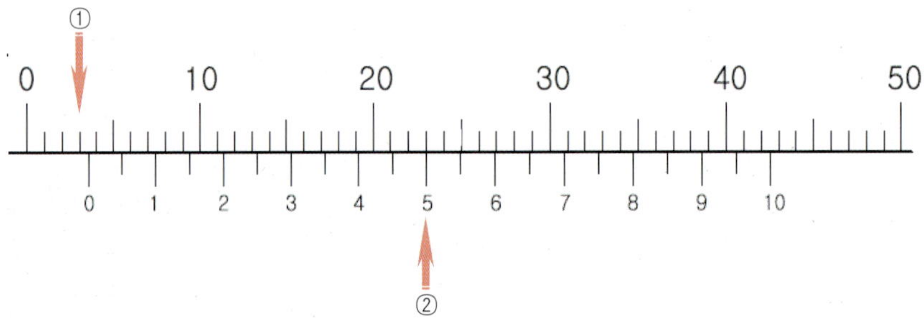

[최소 눈금 0.05 mm]

① 어미자 눈금 읽음	(3.00) mm
② 아들자 눈금 읽음	(0.50) mm
①+② 캘리퍼스의 읽음	(3.50) mm

3) 독일인 아베(E.Abbe; 1893)가 제창, 길이를 측정할 때 측정자를 측정물체와 일직선상으로 나란히 배치함으로써 오차를 최소화하는 것이다.

QUESTION

다음과 같은 버니어캘리퍼스의 측정값은?

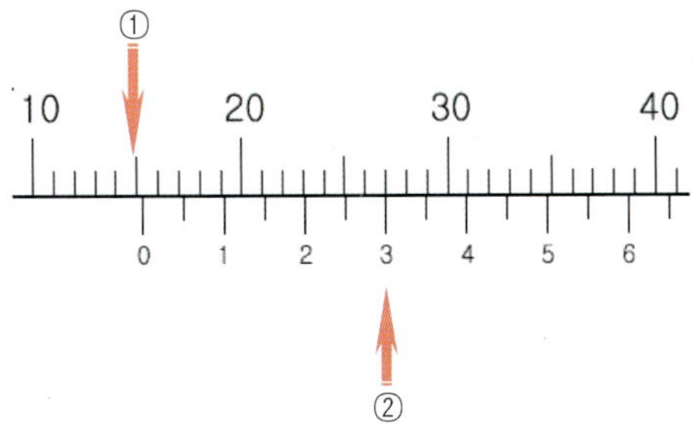

[최소 눈금 0.05 mm]

① 어미자 눈금 읽음 ( ) mm
② 아들자 눈금 읽음 ( ) mm
①+② 캘리퍼스의 읽음 ( ) mm

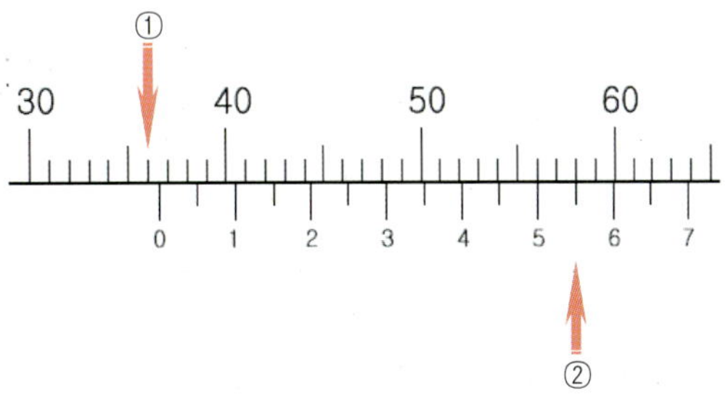

[최소 눈금 0.05 mm]

① 어미자 눈금 읽음 ( ) mm
② 아들자 눈금 읽음 ( ) mm
①+② 캘리퍼스의 읽음 ( ) mm

2) 외측 마이크로미터(outside micrometer)

스핀들의 1회전할 때마다 0.5mm이동하며 이 0.5mm를 심블에 1/50 등분(0.5×1/50 = 1/100) 즉, 최소 0.01mm 까지 측정할 수 있다. 규격은 0~25, 25~50, 50~75로 25mm 단위로 측정한다. 외측마이크로 미터는 사용 전 0점을 확인한 후 슬리브 또는 심블을 조정하여 사용한다.

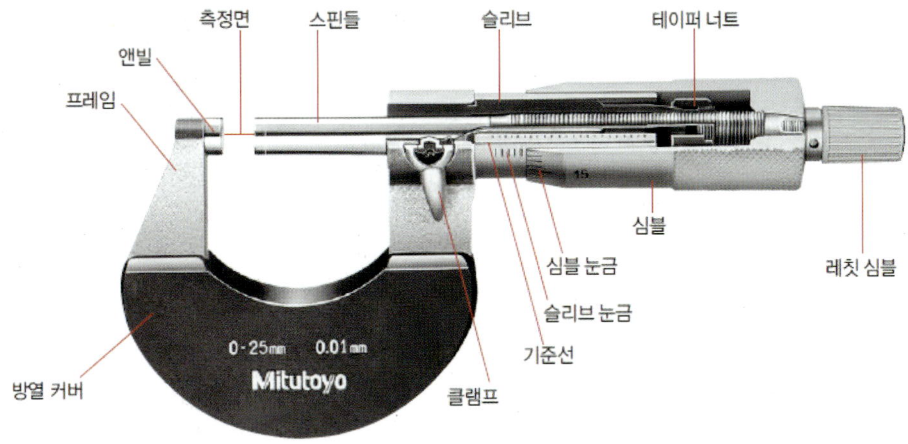

[영점설정방법]

측정하기 전에 먼지가 없는 종이나 천으로 앤빌과 스핀들의 측정 면을 닦고 접촉상태에서 기준점(영점)을 설정하거나 게이지 블록을 이용하여 기준점(영점)을 설정한다.

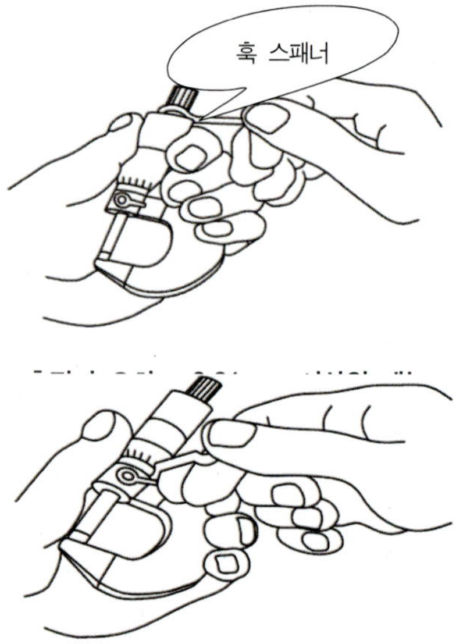

측정기 오차 ±0.01mm 이내일 때는 슬리브 조정

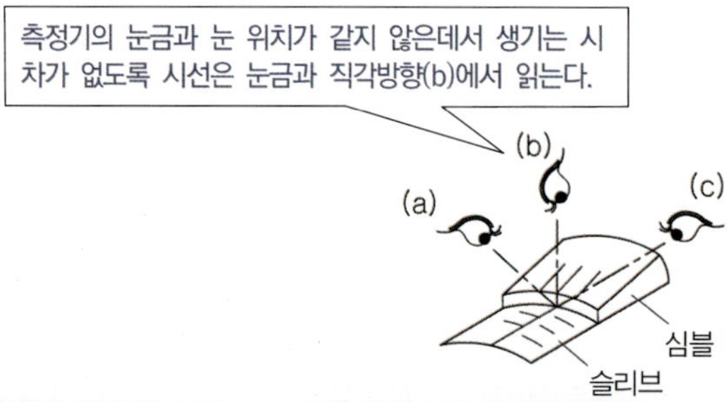

(a) 방향에서 보는 경우(X)

(b) 정면에서 보는 경우(○)

(c) 방향에서 보는 경우(X)

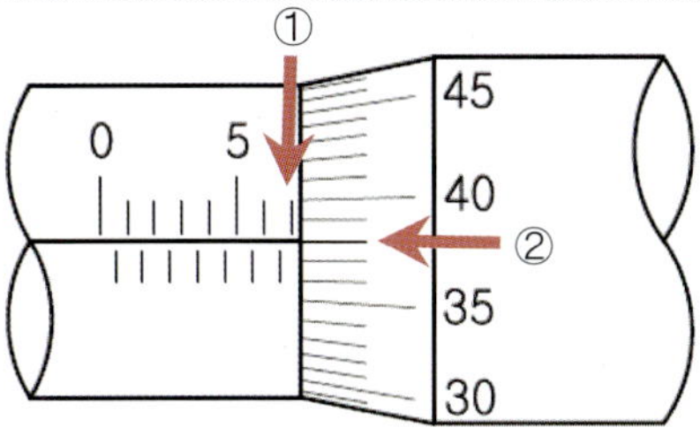

[최소 측정치 0.01 mm]

① 슬리브 눈금 읽음	7.0 mm
② 딤블 눈금 읽음	0.38 mm
①+② 마이크로미터 읽음	7.38 mm

QUESTION

다음과 같은 외측 마이크로미터의 측정값은?

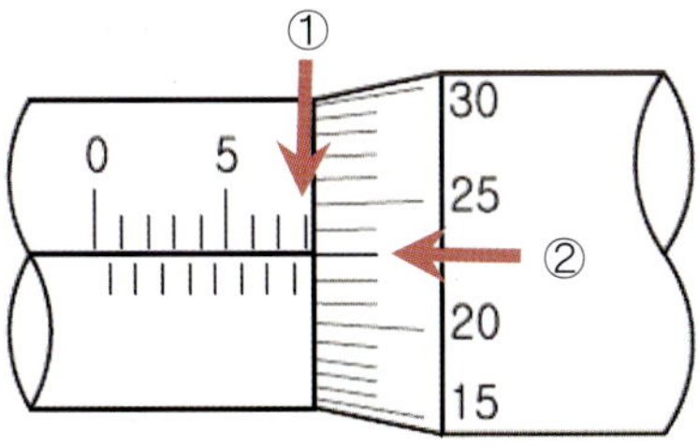

[최소 측정치 0.01mm]

① 슬리브 눈금 읽음	(	) mm
② 딤블 눈금 읽음	(	) mm
①+② 마이크로미터 읽음	(	) mm

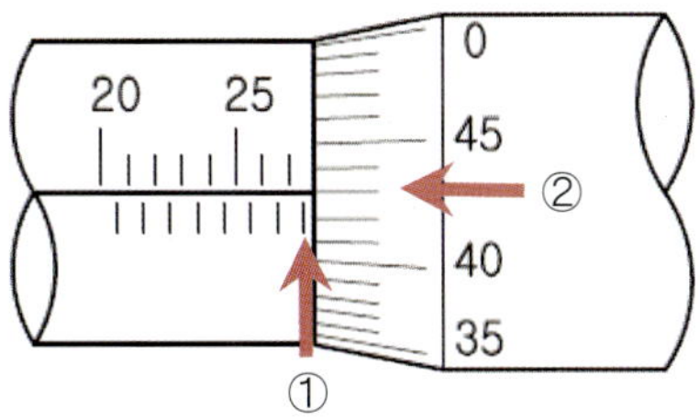

[최소 측정치 0.01mm]

① 슬리브 눈금 읽음	(	) mm
② 딤블 눈금 읽음	(	) mm
①+② 마이크로미터 읽음	(	) mm

3) 내측 마이크로미터(inside micrometer)

내측 측정용 마이크로미터로서 측정 범위 5~25, 25~50, 50~70로 25mm 단위로 측정한다. 단체형, 캘리퍼형, 삼점식이 있다.

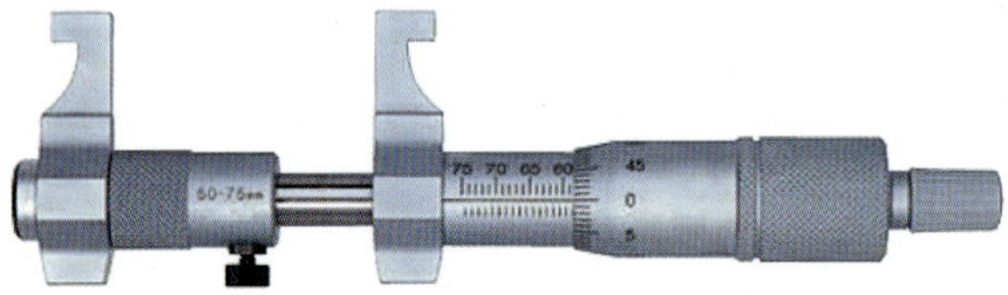

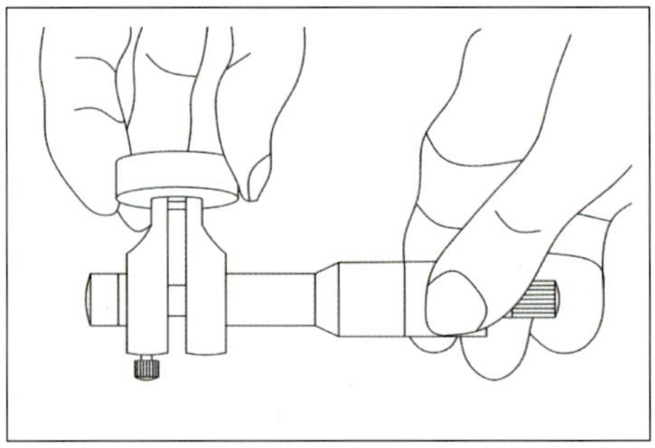

[링 게이지로 영점설정]

측정하기 전에 먼지가 없는 종이나 천으로 측정면을 닦고 링게이지 또는 게이지블록, 외측마이크로미터를 이용하여 기준점(영점)을 설정한다.

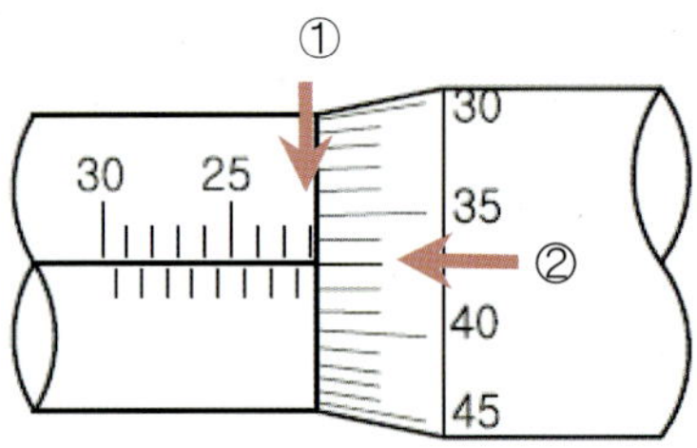

[최소 측정치 0.01 mm]

① 슬리브 눈금 읽음	21.5	mm
② 딤블 눈금 읽음	0.37	mm
①+② 마이크로미터 읽음	21.87	mm

QUESTION

다음과 같은 내측 마이크로미터의 측정값은?

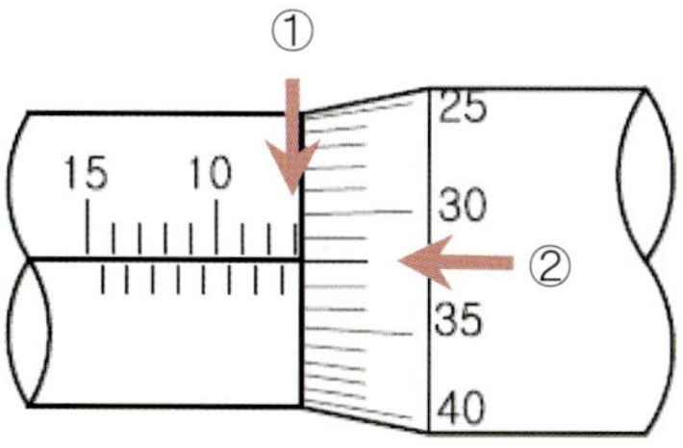

[최소 측정치 0.01 mm]

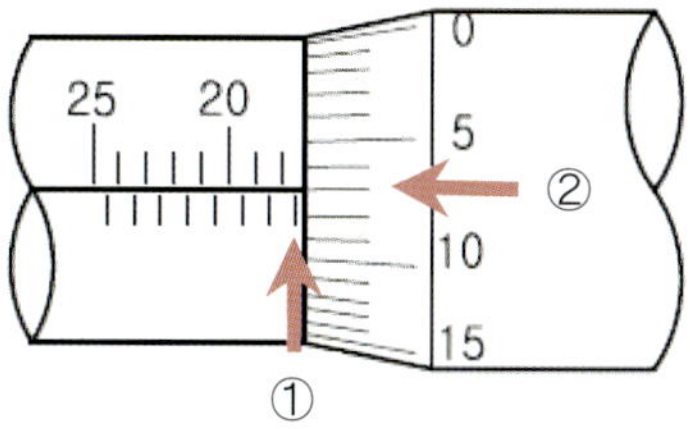

[최소 측정치 0.01 mm]

① 슬리브 눈금 읽음	( ) mm
② 딤블 눈금 읽음	( ) mm
①+② 마이크로미터 읽음	( ) mm

① 슬리브 눈금 읽음	( ) mm
② 딤블 눈금 읽음	( ) mm
①+② 마이크로미터 읽음	( ) mm

2. 비교측정(comparative measurement)

비교측정은 기준이 되는 표준을 이용하여 그 차이 값을 서로 비교하는 방식으로 측정값을 얻는다. 대표적인 방법으로 게이지 블록을 이용한 길이 측정에 많이 사용된다. 비교측정은 매우 정확한 값을 얻을 수 있는 장점이 있다. 기준으로 사용되는 표준기는 주기적인 교정을 통해 항상 정밀도를 유지시켜야 한다.

① 게이지 블록을 이용한 측정
② 다이얼 게이지를 이용한 측정
③ 다이얼 테스트 인디케이터를 이용한 측정

1) 게이지 블록[4)]

103품 게이지블록 세트

블록게이지라고도 하며, 단면이 35mm×9mm 또는 30mm×9mm인 직사각형이며, 평행으로 편평한 측정 면을 가진 블록으로 되어 있다. 이 게이지의 치수는 대단히 정확하여 A급 25mm의 게이지에서는 허용 치수 오차가 ±0.1μm이다. 또 2개의 블록

4) 스웨덴의 C. E. 요한손이 고안하여 요한손블록이라고도 한다.

게이지의 측정 면은 서로 밀착되어 조합된 치수의 합과 같게 되어 있다. 여러 가지 치수의 블록게이지를 103품 또는 76품 등의 세트로 되어 있다.

치수의 정밀도 · 평행도 · 평면도 등의 정도에 따라 AA급 · A급 · B급 · C급 등의 종류가 있다.

얇은(2mm 이하) 것과의 치수조합 방법

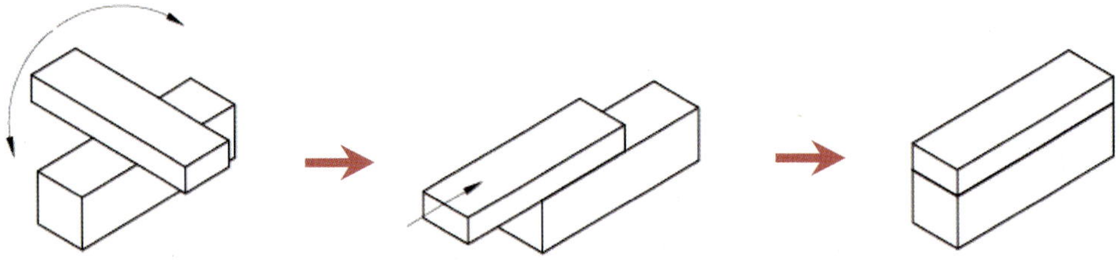

두꺼운 것과의 치수조합 방법

2) 다이얼게이지(dial gauge)

다이얼게이지는 다이얼 인디케이터(dial indicator)라고도 한다. 측정물의 길이를 직접 측정하는 것이 아니라 길이를 비교하기 위한 것으로, 평면의 요철, 공작물 부착 상태, 축 중심의 흔들림, 직각의 흔들림, 편심량 등을 검사하는 데 사용한다.

스핀들에는 래크가 새겨져 있어 스핀들의 움직임을 기어에 전달한다. 눈금판은 1 눈금이 0.01mm인 것과 0.001mm인 것이 있다. 0.01mm의 것으로는 10mm 것을 측정할 수 있고, 0.001mm인 것으로는 0.3mm, 1mm, 2mm 등을 측정할 수 있다.

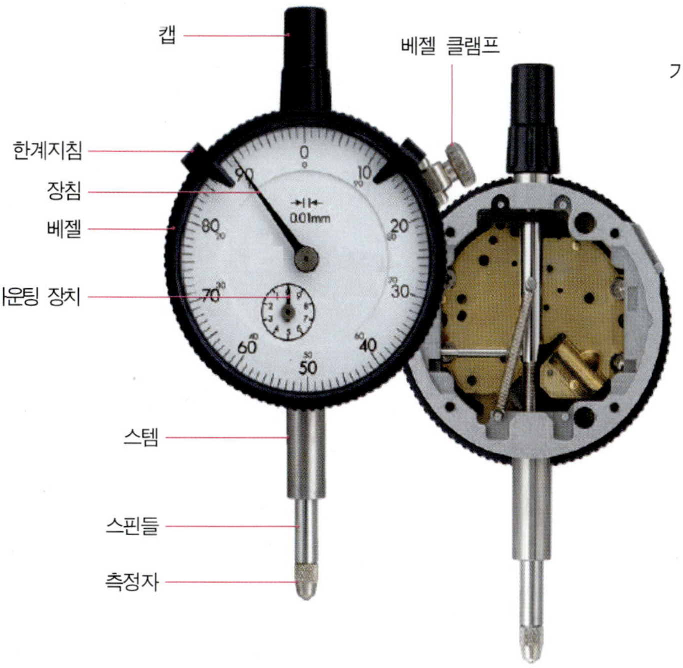

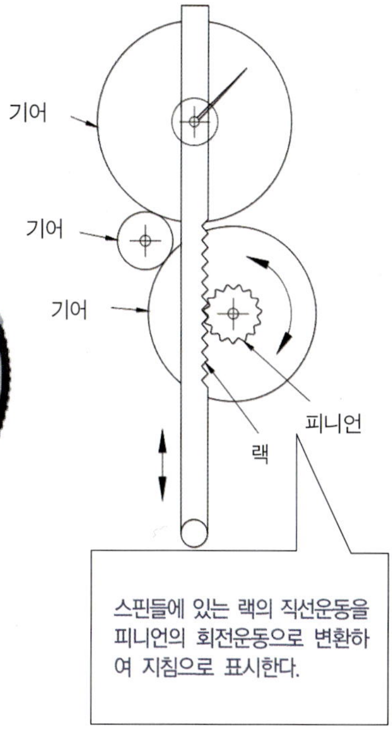

다이얼 게이지 바늘의 회전량 = 편심량 × 2

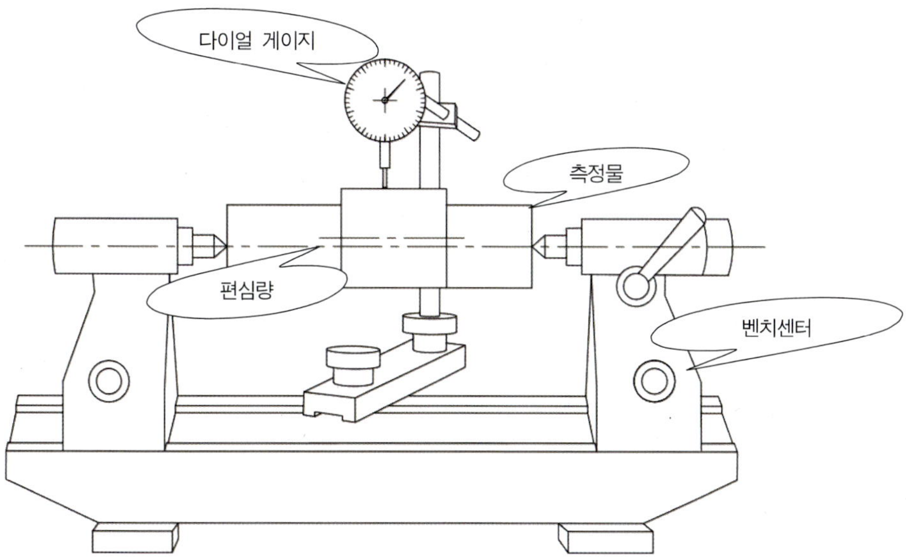

다이얼 테스트 인디케이터(dial test indicator)

3) 다이얼 테스트 인디케이터(dial test indicator)

측정자 레버의 일직임을 기어에 의해 확대시켜 눈금을 읽는 것으로 측정자의 움직임 방향에 따라 세로형과 가로형이 있다. 최소눈금은 0.01mm, 0.002mm이 있으면 마찰이 적고 저측정압으로 높은 감도를 얻을 수 있다

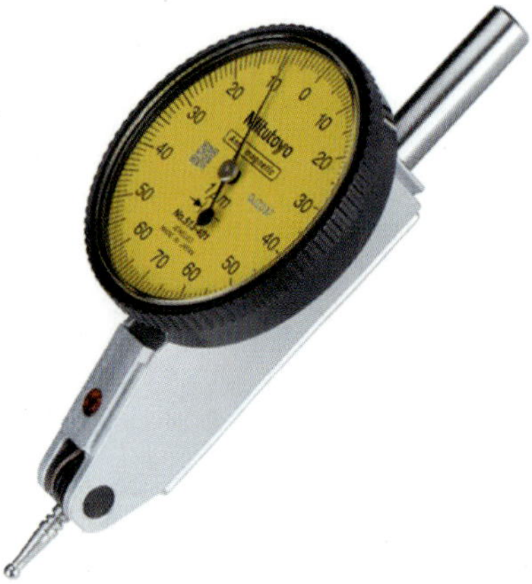

테스트 인디케이터는 측정자를 측정 면에 대는 각도(θ)에 따라 오차가 발생하므로 측정자는 가능한 수평으로 사용한다.

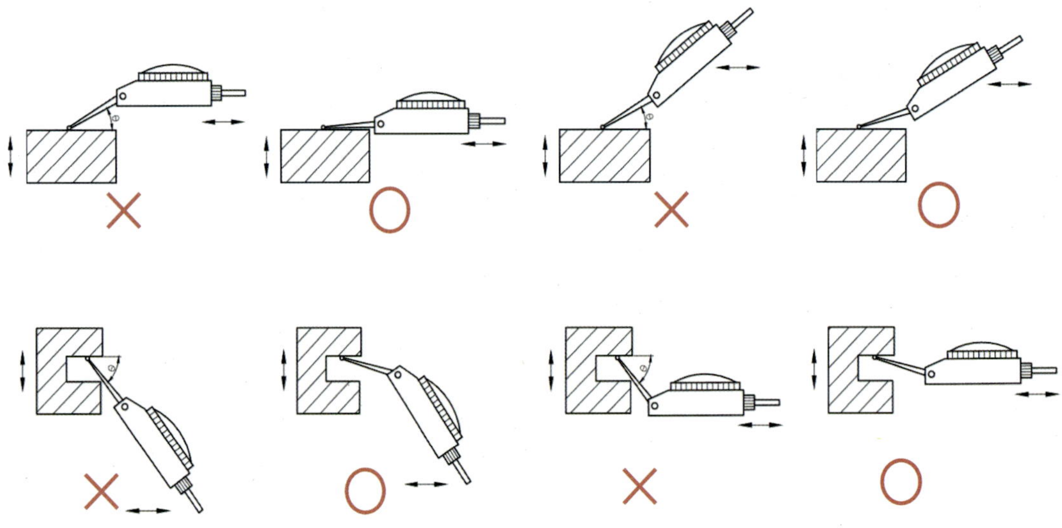

4) 비교측정 방법

아래 그림과 같이 가공소재의 측정치수 값으로 게이지 블록을 링깅하여 정반에 놓고 다이얼 테스트 인디케이터 측정 볼을 접촉(접촉압력 10눈금 정도)하여 0점 세팅한다. 그 상태에서 게이지 블록을 빼내고 가공소재를 접촉하여 가공 정밀도를 확인한다. 이때 높이게이지, 게이지 블록, 가공소재는 흔들림 없이 정반에 밀착되어야 한다.

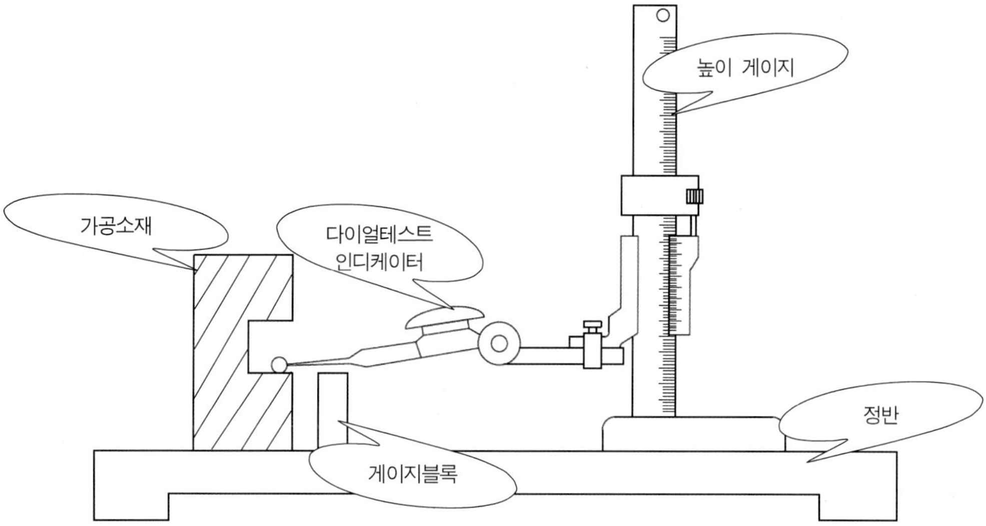

가공소재 비교측정 방법

QUESTION

공작물의 18의 측정은 다이얼 테스트 인디케이터를 블록게이지 두께 15mm와 3mm를 조합한 것에 0점 세팅하여 측정하였다. 읽음은?(18-0.13=17.87)

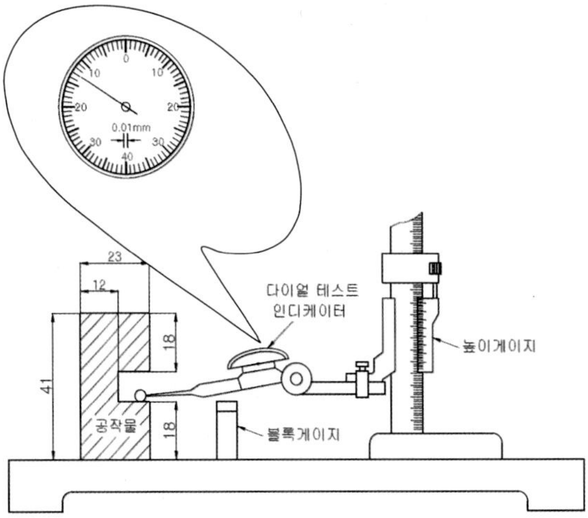

읽음(　　　　　)

3. 간접측정(indirect measurement)

간접측정은 직접 눈금을 읽음으로 측정값을 얻지 못하며, 측정을 통해 얻어진 데이터를 가지고 계산으로 측정값을 얻는 방법이다. 일반적인 예를 들면, 어떤 제품의 각도를 측정하기 위해서는 삼각함수와의 관계를 통해 정확한 각도를 얻을 수 있게 된다. 다음은 삼각함수를 이용한 몇 가지 측정 예이다.

① 사인바를 이용한 각도 측정
② V - 블록을 이용한 각도 측정
③ 삼침을 이용한 나사의 유효경 측정

사인바

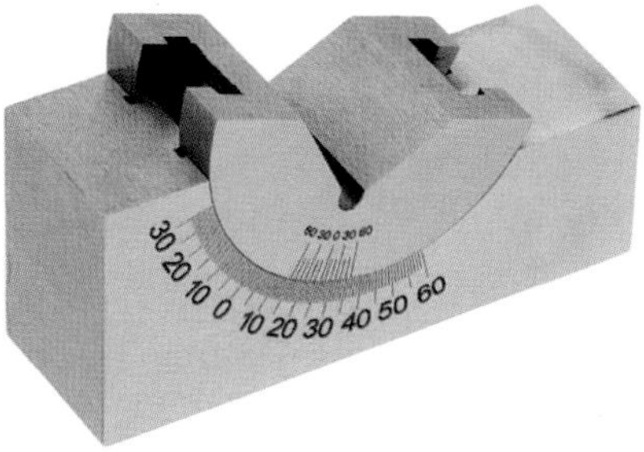

앵글 v - 블록

60°v - 블록을 이용한 측정방법

첫째, 60° v - 블록의 밑면에서 꼭짓점(P)까지의 거리를 구한다.
둘째, 60° v - 블록에 공작물을 올려놓고 전체거리(h)를 측정한다.

계산에 필요한 삼각함수

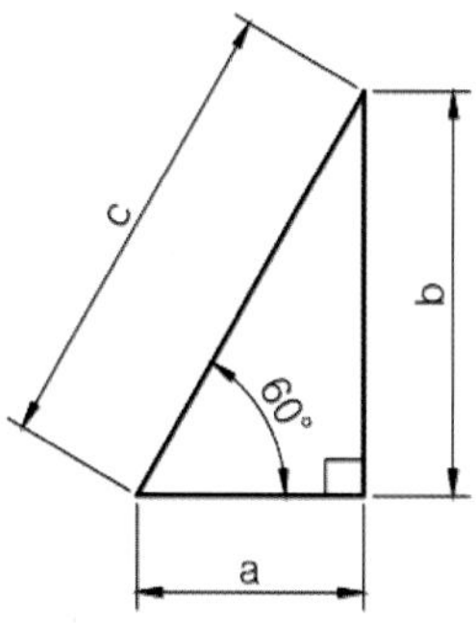

$$c = \sqrt{a^2 + b^2}$$
$$a = \sqrt{c^2 - b^2}$$
$$b = \sqrt{c^2 - a^2}$$
$$\sin = \frac{b}{c} \text{ 또는 } \tan = \frac{b}{a}$$

① 60° v-블록의 밑면에서 꼭짓점(P)까지의 거리값 구하기

(※ 계산은 유효숫자의 반올림 규칙[5]에 따른다.)

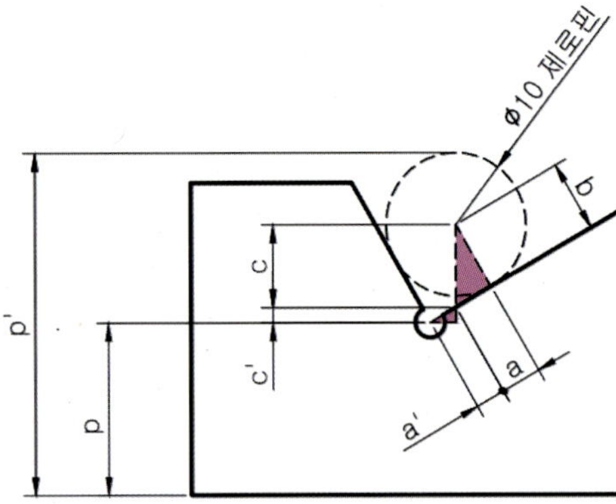

$\sin 60 = \frac{5}{c}$ 또는 $\tan 60 = \frac{5}{a}$

$c = \frac{5}{\sin 60} = 5.77$

$a = \frac{5}{\tan 60} = 2.89$

a'는 $5 - 2.89 = 2.11$

c'는 $\sin 30 = \frac{c'}{a'}$

$c' = a' \sin 30$

위에서 $a' = 2.11$이므로 $c' = \sin 30 \times 2.11 = 1.06$

따라서, $p = p' - (5 + 5.77 + 1.06)$

p'는 측정하여 값을 찾는다.

② 60° v-블록에 공작물을 올려놓고 전체거리(h)를 측정한다.

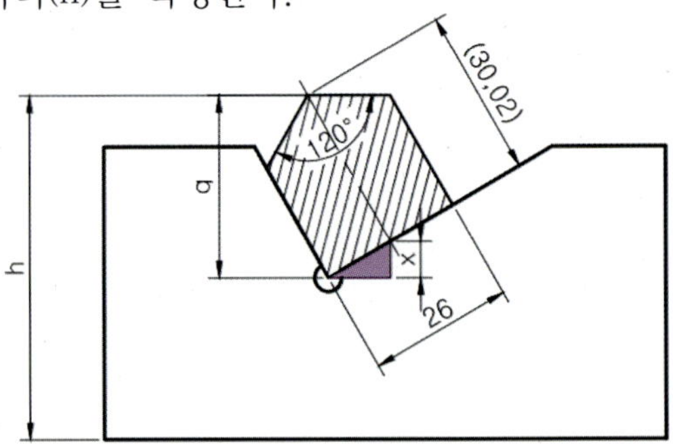

공작물의 q값은

$\sin 30 = \frac{x}{13}$

$x = \sin 30 \times 13 = 6.5$

$q = 6.5 + 26 = 32.5$

따라서, $h = p + q$

---

5) 유효숫자의 반올림 규칙

① 마지막 결과를 얻을 때까지 모든 숫자를 가지고 간다.

② 최종결과는 측정의 유효숫자 규칙에 맞는 값이 되도록 반올림 한다.

C ⁝⁝⁝ 공차와 오차

1. 공차

어느 기준값에 대해 규정된 최대값과 최소값의 차이를 공차(Tolerance)라 한다. 기준 치수에 공차가 주어졌을 때 상한과 하한을 나타내는 2개의 치수를 한계 치수라 하며 큰 값을 최대 허용치수, 작은 값을 최소 허용치수라고 한다.

1) 일반공차와 정밀공차

일반공차(General Tolerance)는 특별한 정밀도를 요구하지 않는 부분에 일일이 공차를 기입하지 않고 일괄적으로 공차를 기입할 목적으로 KS B 0412로 규정되어 있다. 정밀공차는 특별한 정밀도를 요구하는 부분에 공차를 기입한다.

표 절삭 가공 부분에 적용하는 일반공차(KS B 0412)

기준 치수(mm)	허용차(mm)			기준 치수(mm)	허용차(mm)		
	정밀급	보통급	거친급		정밀급	보통급	거친급
0.5 이상 3 이하	±0.05	±0.1		120 초과 315 이하	±0.2	±0.5	±1.2
3 초과 6 이하	±0.05	±0.1	±0.2	315 초과 1,000 이하	±0.3	±0.8	±2.0
6 초과 30 이하	±0.10	±0.2	±0.5	1,000 초과 2,000 이하	±0.5	±1.2	±3.0
30 초과 120 이하	±0.15	±0.3	±0.8				

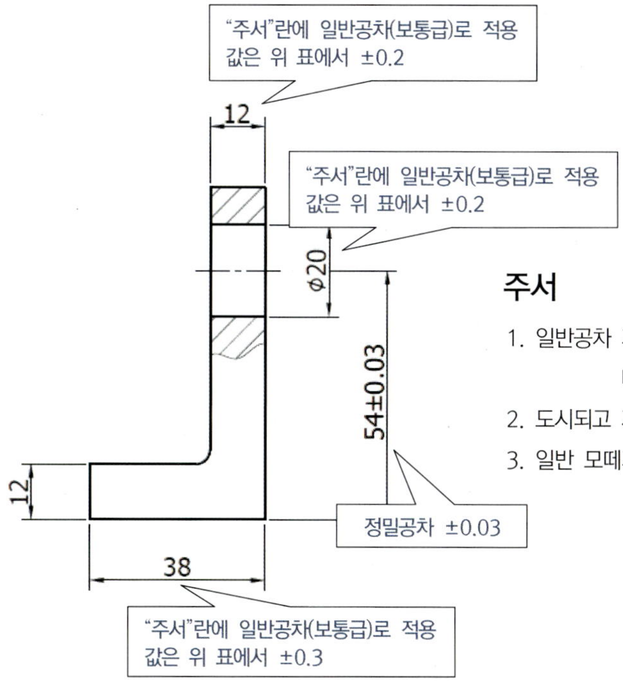

주서

1. 일반공차 가) 가공부 - KS B 0412 보통급
   나) 주강부 - KS B 0411 보통급
2. 도시되고 지시없는 모서리 필렛R3 모따기 1×45°
3. 일반 모떼기는 0.2×45°

2) 기하공차

공차는 크게 모양 공차(진직도, 평면도, 진원도, 원통도, 선의 윤곽도, 및 면의 윤곽도), 자세 공차(평행도, 직각도, 경사도), 흔들림 공차(원주 흔들림, 온 흔들림), 위치 공차(위치도, 동심도, 대칭도)로 분류한다. 아래 그림은 직각도에 대한 설명이다.

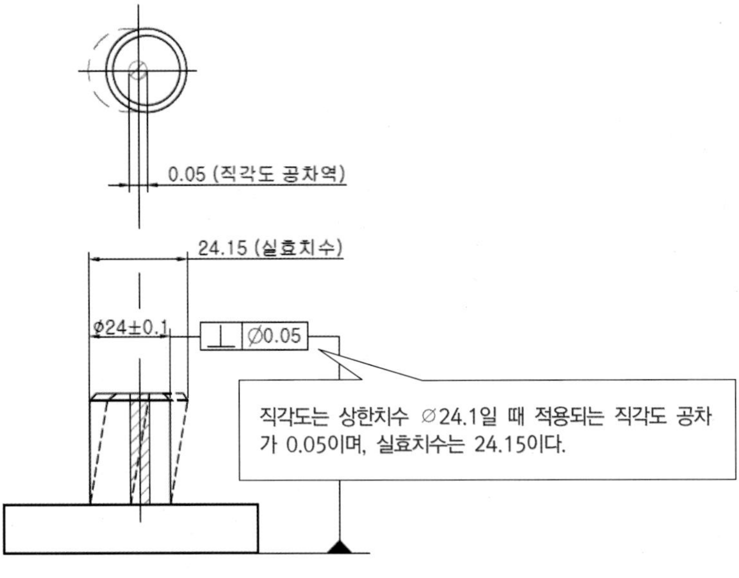

2. 오차

오차는 측정값과 참값의 차로 여기서 참값이란 측정하고자 하는 미지량에 이상적으로 부합하는 값으로 볼 수 있는데, 어떠한 측정에도 100%의 정확도는 불가능하다. 즉, 측정에는 반드시 오차가 포함되어 있다. 따라서 오차의 정도를 알아내는 것이 측정된 값에 대한 신뢰도를 나타내는 척도로서 매우 중요한 의미를 가지고 있다.

절대 오차 = 측정값 − 참값
상대 오차 = 오차/참값(또는 측정값)

1) 오차의 발생원인

① 측정기에 의한 것 : 지시오차, 정밀도 불량
② 측정하는 사람에 의한 것 : 눈금읽기 오류, 기록 오류
③ 환경에 의한 것 : 온도, 습도

2) 오차를 줄이는 방법

① 단위 확인 및 표시
② 측정 도구의 최소 눈금 읽는 것을 기본
③ 온도 또는 습도 등 측정값에 영향을 줄 수 있는 변인 통제

3) 오차의 종류

모든 측정에는 어떠한 모양으로든지 오차가 발생될 수 있으며, 이러한 오차의 종류 및 정도를 알아내는 것은 측정된 값에 대한 신뢰도를 나타내는 척도로서 매우 중요한 의미를 가지고 있다. 오차는 그 발생 원인에 의하여 계통오차, 우연오차, 과실오차로 구분한다.

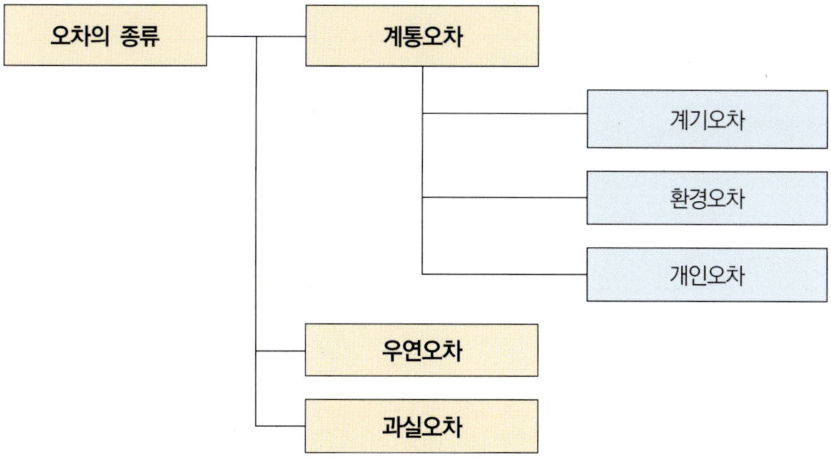

① 계통오차(Systemic Error or Bias Error)

계측기 내부의 부품에 발생된 결함이나 측정에 영향을 미치는 주변 환경(온도, 습도, 자계 등)에 의하여 생기는 오차로서 측정기 오차 또는 환경오차라고도 한다.

- **계기오차** : 측정계기의 불완전성 때문으로 자, 계기판 등의 눈금이 부정확하며 이를 개선하기 위해 영점 보정한다.
- **환경오차** : 온도, 습도, 압력 등 환경으로 인한 외계오차이며 측정기구가 온도에 의해 팽창 또는 수축된다. 이를 개선하기 위하여 표준상태[6]를 유지한다.
- **개인오차** : 개인의 습관이나 선입관 때문으로 같은 측정도구를 이용하여 측정해도 읽음값이 다르며 이를 개선하기 위하여 자세 및 습관을 교정한다.

6) 표준상태(항온, 항습, 항압 상태) 즉, 온도 20±1℃, 습도 55±5%, 기압 1.033g/cm2(1기압)가 최적의 조건이다.

② 우연오차(Random Error or Variance Error)

우연오차는 통계적 성질을 가지고 있으며 원인으로는 기온의 미소한 변동, 기기의 미세한 탄성적 진동, 측정자의 주위 산만 등이 있다.

③ 과실오차(Mistake or erratic error)

측정절차의 잘못 적용, 측정값의 잘못 읽음, 측정결과 기록의 잘못 등에 의하여 일어난다. 과실오차도 계통오차와 마찬가지로 측정자의 숙달 등으로 어느 정도 그 크기를 줄일 수 있다.

D ::: 품질과 검사

1. 품질(Quality)

제품의 가치를 나타내는 척도로 제품이나 서비스에 내재된 품질특성(품질 특성치[7])들이 고객들의 요구사항을 만족시키는 정도를 말한다.

2. 검사(Inspection)

물품을 어떠한 방법으로 측정한 결과를 판정기준과 비교하여 개개의 제품에 대해서는 양호 – 불량을 판정하고, 로트에 대해서는 합격 – 불합격의 판정을 내리는 것을 말한다. 일반적으로 검사결과에 측정치가 포함된다.

① 검사의 목적에 의한 분류 : 수입검사, 공정검사, 최종검사, 출하검사
② 검사가 행해지는 장소에 의한 분류 : 정 위치검사, 출장검사, 출하검사
③ 검사 성질에 의한 분류 : 파괴검사, 비파괴검사, 육안검사
④ 검사방법에 의한 분류 : 전수검사, 로트별 샘플링검사, 관리 샘플링검사, 무검사

7) 품질특성치는 품질의 특성을 수치로 나타낸 것으로 겉모양, 치수, 성능, 조작성, 수명, 신뢰성, 보전성 등이 있다.

측정실습 -1

공차없는 치수는 버니어캘리퍼스를 사용하여 측정하고 공차있는 치수는 마이크로미터를 사용하여 측정하시오(기록 예 40.01 또는 39.98).

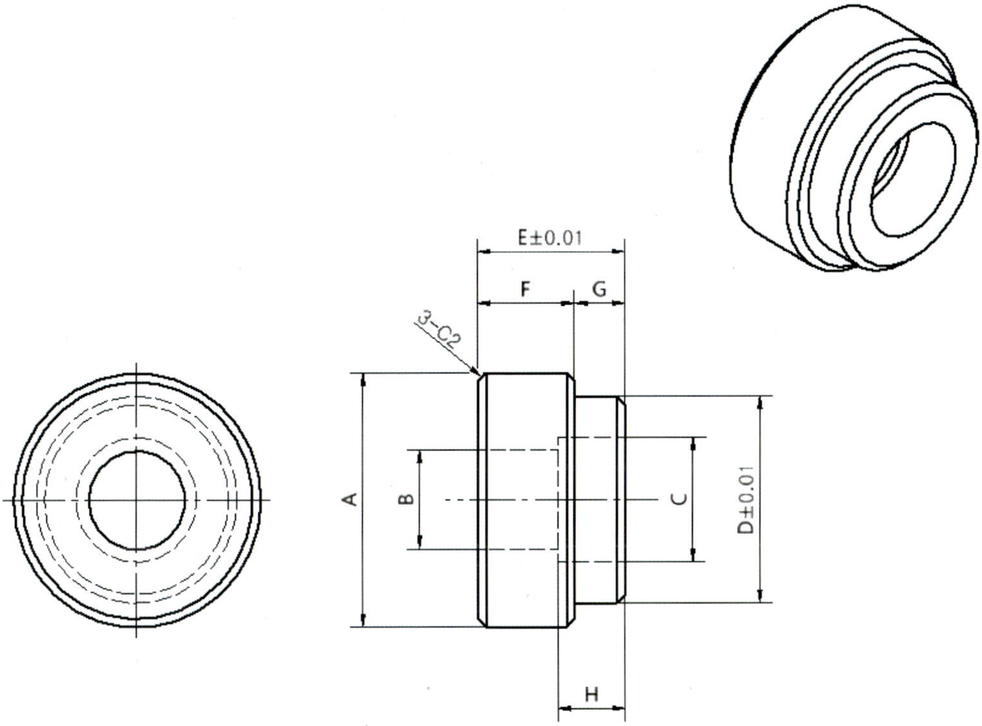

주 : 공차없는 치수는 일반공차±0.1

구분	도면 치수	측정값			평가	득점
		1차 측정	2차 측정	최종값		
1	A				20	
2	B				20	
3	C				20	
4	D				20	
5	E				20	
6	F				20	
7	G				20	
8	H				20	
점수						

측정실습 -2

공차없는 치수는 버니어캘리퍼스를 사용하여 측정하고 공차있는 치수는 마이크로미터를 사용하여 측정하시오(기록 예 40.01 또는 39.98).

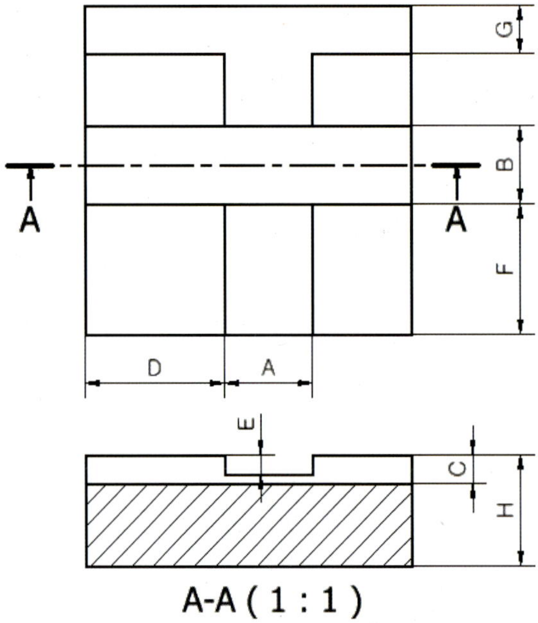

A-A (1 : 1)

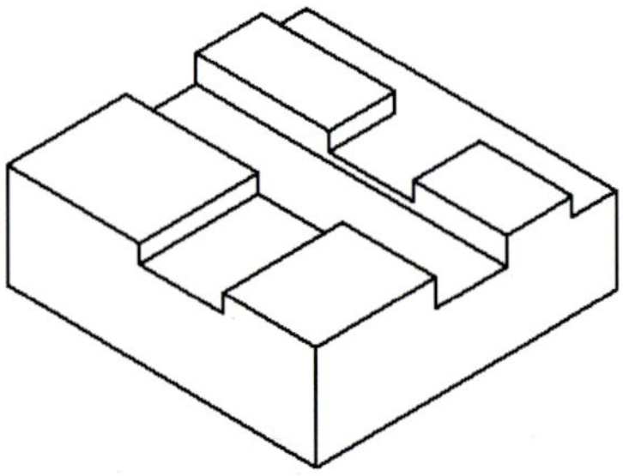

주 : 공차없는 치수는 일반공차±0.1

구분	도면 치수	측정값			평가	득점
		1차 측정	2차 측정	최종값		
1	A				20	
2	B				20	
3	C				20	
4	D				20	
5	E				20	
6	F				20	
7	G				20	
8	H				20	
점수						

CHAPTER 01

측정 / 단원평가 문제

01 다음 중 버니어 캘리퍼스로 측정할 수 없는 것은?

① 단차　② 깊이
③ 편심　④ 내경
⑤ 외경

02 측정기를 사용 후 보관 시 고려해야 할 사항과 거리가 먼 것은?

① 방청유로 닦아서 보관한다.
② 같은 종류끼리 잘 포개서 쌓아둔다.
③ 잘 닦은 후 지정된 장소에 보관한다.
④ 조는 붙이지 않고 이격시켜서 보관한다.
⑤ 습기가 없고 통풍이 잘 되는 곳에 보관한다.

03 다음 중 표준형 외측 마이크로미터의 호칭치수가 아닌 것은?

① 0~25mm　② 25~50mm
③ 10~45mm　④ 50~75mm
⑤ 75~100mm

04 마이크로미터의 영점과 눈금의 차이가 0.01mm 이하일 경우의 영점 조정은?

① 래치 스톱을 역회전 시킨다.
② 슬리브에 훅 스패너를 끼우고 돌린다.
③ 스핀들을 바이스 그립으로 돌린다.
④ 래칫 스톱을 풀고 심블을 돌린다.
⑤ 슬리브를 손으로 약간 강하게 돌린다.

05 게이지블록의 밀착방법을 설명하시오.

06 다음 중 오차의 종류가 아닌 것은?

① 측정시차 및 개인의 습관에 의한 오차
② 측정기 구조 및 사용 환경에 의한 오차
③ 가공한 재료의 종류에 따른 오차
④ 측정자의 주위 산만에 따른 오차
⑤ 항온, 항습, 항압의 불안전 조건에 따른 오차

07 다음의 읽은 값은 얼마인가? (최소눈금은 0.05mm이다)

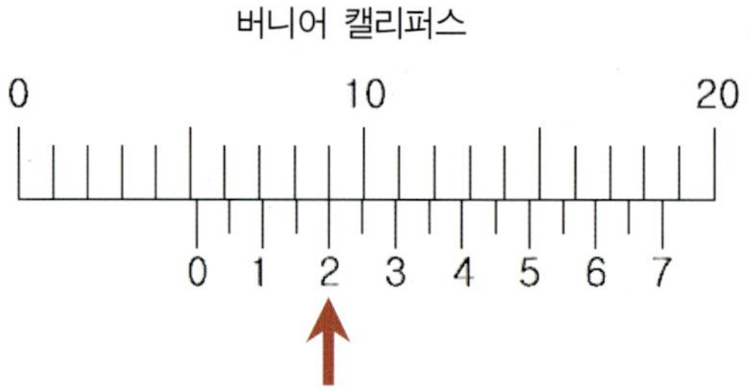

판독 값(　　　　　　　)

08 다음의 읽은 값은 얼마인가? (최소눈금은 0.01mm이다)

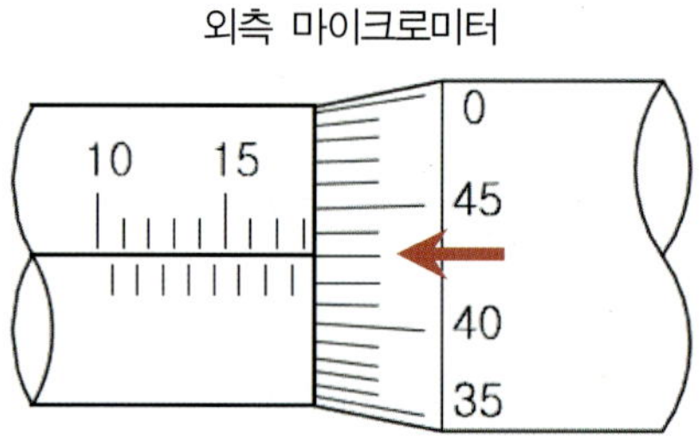

판독 값(　　　　　　　)

09 다음 중 육안검사 방법이 아닌 것은?

① 가공의 누락여부를 판단할 수 있다.
② 가공된 부위가 깨끗한지 판단할 수 있다.
③ 표면의 오염여부를 판단할 수 있다.
④ 검사에 적합한 측정기와 측정방법을 결정할 수 있다.
⑤ 기계의 정밀도 불량으로 인한 피 측정물의 이상을 식별할 수 있다.

10 그림은 측정기를 읽을 때의 시차를 나타낸 것으로 측정기 눈금과 눈 위치가 같지 않은 데서 생기는 시차(a, c)에 의한 오차종류는?

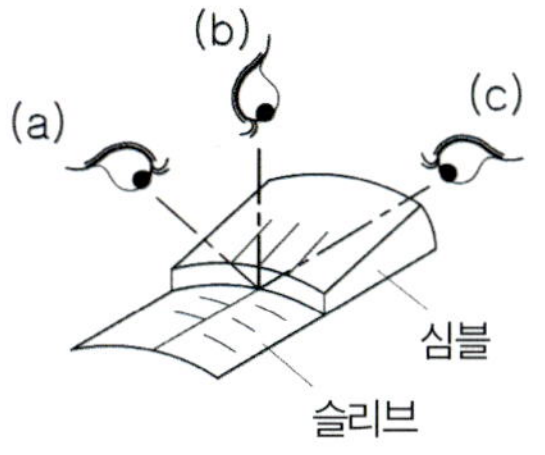

① 계기 오차
② 환경 오차
③ 개인 오차
④ 우연 오차
⑤ 측정기 오차

※ 다음 그림을 보고 물음에 답하시오.

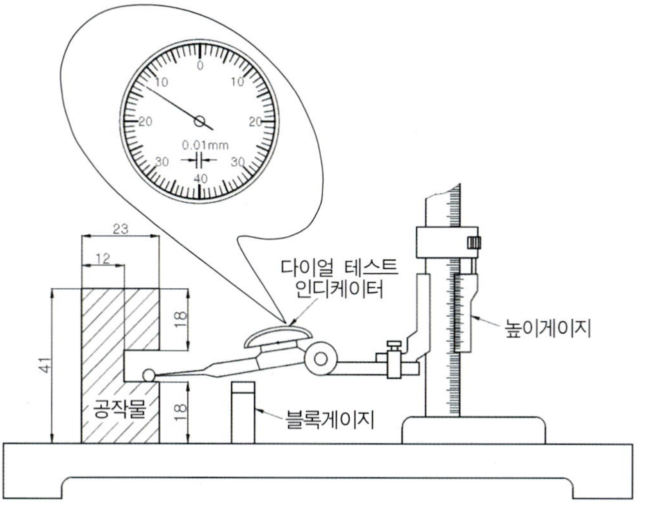

11 위 그림과 같이 18 치수를 측정하는 방법은?

① 직접측정
② 간접측정
③ 비교측정
④ 절대측정
⑤ 평균측정

12 위 그림에서 다이얼 테스트 인디케이터는 블록게이지 두께 15mm와 3mm를 조합한 것에 0점 세팅하였다면 측정값은?

① 17.13
② 17.87
③ 18.00
④ 18.13
⑤ 19.03

13 직접측정과 비교측정의 실제 사례 각각 3가지를 들고 설명하시오.

CHAPTER 02

기계요소조립

학습 목표

1) 수기공구 용도를 알고 올바르게 사용할 수 있다.
2) 수기공구 사용방법을 알고 정확하게 가공할 수 있다.
3) 조립 제품의 동작이 원활하게 위치 결정하여 조립할 수 있다.

A ::: 바이스, 줄, 손톱, 다이스

1. 바이스

공작물을 물리는 공구로 작업대에 설치해 공작물을 잡고 고정해서 손 다듬질·조립 작업 등을 할 때에 사용하며 크기는 집게의 너비(조의 폭)으로 나타낸다.

1) 바이스 구조

공작물은 가능한 바이스 조 중앙에 물리며 공작물의 표면 거칠기에 따라 보호판(,화이버, 알루미늄 등)을 이용하여 표면을 보호하며 물린다.

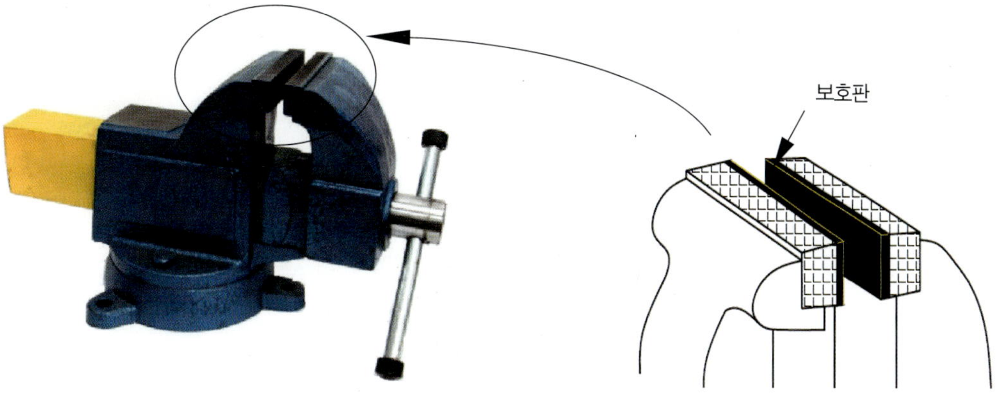

2) 바이스 종류

작업대에 세로 방향으로 설치한 대형의 바이스인 레그 바이스, 작업대에 설치하고 손 다듬질 혹은 조립 작업 등을 할 때 공작물을 고정하기 위해 사용하는 상자 바이스가 있다. 또한 소형 상자 바이스로 턱(jaw)이 평행하게 움직이며 다듬질용으로 사용하는 벤치 바이스, 벤치 바이스에 파이프 바이스를 조합한 벤치 파이프 바이스, 공작 기계 테이블에 설치되어 가공 중인 공작물을 고정하는 데 사용하는 테이블 바이스, 피스톤을 고정할 때 사용하는 피스톤 바이스 등이 있다.

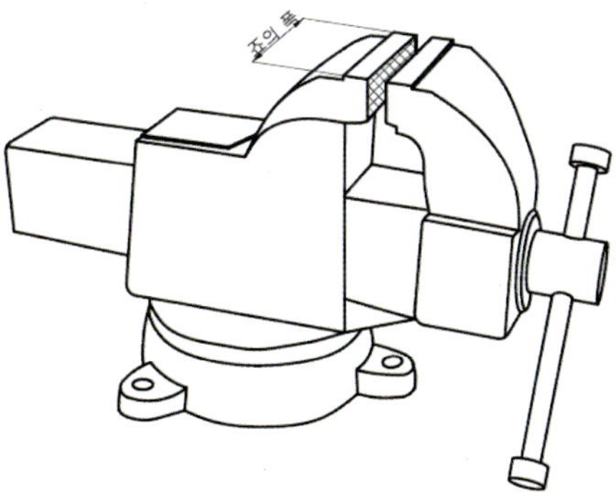

상자 바이스

2. 줄

줄은 보통 탄소강을 열처리하여 사용한다. 줄 가공은 공작물을 가공하는 방법 중 가장 기본이 되는 작업으로서, 가공물의 표면을 깎거나 수정, 또는 다듬질 등의 작업을 한다.

1) 줄의 크기 및 종류

줄의 크기는 자루부분(슴베)을 제외한 전체 길이로 나타내며 줄의 종류는 줄날의 모양, 줄의 단면모양, 줄눈의 크기에 따라 분류한다.

① 줄의 단면형상에 따라 - 평줄, 사각줄, 둥근줄, 삼각줄, 반원형, 조줄 등이 있다.

*** 조줄의 종류 - 5본조, 8본조, 10본조, 12본조**

② 줄눈의 크기에 따라 - 황목, 중목, 세목, 유목의 4종류가 있다.

③ 줄날의 모양에 따라 : 홑줄날과 겹줄날이 있다.

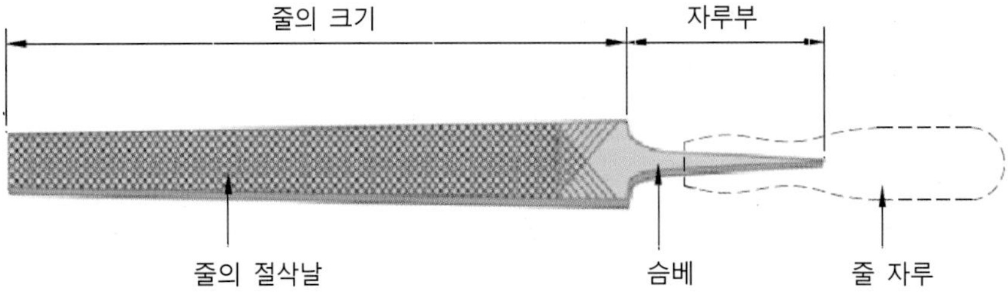

2) 줄 작업 자세

발의 위치는 힘을 줄 수 있도록 작업대와의 일정거리에서 앞발(30°), 뒷발(75°)유지한다. 양손은 줄의 전후 운동을 조절하고 눈은 절삭되는 일감을 주시하며 전진하는 방향에 힘을 주어 절삭 가공한다.

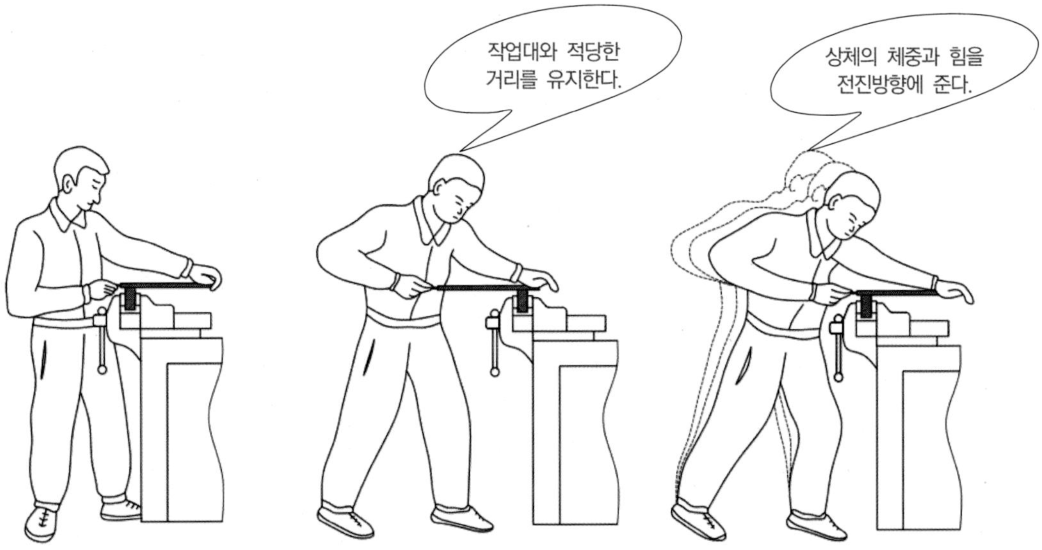

틀린 줄 작업 자세 **바른 줄 작업 자세**

3) 줄잡는 방법

손바닥의 중앙에 자루를 대고 엄지손가락을 위로하며 다른 손가락은 자연스럽게 자루를 말아 잡고 왼손은 줄의 끝에 대고 줄의 전후진시 평행을 잡는다.

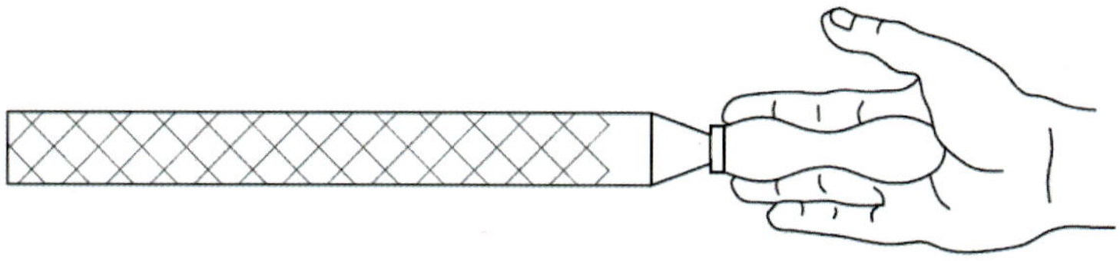

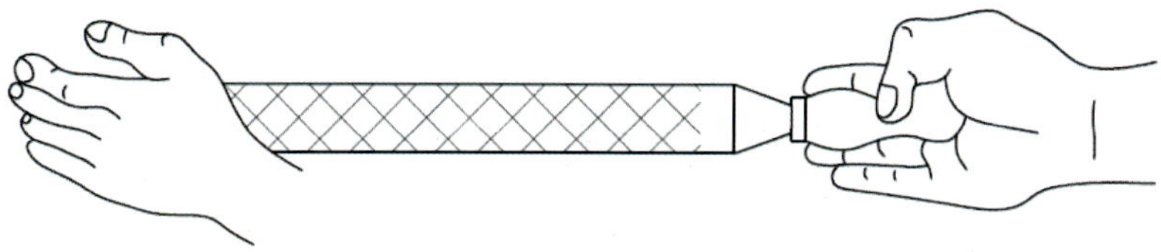

4) 줄 작업 방법

① 직진법 : 줄의 길이 방향으로 줄 작업
② 사진법 : 줄을 우측사선방향으로 줄 작업
③ 횡진법 : 줄을 길이 방향의 직각으로 잡고 줄 작업

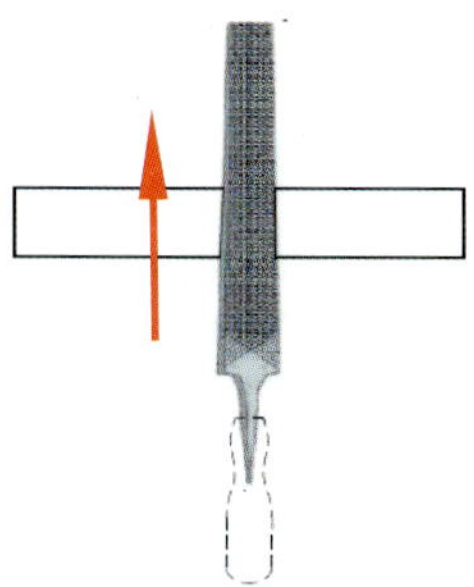

직진법

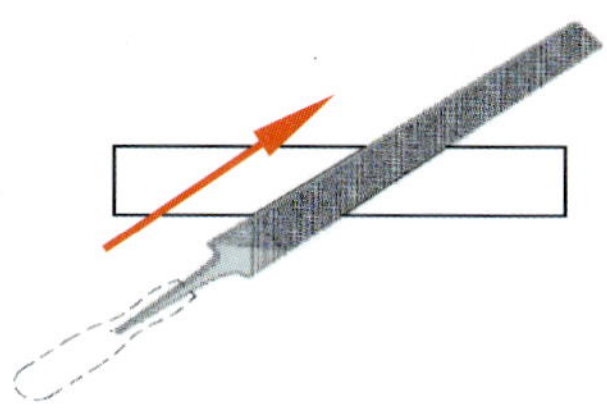

사진법

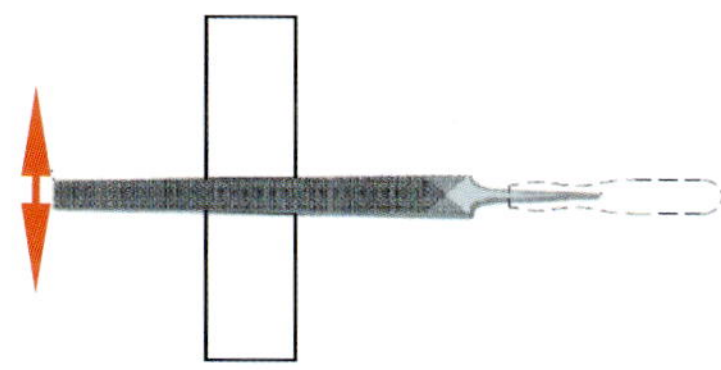

횡진법

3. 손톱

손톱작업은 팔에 힘을 주고 몸체를 전진방향으로 움직이면서 자른다. 톱을 일직선으로 움직이고 톱날의 전체 길이를 고루 사용하며 절삭압력은 톱날의 절삭운동 방향으로만 준다.

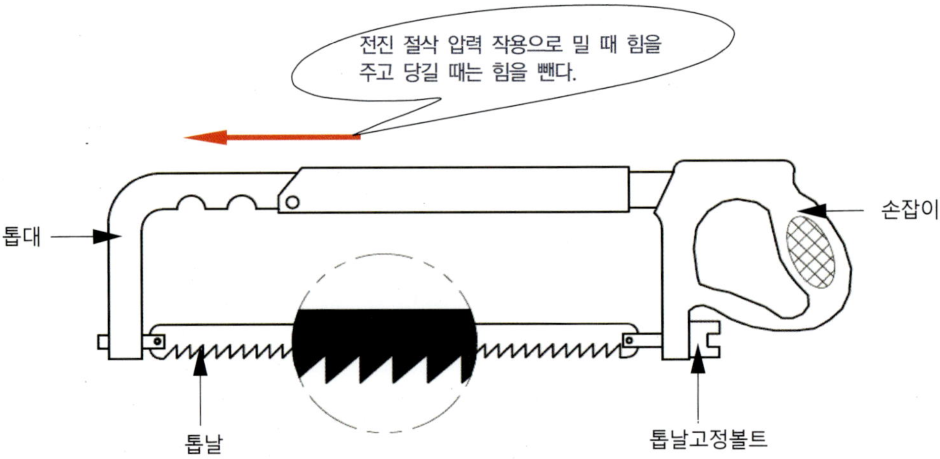

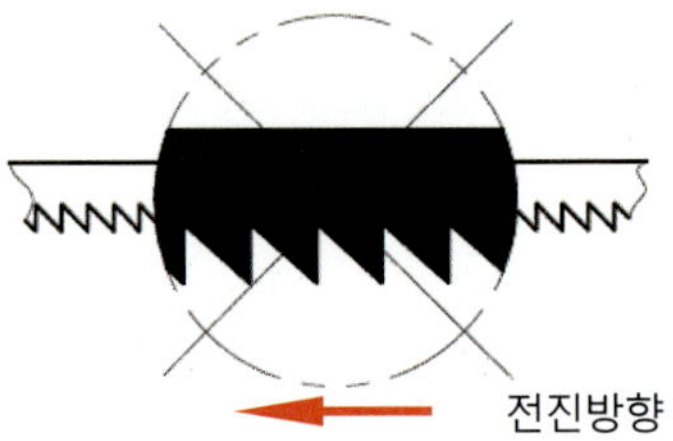

틀린 톱날 고정

톱날의 선택은 공작물의 재질, 크기, 두께 등에 따라 톱날의 폭, 모양, 피치 등을 결정한다.

톱니 크기	톱니 수(1인치 당)	용도
크다	14~16	연한 재료(알루미늄 등)
중간	18~25	일반 구조용 철재, 경한 재료
작다	25~32	경한 재료, 두께가 얇은 철판, 파이프 등

4. 다이스

다이스는 환봉 등에 수나사를 가공하는 절삭공구로서 내면에 나사가 구성되어 있다. 다이스를 다이스 핸들에 끼워서 사용한다. 절삭유를 공급하면서 1회전에 1/2 역회전하여 칩을 배출한다.

다이스 핸들

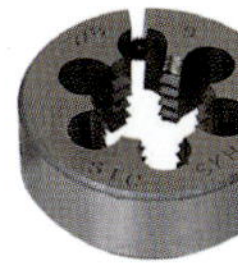

다이스

B ⁞⁞⁞ 드릴

1. 탁상 드릴 머신

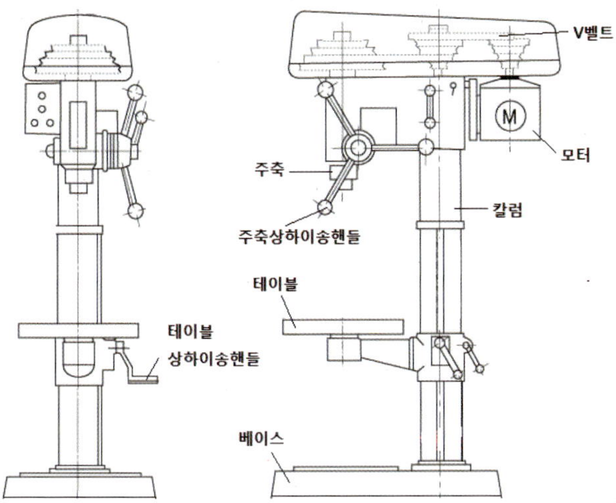

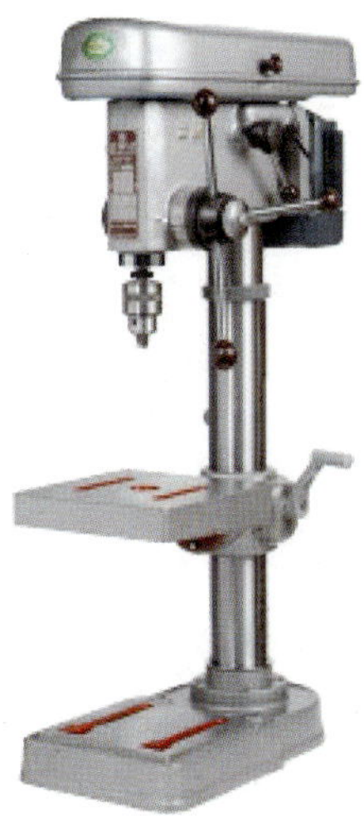

주축의 드릴 척에 드릴을 끼워놓고 회전 절삭운동과 직선 이송운동을 주어 공작물에 주로 구멍 뚫거나, 이미 뚫린 구멍을 넓히는 보링, 탭을 이용하여 나사내기, 카운터 싱킹을 이용하여 접시머리 파기, 리밍 등의 가공을 할 수 있다.

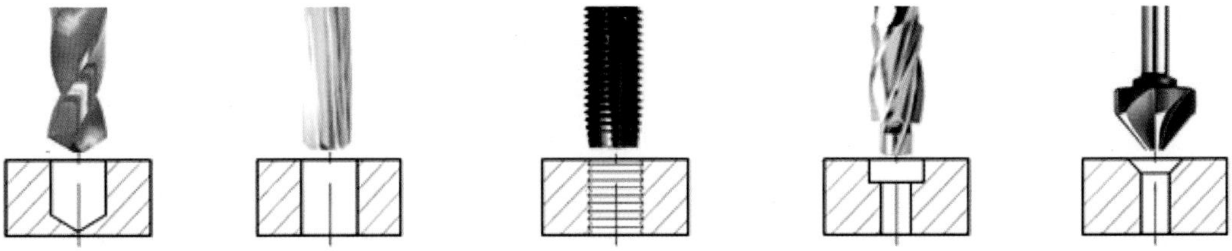

(a)드릴링 (b)리밍 (c)탭핑 (d)카운터보링 (e)카운터싱킹

2. 드릴머신의 부속장치

1) 드릴 척(drill chuck)

∅13.0mm 이하의 작은 드릴을 사용하며 드릴 자루는 스트레이트 생크 형식으로 되어있다.

2) 슬리브와 소켓(sleeve & socket)

비교적 큰 ∅13~50mm 이하의 드릴을 사용하며 자루는 모오스 테이퍼로 되어 있다.

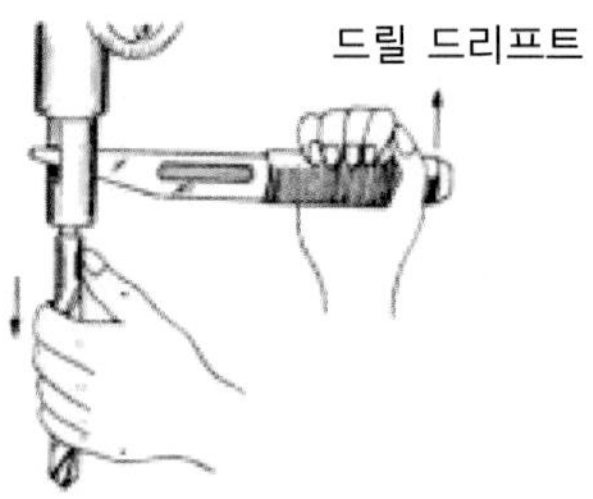

슬리브에서 드릴빼기

드릴 척

드릴 척 아바

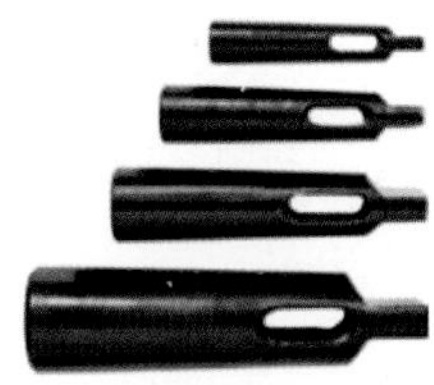

슬리브

3. 드릴

일반적인 드릴은 트위스트 드릴을 가리키며 드릴링 머신, 전기 드릴에 에 장치하여 재료에 구멍을 뚫는 것을 드릴이라고 한다. 드릴의 재질은 보통 고속도강이며 표준 선단각은 118° 로 되어있다.

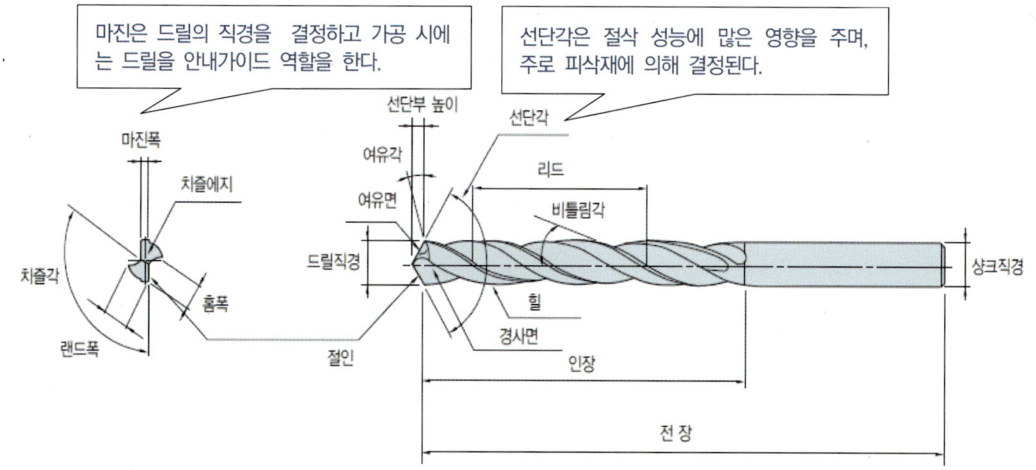

트위스트 드릴의 각부 명칭

4. 드릴의 연삭

드릴을 일정시간 사용하면 마모로 인하여 절삭능률이 떨어져 생산능률저하, 가공면의 정밀도 불량 등을 초래하므로 재 연삭하여 사용한다. 드릴을 연삭할 때에는 보안경을 착용한다.

드릴의 마모 및 손상은

① 마진 마모 및 손상은 가공 점에서 절삭열이 상승하며 떨림정도가 나빠진다.(그림에서 a)

② 절인 마모 및 손상은 절삭성이 떨어지며 흔들림이 크고 첫 가공면이 경사진다.(그림에서 b)

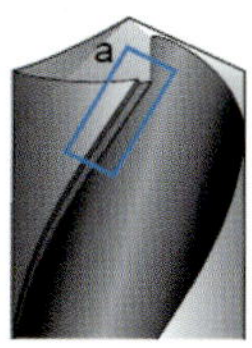

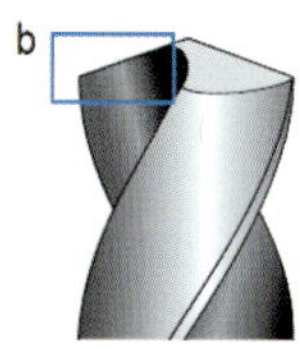

드릴 날의 연삭은

① 절삭 날의 길이(절인)를 같게 한다.

② 절삭 날의 각도(선단각)를 같게 한다.

③ 절삭 날의 뒷면 여유각을 일정하게 한다.

④ 칩 배출성을 향상 시키도록 치즐에지를 짧게 한다.(씨닝)

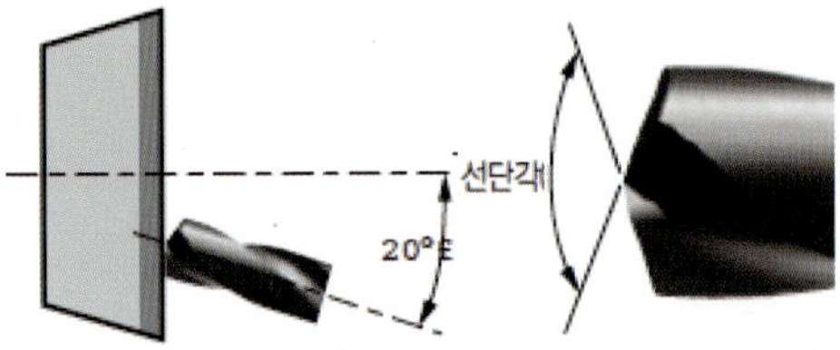

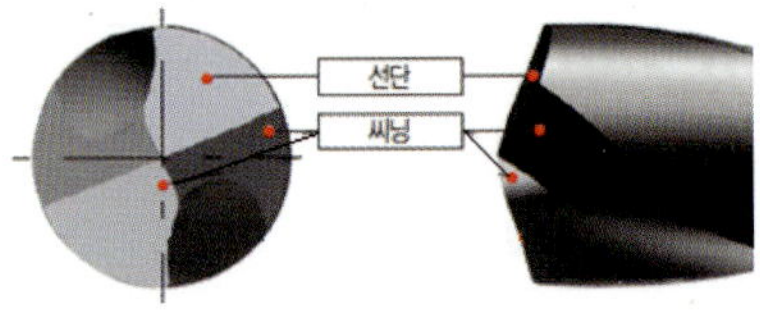

표 드릴링 트러블(Trouble) 현상과 대책

트러블(Trouble) 현상		원인	대책
드릴 파손	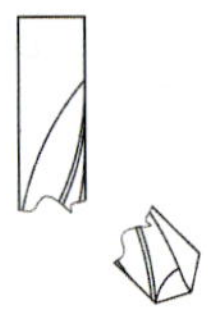	- 절삭속도에 비해 이송빠름 - 드릴 마모 진행 - 절삭 칩으로 막힘 - 진입성이 나쁨	- 이송을 낮춘다. - 재 연삭하여 사용한다. - 스텝 작업방법을 선택한다. - 센터링과 피삭재 수평 유지한다.
위치정도 불량	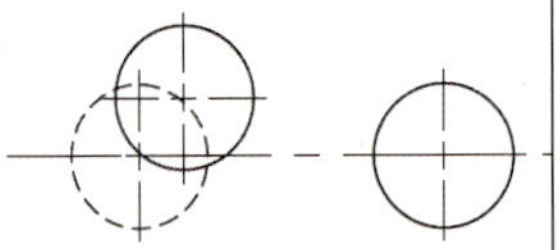	- 센터 맞춤의 부정확 - 드릴 초기 진입 흔들림 - 스핀들 및 척의 흔들림	- 가공 전에 재확인한다. - 가공 면을 수평으로 한다. - 흔들림 측정 및 조정한다.
직각도 불량	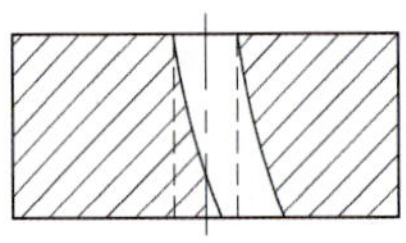	- 드릴 마모 - 선단각의 비대칭 - 피삭면이 기울어짐 - 이송량 과다 - 드릴강성 부족	- 재 연삭 한다. - 적정하게 재 연삭한다. - 피삭면 수평 조정한다. - 이송을 늦춘다. - 드릴강성 높은 것 사용한다.
구멍확대 및 진원도 불량	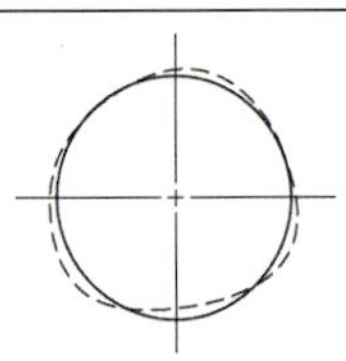	- 선단각의 비대칭 - 피삭재 고정이 불충분 - 드릴의 흔들림 - 절삭유 공급부족 - 스핀들 및 척의 흔들림	- 적정하게 재 연삭한다. - 체결 시 마다 상태 확인한다. - 척킹 상태 확인 및 조정한다. - 충분한 주유와 유제 변경한다. - 흔들림 측정 및 조정한다.

1) 드릴 주축회전수 변환

드릴링 작업은 공작물의 재질과 드릴 지름에 알맞은 주축회전수 및 절삭 속도[8])를 정하는데 주축 회전수는 V벨트 상하이동으로 조정한다.

8) 드릴지름에 따른 주축회전수와 절삭속도는 드릴 지름이 작으면 회전수를 고속으로 하고 절삭속도는 느리게 하며, 드릴 지름이 크면 회전수는 저속으로 하고 절삭속도를 빠르게 한다.

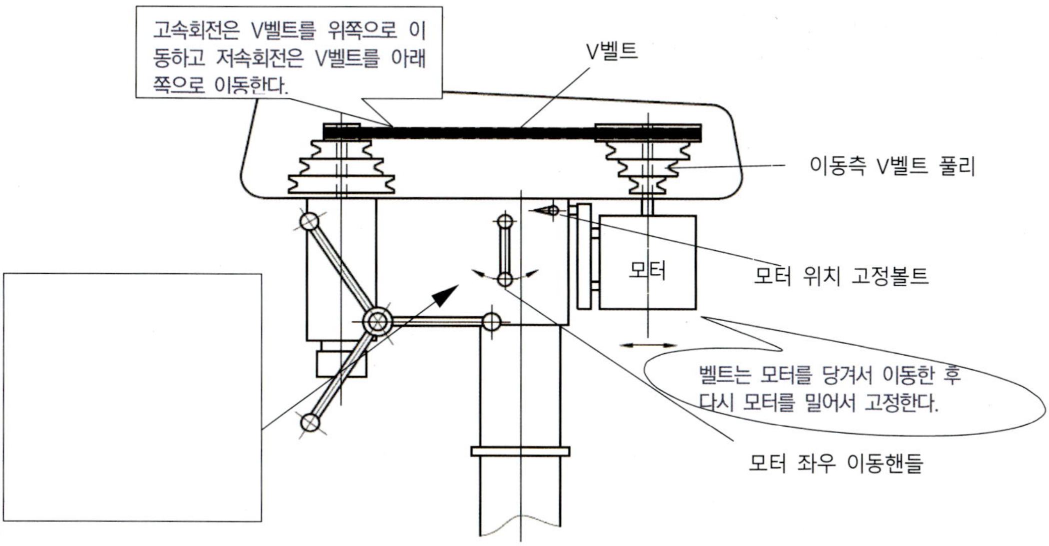

QUESTION

회전수(N : RPM)를 구하는 공식은? V(m/min), D(mm)

[풀이] $V = \frac{\pi \times D \times N}{1000}$ $N = \frac{1000 \times V}{\pi \times D}$

[예] ∅10 하이스(HSS) 드릴로 피삭재(SM45C)를 뚫을 때 회전수(RPM)는?

[풀이] 다음 표에서 V = 23 이므로

$$N = \frac{1000 \times V}{\pi \times D} = \frac{1000 \times 23}{3.14 \times 10} = 732(RPM)$$

표 하이스(HSS)드릴의 절삭 조건

피삭재	저탄소강, 연강 (SM15C)	탄소강 (SM45C)	합금강 (SCM)
절삭속도(V) [m/min]	31	23	19
드릴지름(∅)[mm]/ 회전수[RPM]			
3	3291	2442	1964
4	2468	1831	1473
5	1975	1465	1178
6	1645	1221	982
7	1410	1046	842
8	1234	916	736
9	1097	814	655
10	987	732	589
11	898	666	536
12	823	610	491
13	759	563	453

2) 드릴 작업 방법

드릴바이스의 접촉면을 깨끗이 닦아 공작물이 수직수평이 되도록 하며 벤딩으로 인한 치핑을 방지하도록 받침대(평행대)를 사용하며 조의 중앙에 고정한다. 오른손으로 기계 축을 균일하게 움직여 주고 왼손으로 일감이 움직이지 않도록 드릴바이스를 꽉 잡는다. 센터펀치 위치에 정확하게 일치시키고 1차 기초드릴로 작업 후 최종드릴로 뚫는다. 구멍의 지름이 클 경우는 2차, 3차 중간드릴로 넓혀 간다. 절삭 칩 배출을 위해 전진과 후진을 반복하며 가공하며 재질에 따라 절삭유의 사용여부를 결정한다.

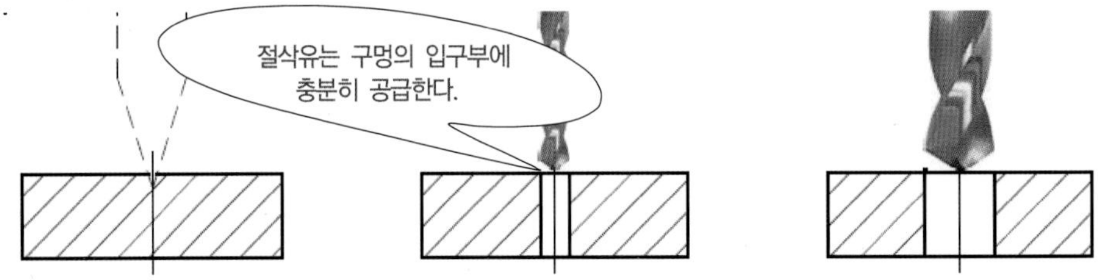

센터 펀치　　기초구멍 드릴　　최종구멍 드릴

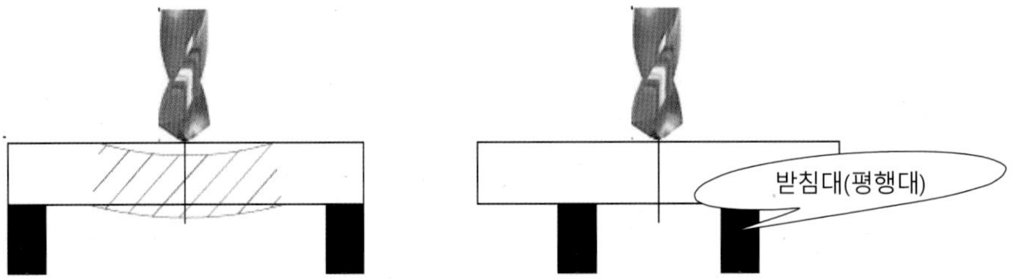

받침대 위치(X)　　받침대 위치(O)

C ::: 카운터보어, 카운터싱크, 리머

1. 카운터보어

볼트나 작은 나사의 머리를 묻기 위하여 뚫어진 구멍을 넓히는데 사용한다. 절삭작업은 저속으로 절삭유를 급유하면서 절삭이송을 느리게 한다.

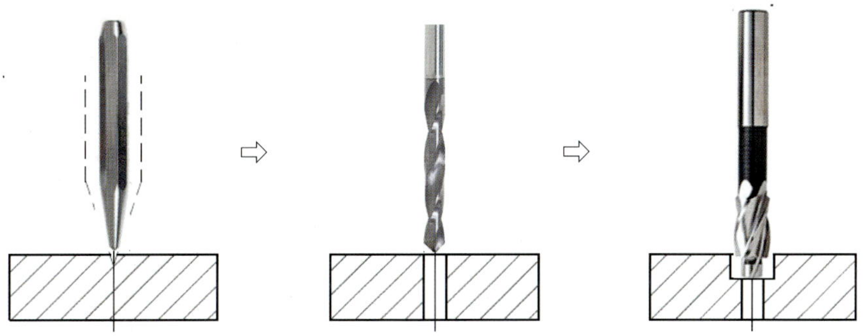

1차 센터펀치　　2차 드릴　　3차 카운터보어

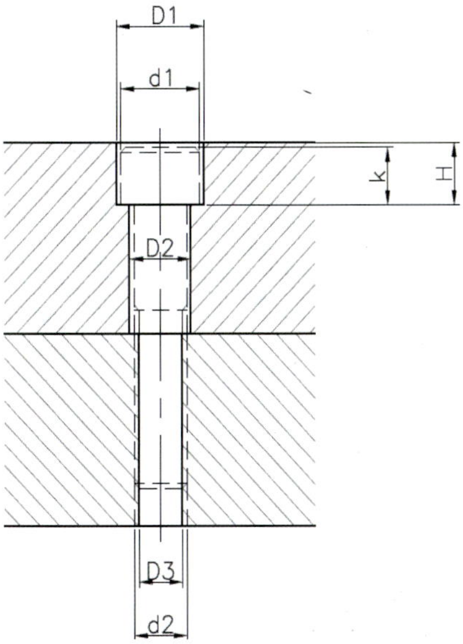

표 볼트에 대한 카운터보어 치수

나사의 호칭 / 부분 치수	M3	M4	M5	M6	M8	M10	M12
D1	6.5	8	9.5	11	14	17.5	20
D2	3.4	4.5	5.5	6.6	9	11	14
D3	2.6	3.4	4.3	5.1	6.9	8.6	10.4
d1	5.5	7	8.5	10	13	16	18
d2	3	4	5	6	8	10	12
k	3	4	5	6	8	10	12
H	3.3	4.4	5.4	6.5	8.6	10.8	13

2. 카운터 싱크

구멍 주위를 경사지게 가공하여 접시모양으로 만들거나 또는 구멍 모서리 부분의 모따기에도 사용한다. 공구의 회전속도를 저속으로 한 후 절삭유를 급유하면서 이송을 느리게 한다.

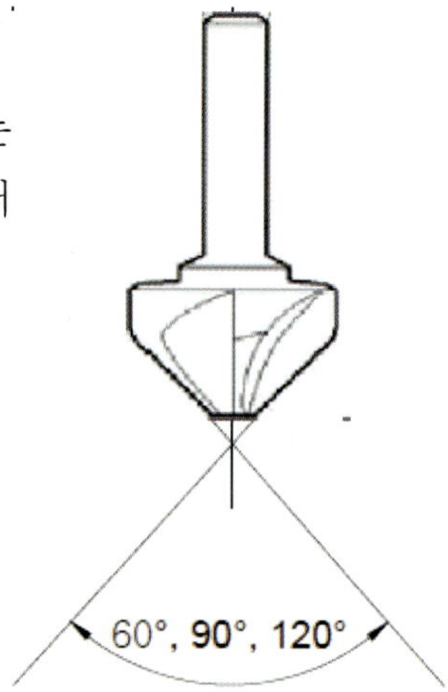

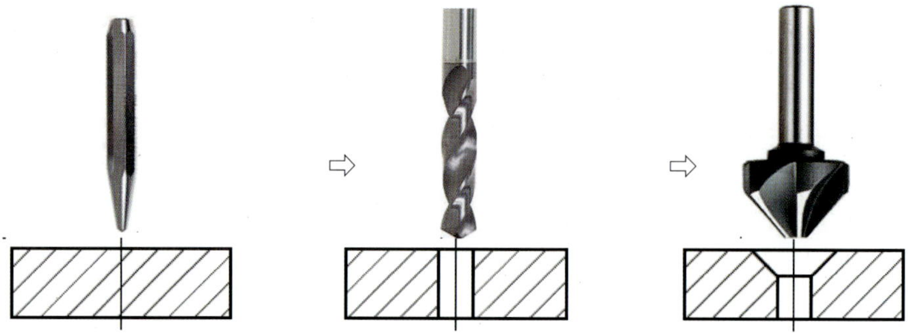

1차 센터펀치 / 2차 드릴 / 3차 카운터싱크

표 카운터 싱크의 종류와 특징

종류	작업	특징	모양
홀형	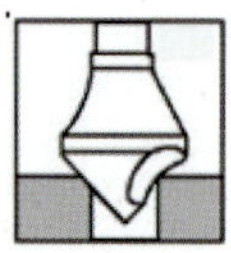	- 작고 둥근 홈의 마무리 - 거친 부분을 제거한 후의 마감면 - 경금속이나 플라스틱류에 사용	
1날형	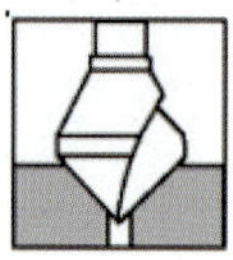	- 얇은 소재에 구멍을 내면서 넓히는 작업을 동시에 가능 - 외경 재연마가 용이 - 목재나 플라스틱류에 사용	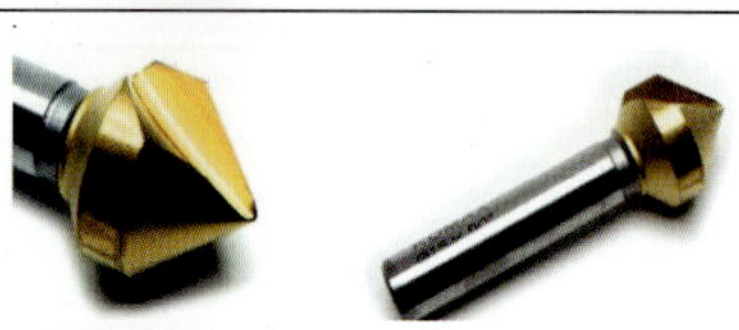
3날형	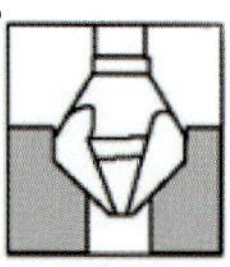	- 3날에 의한 자체중심가공 용이 - 재 연마가능 - 스테인리스 강 가공에 사용	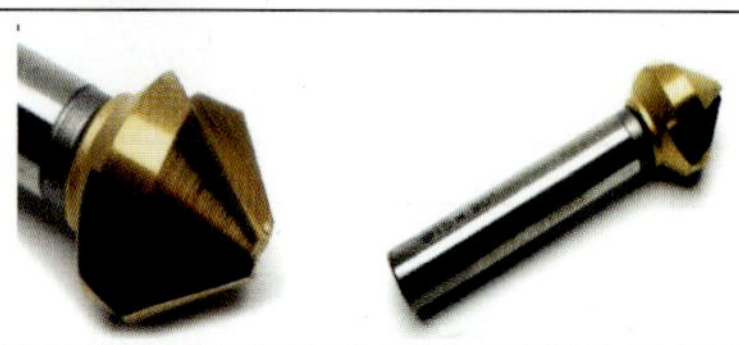

3. 리머

미리 드릴로 뚫어 놓은 구멍을 정확한 치수의 지름으로 넓히거나 또는 구멍의 표면 거칠기를 깨끗하게 다듬질하는 데 사용하는 공구로 핸드리머와 기계리머가 있다. 리머 가공을 할 때는 작업 여유(다듬질여유)로 0.2～0.3mm 작게 드릴링하고, 리머는 낮은 가공 속도로 이송을 크게 하며 절삭유를 사용한다.

핸드리머

헬리컬 기계리머

스파이럴 기계리머

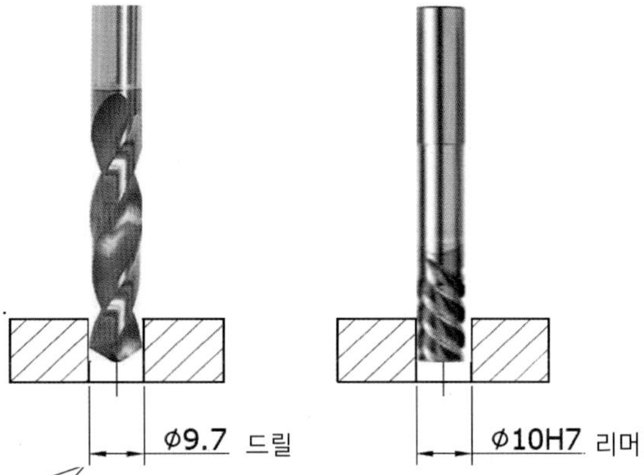

10H7의 구멍 리머작업을 해야 한다면 ø10mm 드릴보다 0.3mm 작은 ø9.7mm 드릴을 사용해 구멍을 뚫어 0.3mm의 다듬질 여유가 생기게 되며, 리머를 이용해 0.3mm를 다듬질한다.

D ⁝⁝⁝ 탭

탭은 구멍의 내면에 암나사를 만들 때 사용하는 절삭공구로 일반적으로 3개의 탭(핸드탭)으로 완전한 나사를 만든다. 탭을 탭 핸들에 고정하여 사용하며 1번(55%), 2번(25%), 3번(20%) 탭 순번으로 작업한다.

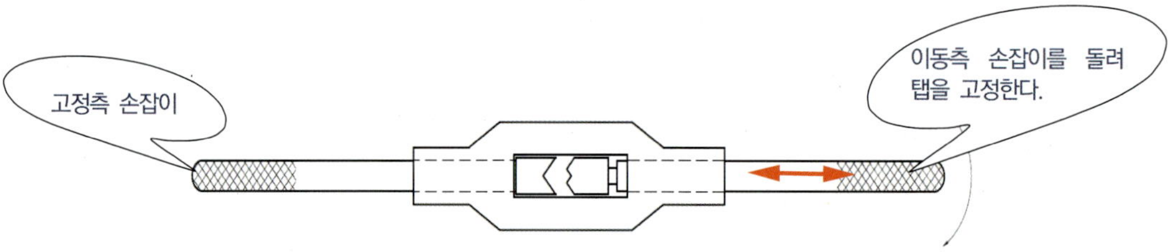

탭 핸들

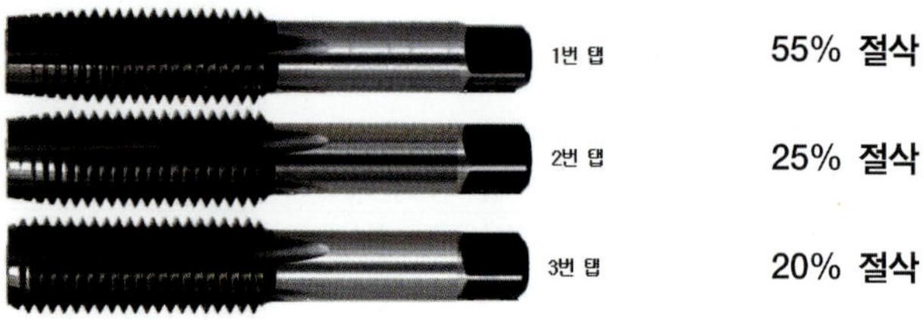

1번 탭 작업할 때는 공작물의 표면과 정확히 90° 가 되도록 직각자로 확인하면서 1회전 후 3/4 역회전을 하여 절삭 칩의 방해가 없도록 한다. 한쪽이 막힌 나사 가공은 이에 특히 주의한다. 2번 탭으로 중간절삭하며 3번 탭으로 완전 절삭하여 마무리 한다. 나사 절삭 시 절삭력을 좋게 하기 위해서는 공작물의 재질에 따라 절삭유를 사용한다.

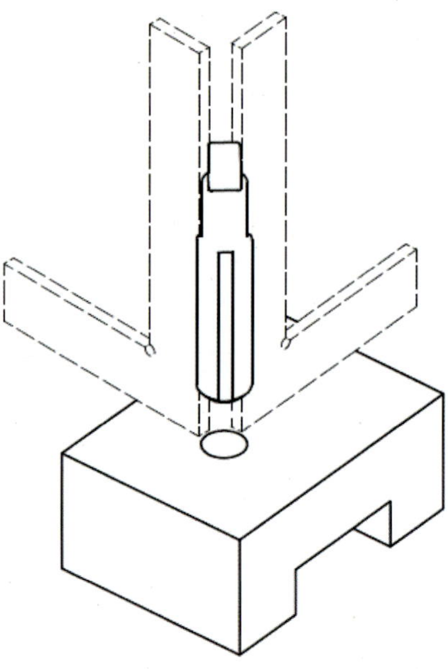

탭의 직각 확인

E 요소조립가공

기계 및 공구의 상태를 점검하여 정밀하고 안전하게 가공한다. 또한 기계 및 절삭공구의 정밀도외에 가공중의 진동, 먼지, 온도 등에 의한 치수 변화가 발생하지 않도록 하면서 가공 및 조립한다.

1. 소요시간 : 4시간

2. 과제

1) 요소조립가공실습 - 1 (page-48)

- 실습내용 : 손톱, 줄, 다이스 작업

2) 요소조립가공실습 - 2 (page-49)

- 드릴, 탭, 카운터 보어, 카운터 싱크, 리머

3. 보고서 내용

[표 - 3] 소요 가공재료 및 KS규격품
[표 - 4] 기계 및 공구, 측정기
[표 - 5] 부품 가공(측정) 시 안전 및 유의 사항
[표 - 6] 조립품 및 부품 측정
[표 - 7] 4way 품질 분석

요소조립가공실습 - 1

• 실습내용 : 손톱, 줄, 다이스 작업

1) 소재 : 연강 ∅12 × 125
   ※ 나사부(치수 22mm의 지름은 ∅11.5로)와 모따기를 선반 가공하여 사용한다.

2) 작업순서
   ① 1차 손톱 절단한다.
   ② 2차 줄 작업으로 길이(50)을 맞춘다.
   ③ 3차 나사부(22mm)를 다이스 작업한다.

※ 모둠 2명이 중간 절단한 후 한쪽씩 가공한다.
※ 다이스 작업할 때는 그림과 같이 원기둥 물림용 "고정구"를 사용한다.

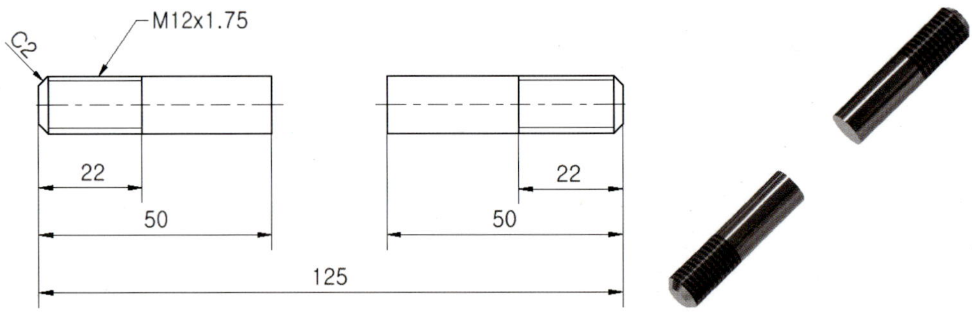

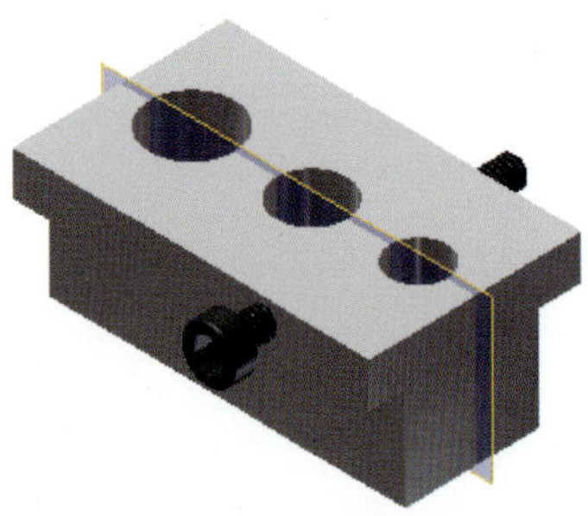

원기둥 고정구

* [부록] 고정구 제작도면

원기둥 고정방법

요소조립가공실습 - 2

- **드릴, 탭, 카운터 보어, 카운터 싱크, 리머**

1) 소재 : SM20C 18 × 42 × 75

2) 작업순서
   ① 금긋기 - 센터펀치 - 드릴(기초드릴)
   ② 드릴(최종드릴) - 탭, 카운터 보어, 리머
   ③ 카운터 싱크, 디버링 공구로 마무리 한다.

※ 모둠 2명이 상하 한쪽씩 완성한다.

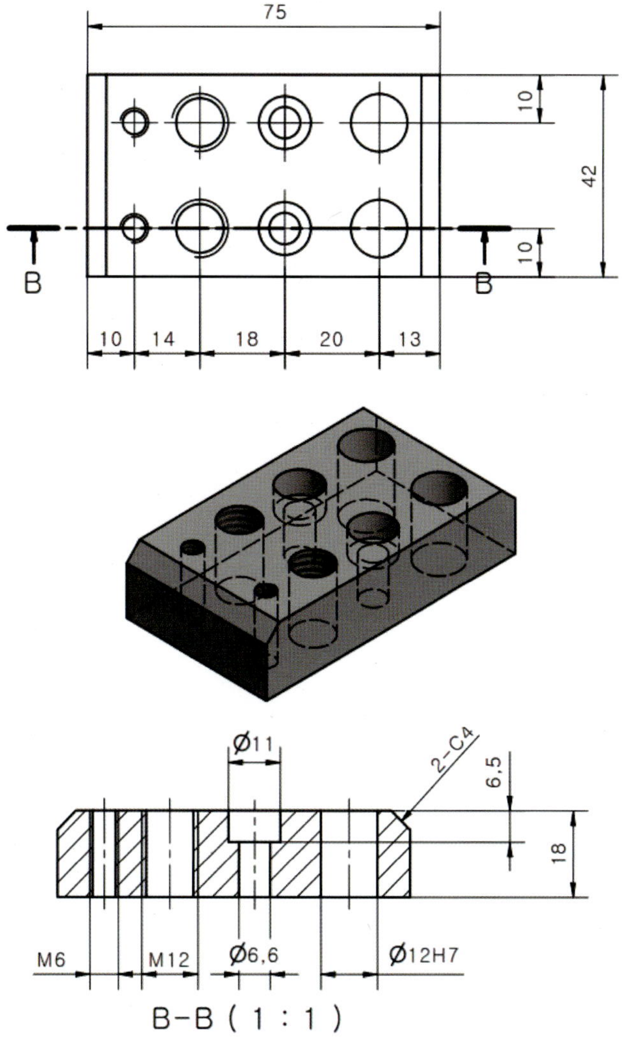

F ⁞⁞⁞ 기계요소조립

기계 및 공구의 상태를 점검하여 정밀하고 안전하게 가공한다. 또한 기계 및 절삭공구의 정밀도외에 가공중의 진동, 먼지, 온도 등에 의한 치수 변화가 발생하지 않도록 하면서 가공 및 조립한다.

1. 주제 : 슬라이더 제작

1) 소요시간 : 3시간

2) 과제

슬라이더

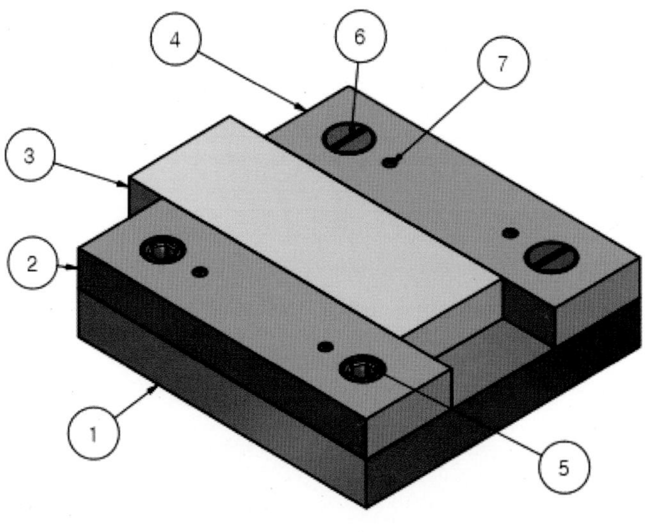

3) 요구 사항

외곽치수 가공 없이 거스러미 제거 후 부품③이 슬라이딩 되도록 조립 가공하시오

4) 보고서 내용

[표 - 3] 소요 가공재료 및 KS규격품

[표 - 4] 기계 및 공구, 측정기

[표 - 5] 부품 가공(측정) 시 안전 및 유의 사항

[표 - 6] 조립품 및 부품 측정

[표 - 7] 4way 품질 분석

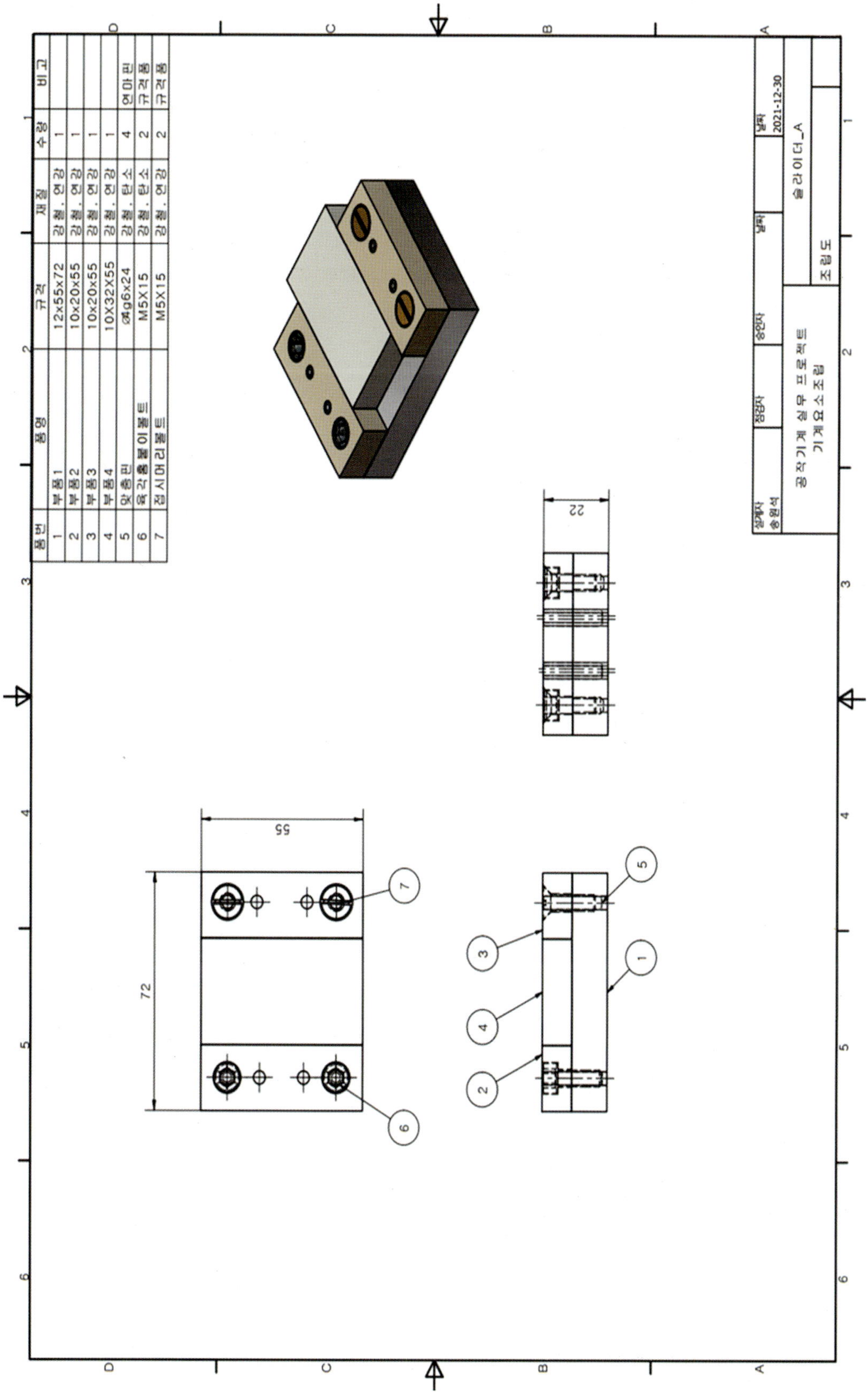
품번 | 품명 | 규격 | 재질 | 수량 | 비고
1 | 부품1 | 12x55x72 | 강철, 연강 | 1 |
2 | 부품2 | 10x20x55 | 강철, 연강 | 1 |
3 | 부품3 | 10x20x55 | 강철, 연강 | 1 |
4 | 부품4 | 10X32X55 | 강철, 연강 | 1 |
5 | 맞춤핀 | Ø4g6x24 | 강철, 탄소 | 4 | 연마핀
6 | 육각홈붙이볼트 | M5X15 | 강철, 탄소 | 2 | 규격품
7 | 접시머리볼트 | M5X15 | 강철, 연강 | 2 | 규격품
설계자
송원석
검토자
승인자
날짜
날짜
2021-12-30
공작기계 실무 프로젝트
기계요소조립
슬라이더_A
조립도
72
55
22

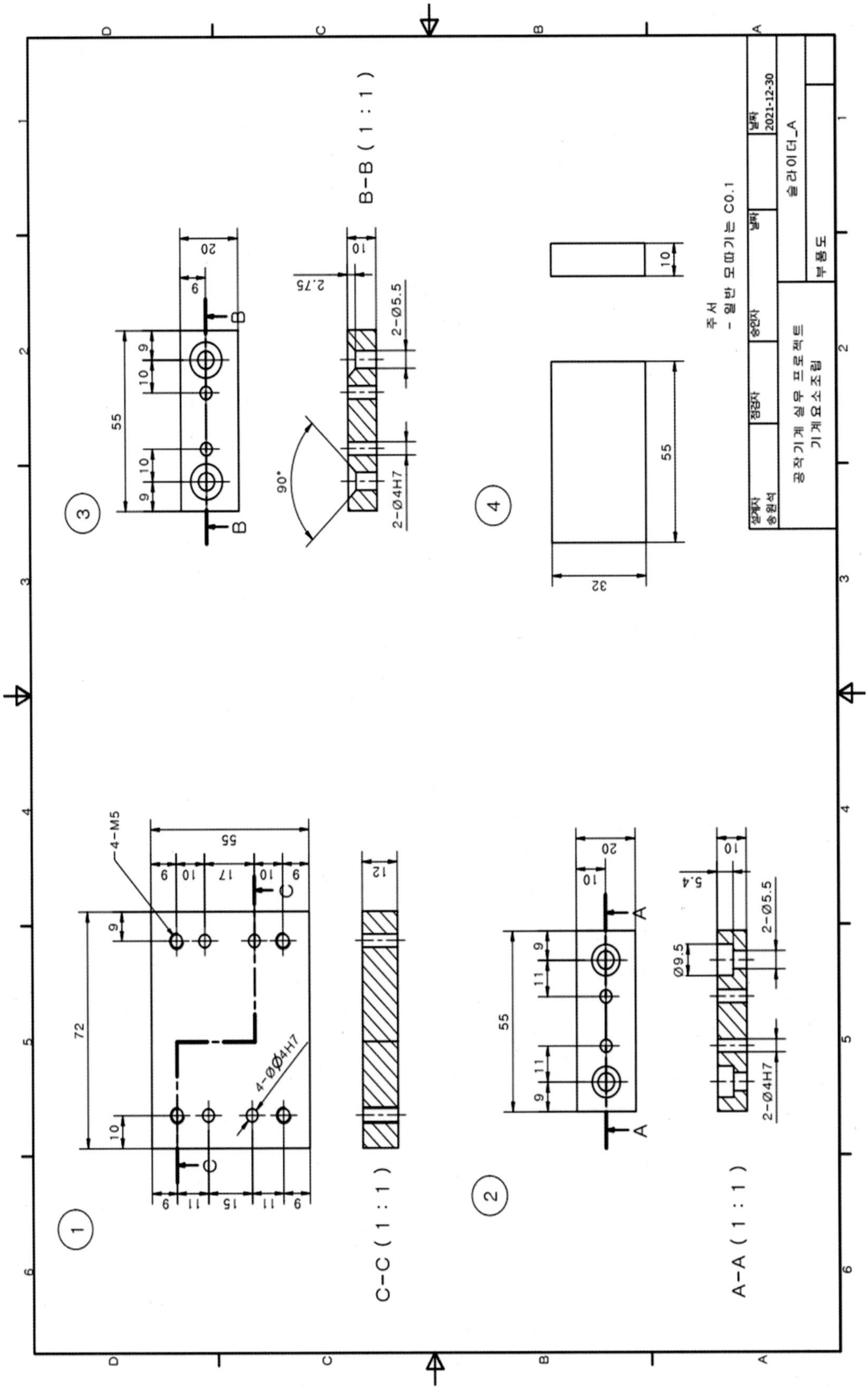

B-B (1 : 1)
C-C (1 : 1)
A-A (1 : 1)
주 서
- 일반 모따기는 C0.1
설계자
송원석
검도자
승인자
날짜
2021-12-30
공작기계 실무 프로젝트
기계요소조립
슬라이더_A
부품도

5) 슬라이더 조립작업

슬라이더는 좌우 가이드의 체결위치에 따라 슬라이딩 기능성이 좌우된다. 가이드는 맞춤핀에 위해 최종위치가 결정되므로 맞춤핀의 위치결정에 높은 가공정밀도와 가공공정이 매우 중요하다.

a) 지급된 모든 재료치수를 확인한다.

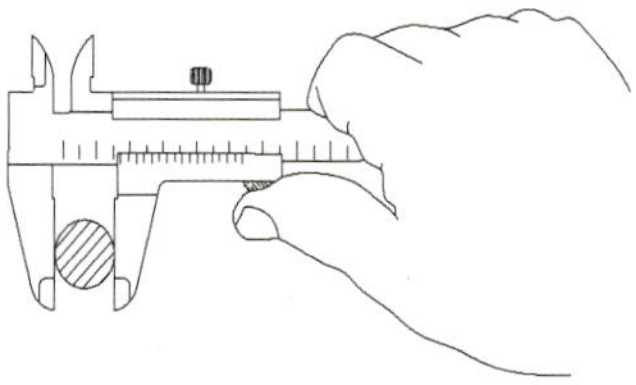

b) 조립 가공할 모든 부품의 거스러미를 제거한다. 거스러미는 유목줄 또는 기름숫돌로 제거한다.

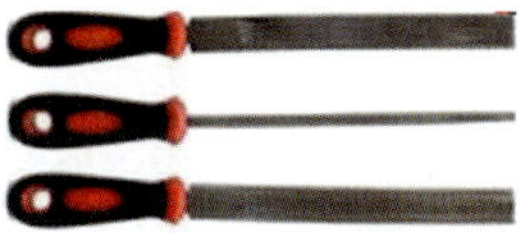

c) 부품①의 접시머리볼트 체결 쪽과 부품 ③을 먼저 가공 및 조립한다. 접시머리볼트는 체결시 머리각도에 의해 자동으로 위치결정 되어 미세조정 조립이 불가하므로 먼저 가공하여 조립한다.

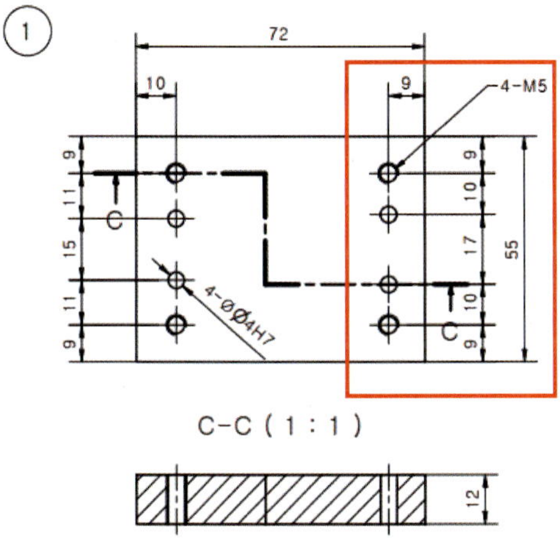

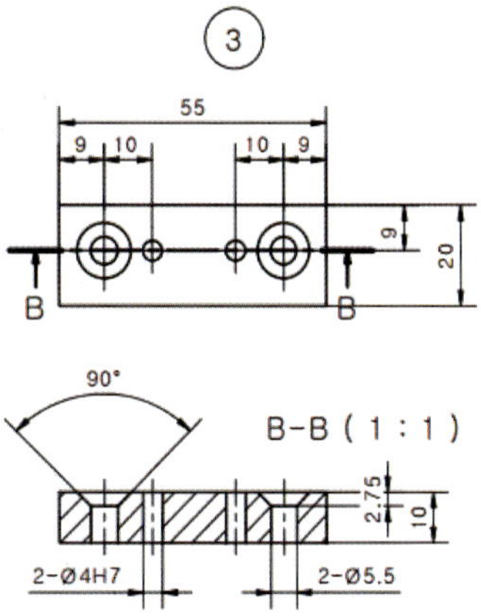

d) 두 개의 부품①, ③ 기준면을 조립상태의 자세로 놓고 동시 금긋기하며 기준면 변경 없이 누적치수로 금긋기 한다.

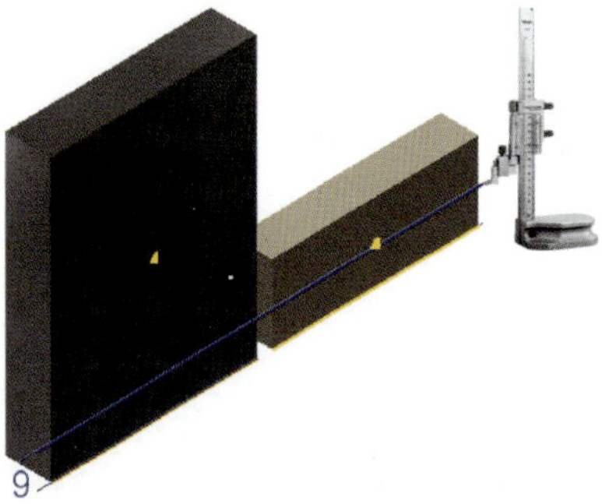

x축 금긋기

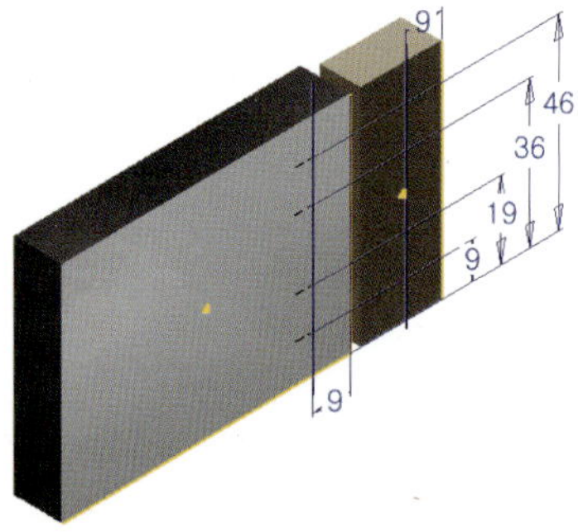

y축 금긋기

e) 접시머리볼트 구멍위치 센터펀치 및 드릴, 탭 작업 및 카운터싱크로 접시머리볼트 자리 작업 한다. 맞춤핀 구멍은 g)단계에서 드릴 작업한 다.(드릴 작업하지 않도록 주의한다.)

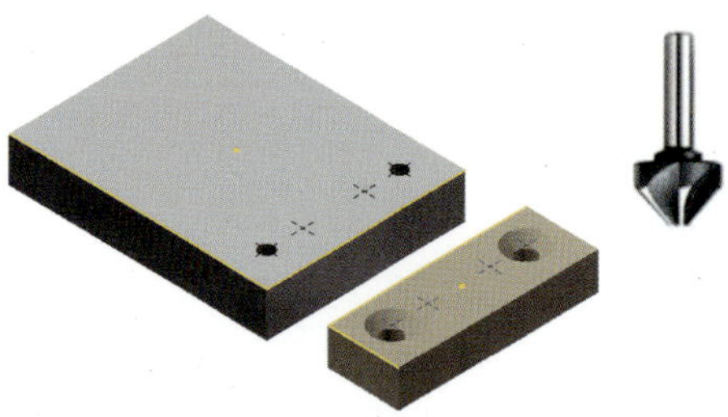

f) 두 개의 부품①, ③을 접시머시볼트로 체결한다.

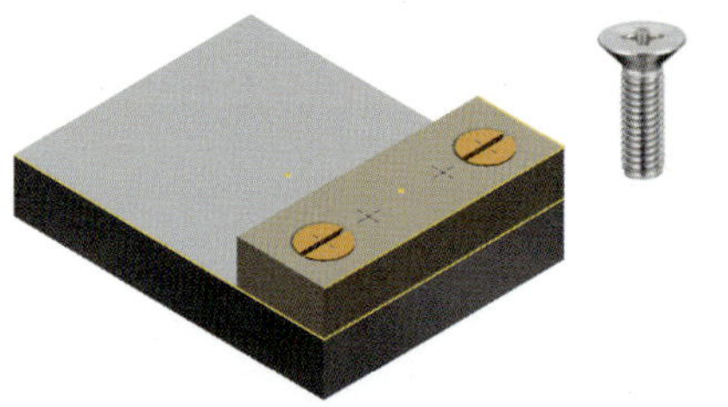

g) 접시머리볼트 체결 상태로 맞춤핀 구멍을 드릴링 및 리머 작업한다.

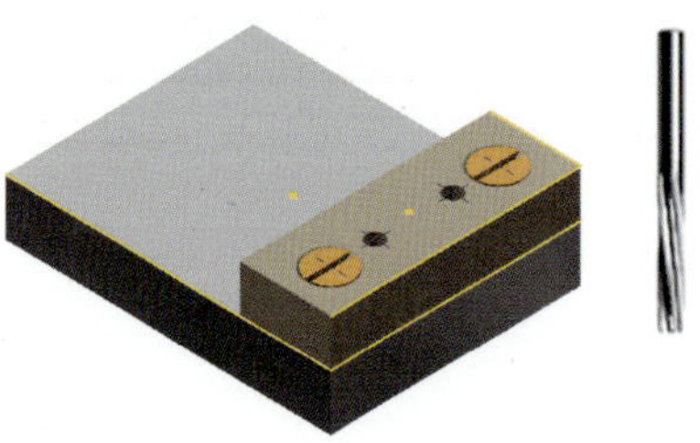

h) 맞춤핀을 때려박아 위치 고정한다.

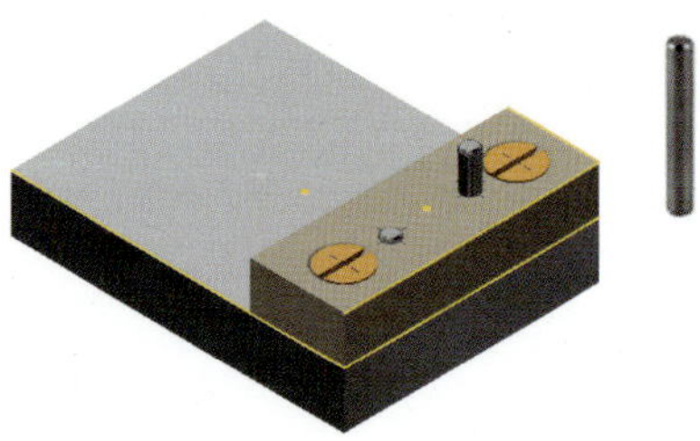

i) 부품②를 가공한다.

부품①의 육각홈붙이볼트 체결 쪽과 부품②를 가공 및 조립한다.

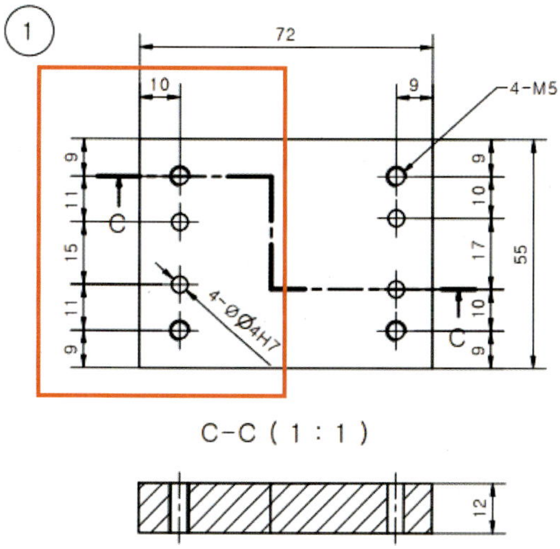

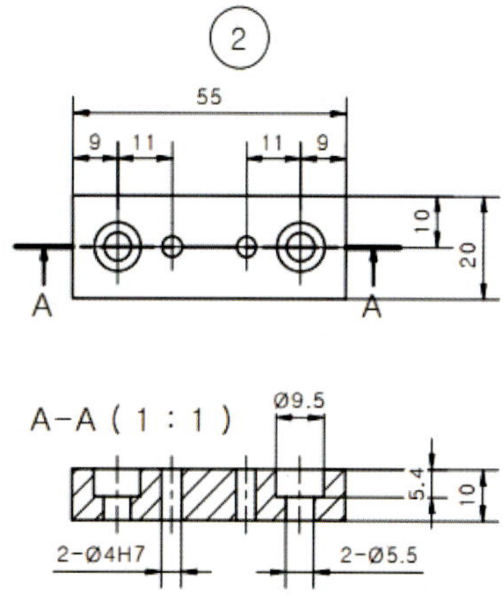

j) 부품②, ①를 조립상태의 자세로 기준면은 변경 없이 누적치수로 금긋기 한다.

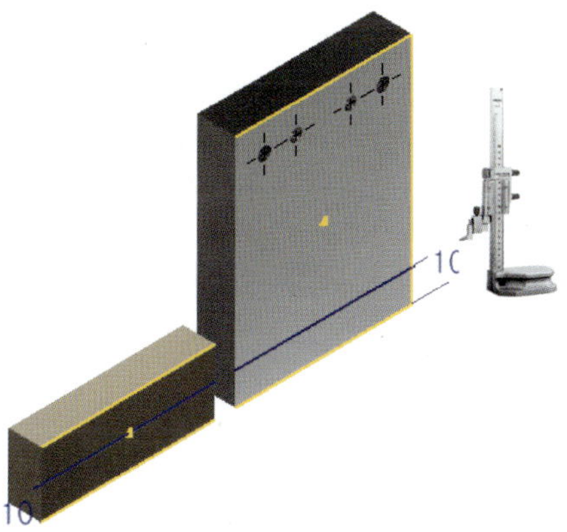

x축 금긋기

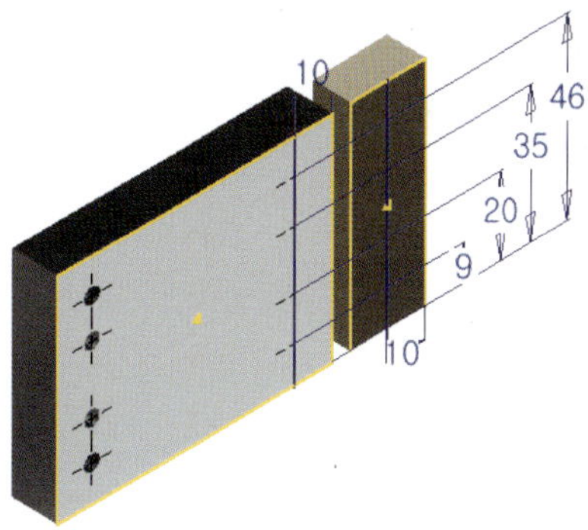

y축 금긋기

k) 육각홈붙이볼트 구멍위치 센터펀치 및 드릴, 탭작업 및 카운터보어 작업한다. 맞춤핀 구멍은 l)단계에서 드릴 작업한다.(드릴 작업하지 않도록 주의한다.)

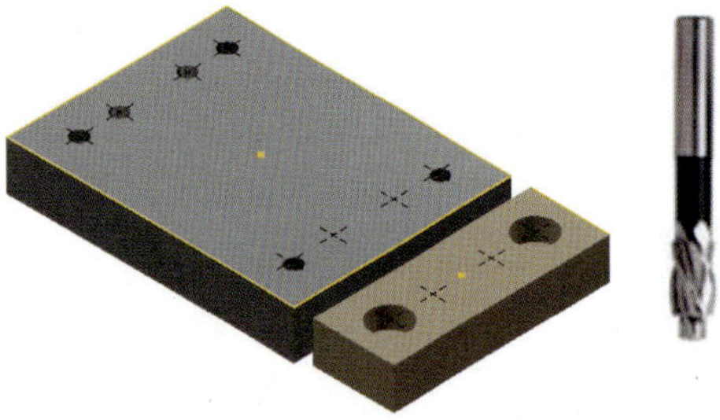

l) 두 개의 부품②, ①를 육각홈붙이볼트로 체결한다. 이때 슬라이더의 미끄럼상태를 조정하며 볼트를 고정한다.

m) 육각홈붙이볼트 체결 상태로 맞춤핀 구멍을 드릴링 및 리머 작업한다.

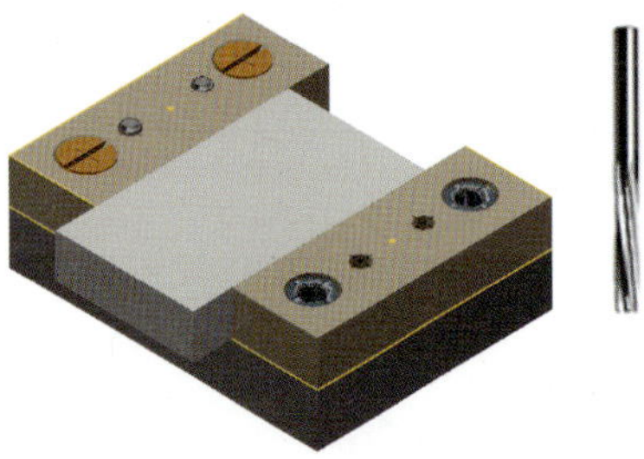

n) 맞춤핀을 때려박아 위치 고정한다.

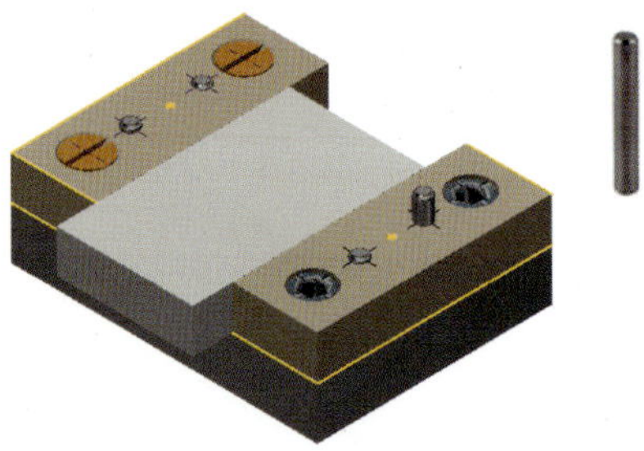

o)디버링 공구로 구멍의 모서리 거스러미를 제거한다.

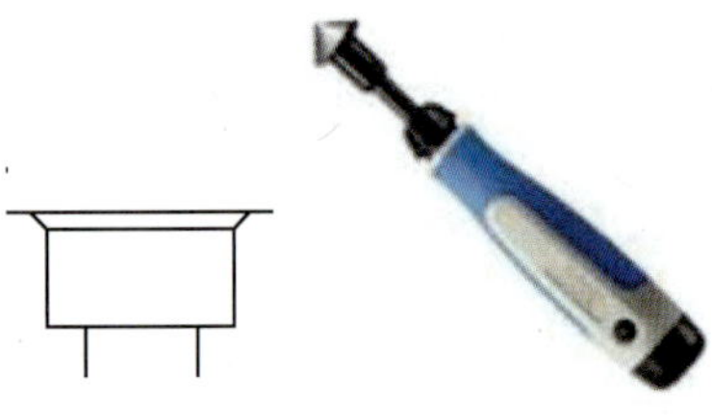

2. 주제 : 나사바이스[수가공] 제작

기계 및 공구의 상태를 점검하여 정밀하게 가공한다. 또한 가공중의 진동, 먼지, 온도 등에 의한 치수 변화가 발생하지 않도록 한다.

1) 소요시간 : 7시간

2) 과제

나사바이스

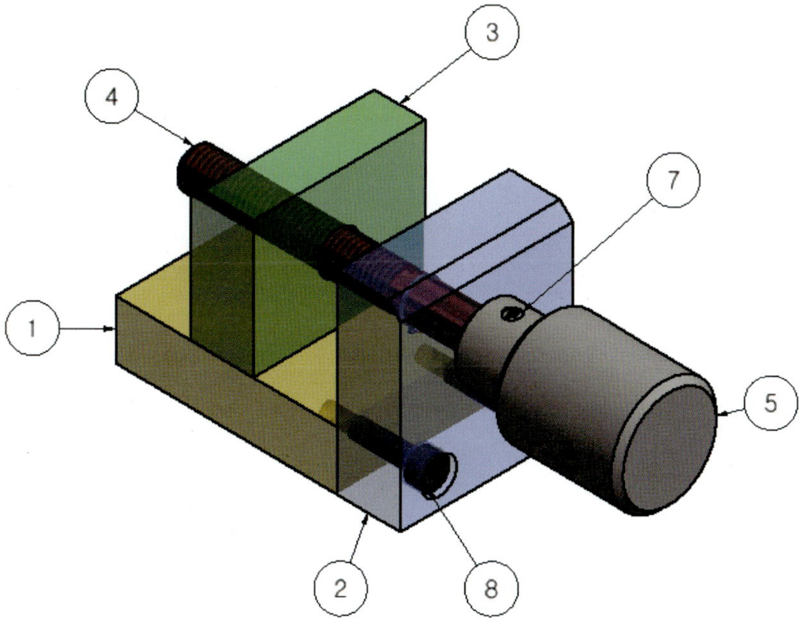

3) 요구 사항

외곽치수 기계(밀링)가공 없이 부품⑤, ④의 회전으로 부품③이 이동 되도록 조립 가공하시오. (단, 부품 ④, ⑤는 기계(선반)가공한 상태로 제공함)

4) 보고서 내용

[표 - 3] 소요 가공재료 및 KS규격품

[표 - 4] 기계 및 공구, 측정기

[표 - 5] 부품 가공(측정) 시 안전 및 유의 사항

[표 - 6] 조립품 및 부품 측정

[표 - 7] 4way 품질 분석

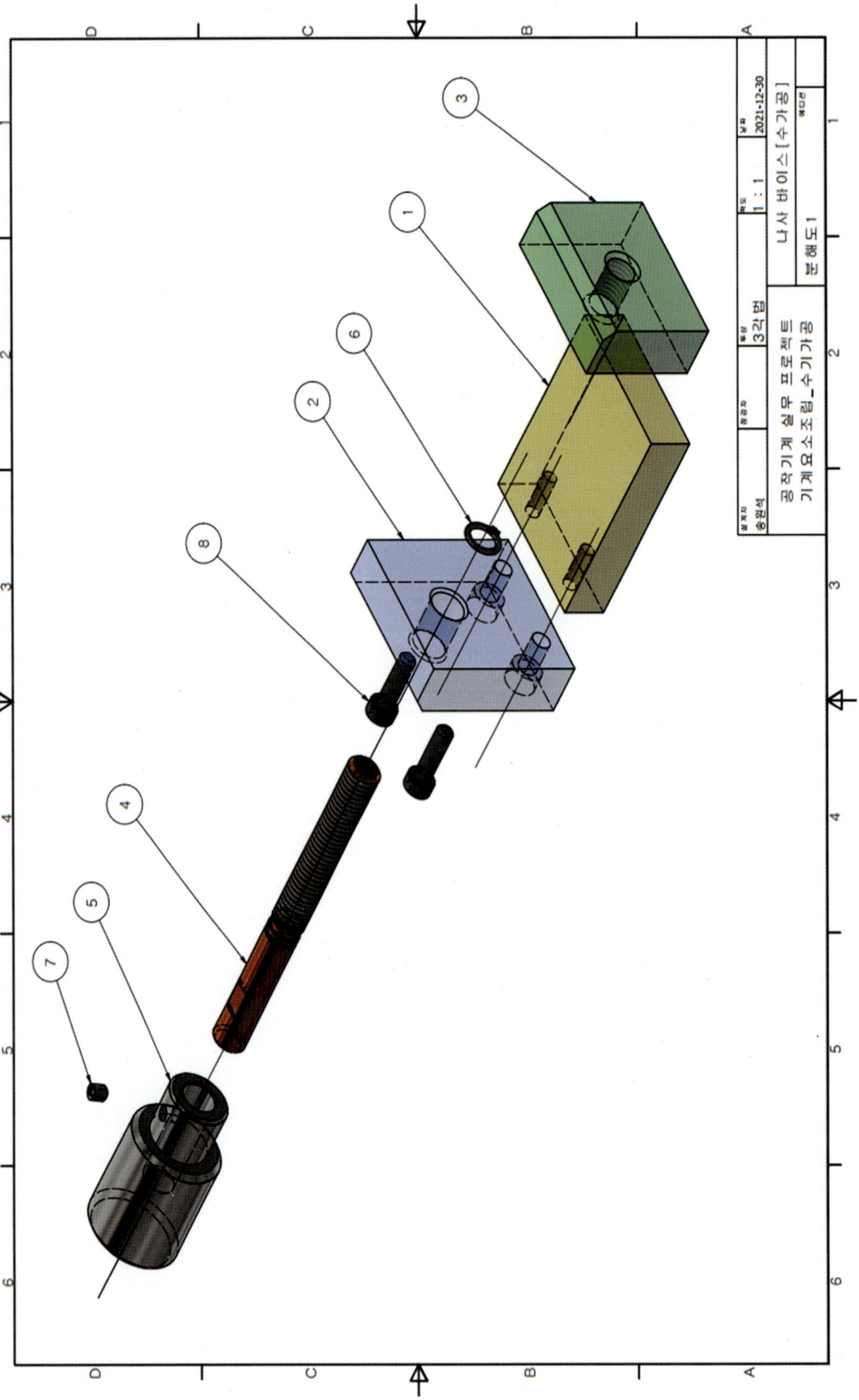
송영석
3각법
1 : 1
2021-12-30
공작기계 실무 프로젝트
기계요소조립_수기가공
나사 바이스 [수가공]
분해도1

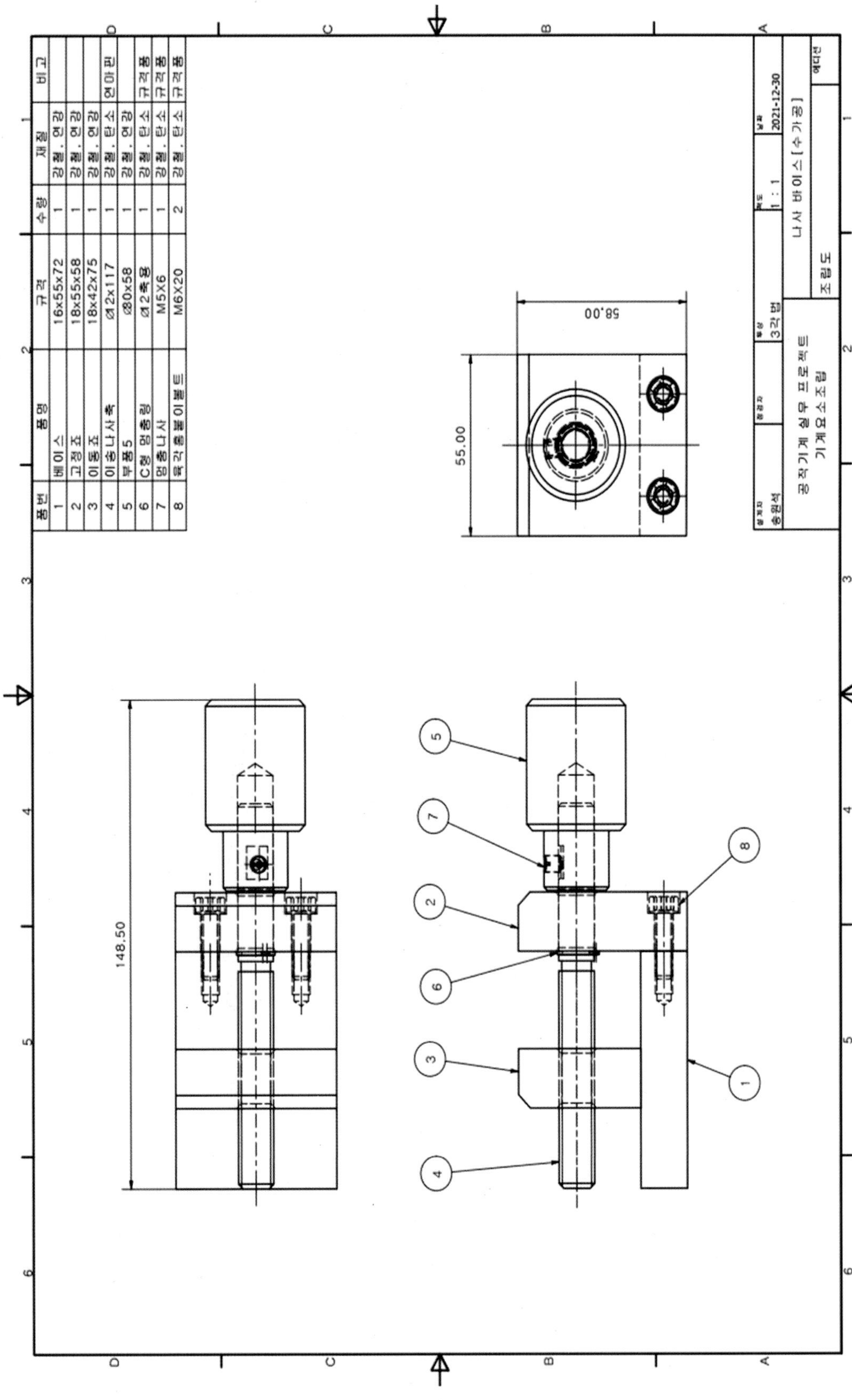
품번 | 품명 | 규격 | 수량 | 재질 | 비고
1 | 베이스 | 16x55x72 | 1 | 강철, 연강
2 | 고정조 | 18x55x58 | 1 | 강철, 연강
3 | 이동조 | 18x42x75 | 1 | 강철, 연강
4 | 이송나사축 | Ø12x117 | 1 | 강철, 탄소 | 연마판
5 | 부품5 | Ø80x58 | 1 | 강철, 연강
6 | C형 멈춤링 | Ø12축용 | 1 | 강철, 탄소 | 규격품
7 | 멈춤나사 | M5X6 | 1 | 강철, 탄소 | 규격품
8 | 육각홈붙이볼트 | M6X20 | 2 | 강철, 탄소 | 규격품
송원석
3각법
1 : 1
2021-12-30
공작기계 실무 프로젝트
기계요소조립
나사 바이스[수가공]
조립도
148.50
55.00
58.00

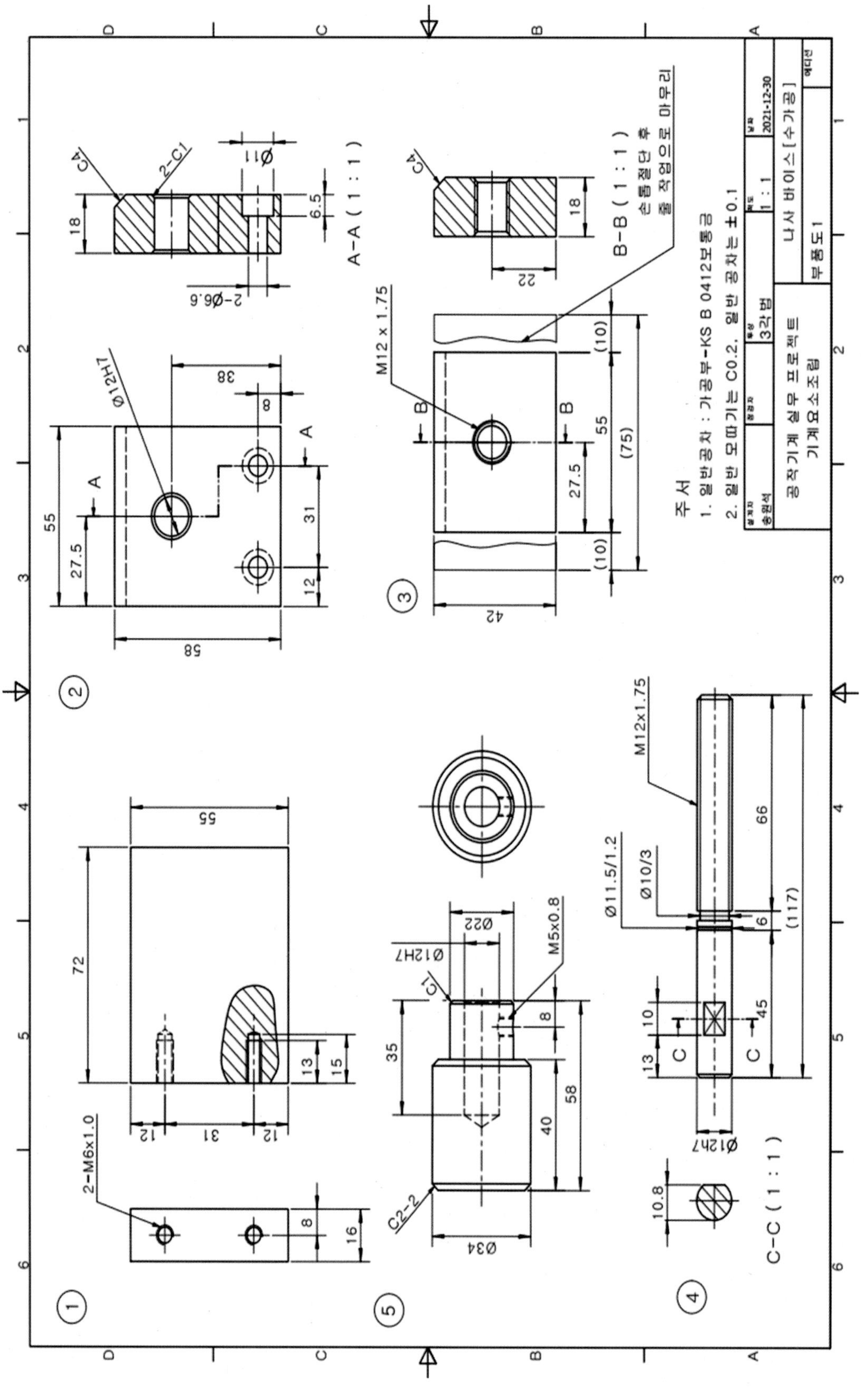

주서
1. 일반공차 : 가공부-KS B 0412보통급
2. 일반 모따기는 C0.2, 일반 공차는 ±0.1
A-A (1 : 1)
B-B (1 : 1)
손톱절단 후
줄작업으로 마무리
C-C (1 : 1)
M12 x 1.75
M12x1.75
2-M6x1.0
M5x0.8
송원석
3각법
1 : 1
2021-12-30
공작기계 실무 프로젝트
기계요소조립
나사 바이스[수가공]
부품도1

5) 나사 바이스 조립작업

기구는 여러 개의 부품으로 조합되어 있으며 각 부품들은 상대적인 상관관계를 가지고 있다. 따라서 조립되는 부분의 치수는 높은 정밀도가 요구된다.

① 수기 가공하기

a) 지급된 모든 재료치수를 확인한다.

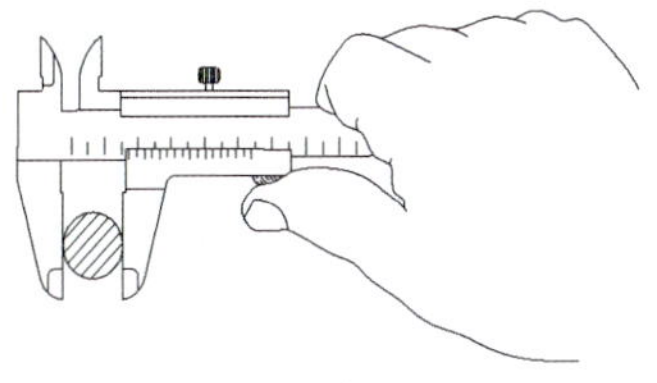

b) 조립 가공할 모든 부품의 거스러미를 제거한다. 거스러미는 유목줄 또는 기름숫돌로 제거한다.

평줄(유목)

c) 부품③의 손톱 절단선을 4면에 금긋기하고, 1단계_손톱절단 후 2단계_줄 가공한다.(2인 공동작업시 양쪽, 1인 작업시 한쪽만 가공한다.)

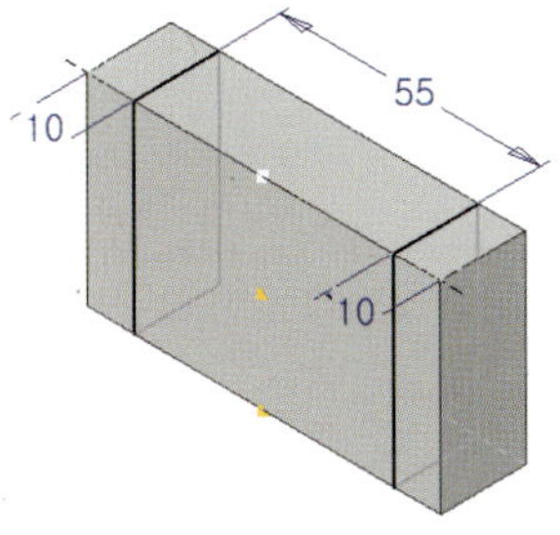

2인 공동작업시_양쪽 절단

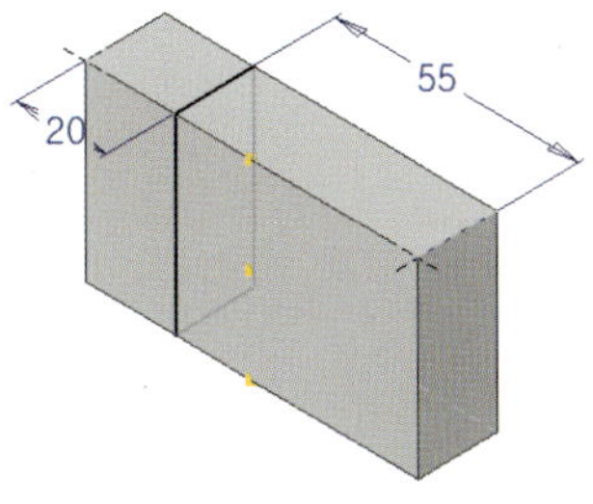

1인 작업시_한쪽 절단

d) 부품①과 ②를 조립 가공한다.

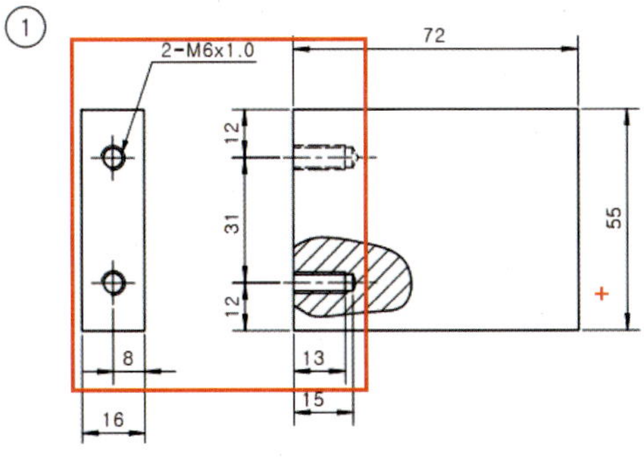

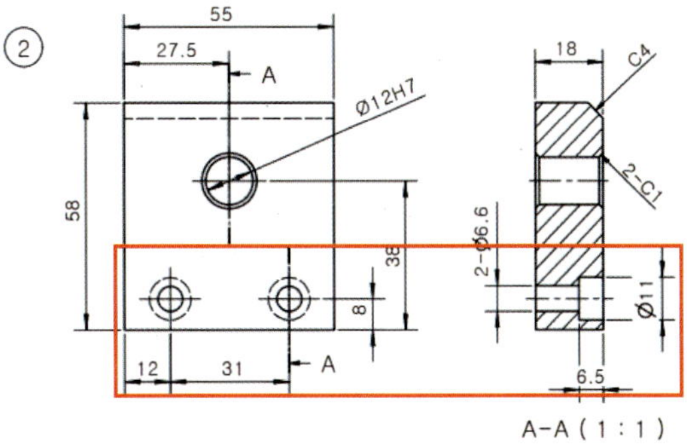

e) 두 개의 부품①, ②기준면을 조립상태의 자세로 놓고 동시에 금긋기하며 기준면 변경 없이 누적치수로 금긋기 한다. 볼트 체결 구멍위치만 금긋기 한다.(∅12H7 제외)

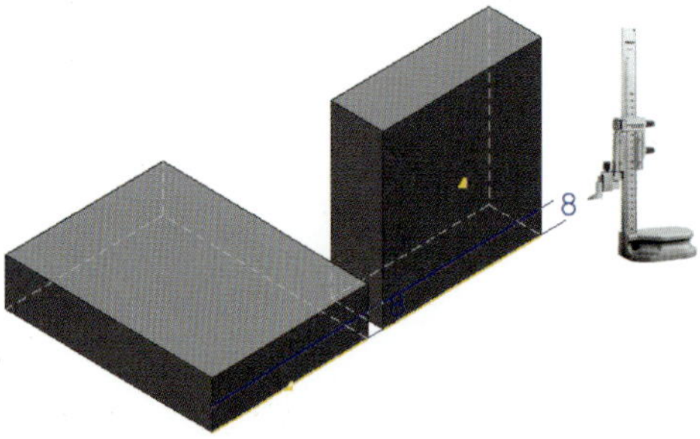

X축 금긋기

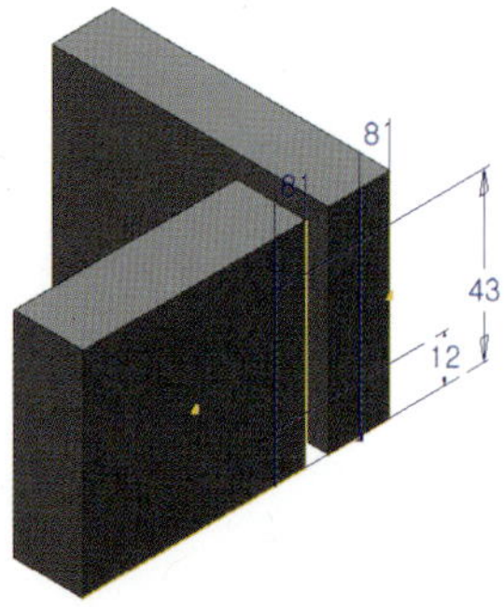

Y축 금긋기

f) 육각홈붙이볼트 구멍위치 센터펀치 및 드릴, 카운터보어 및 탭작업 작업한다. 카운터보어는 저속회전으로 절삭유를 급유하면서 이송을 느리게 한다.

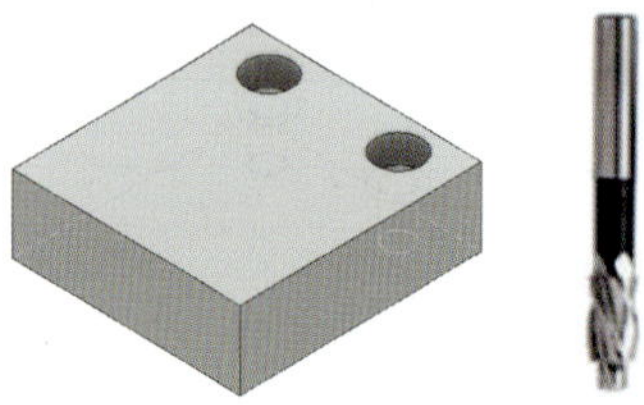

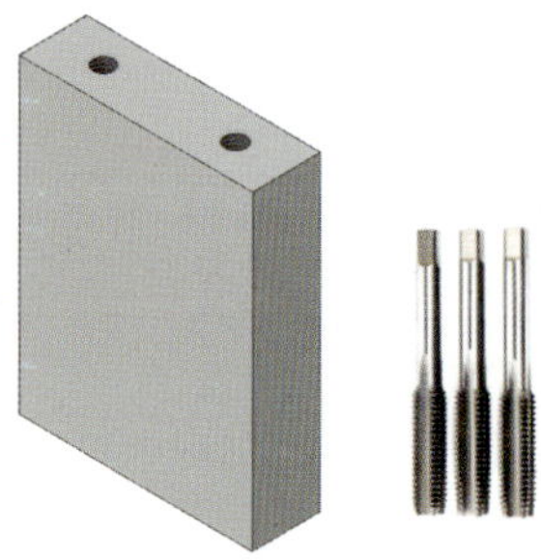

g) 세 개의 부품①, ②, ③ 기준면을 조립상태의 자세로 놓고 동시에 금긋기하며 기준면 변경 없이 누적치수로 금긋기 한다.

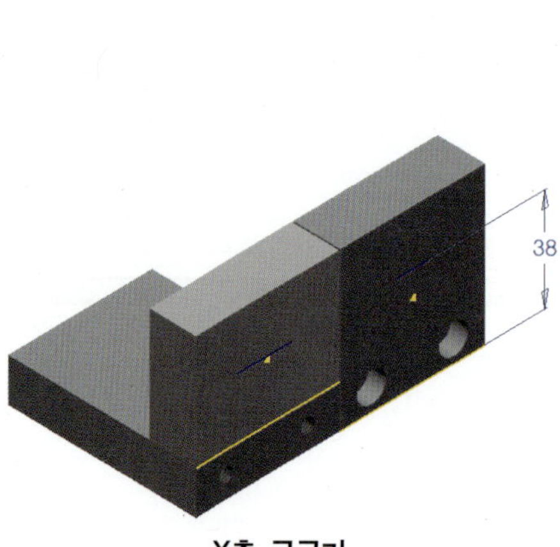

X축 금긋기

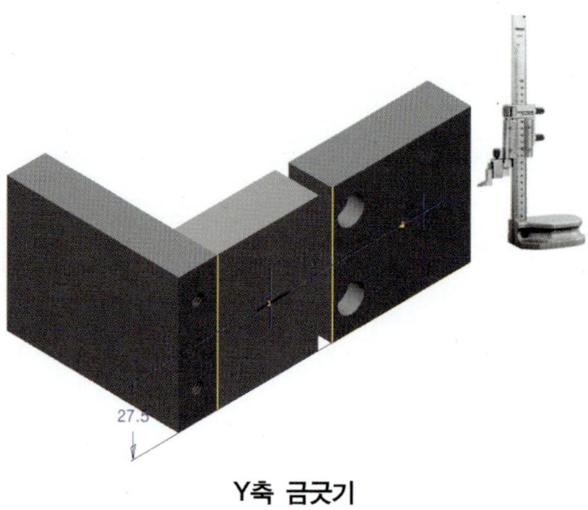

Y축 금긋기

h) 부품③의 나사축 끼워 맞춤 구멍의 드릴링 및 탭 작업한다. 드릴은 기초드릴 → 중간드릴 →최종드릴 ∅10.4로 드릴링 한다.

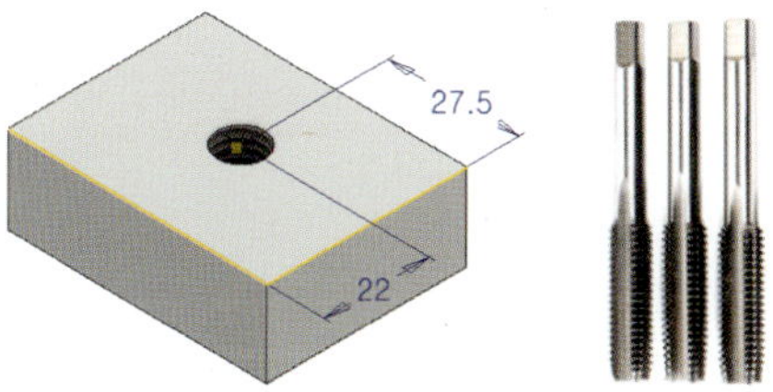

i) 부품②의 나사축 끼워 맞춤 구멍의 드릴링 및 리머 작업한다. 드릴은 기초드릴 → 중간드릴 →최종드릴 ∅11.7으로 드릴링 한다.

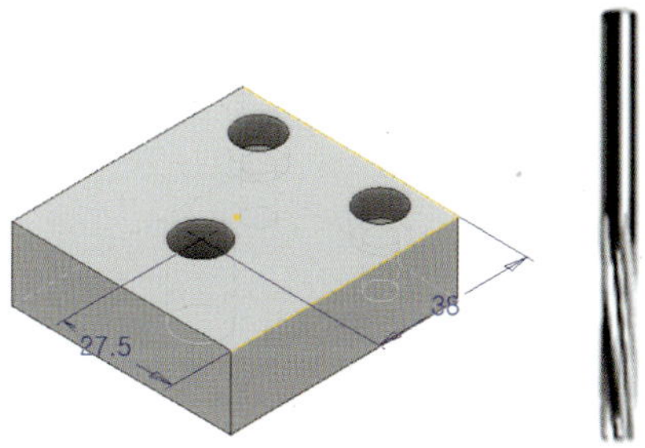

j) 부품②, ③의 모따기(C4) 금긋기를 2면에 하고 줄 작업한다. 모따기 방향에 주의한다.

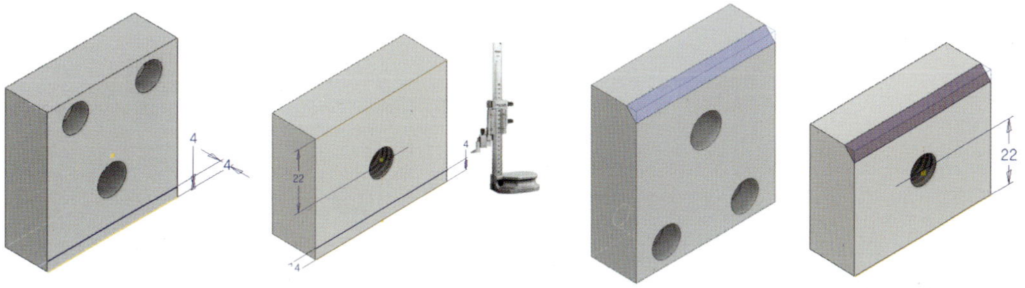

② 마무리하기

기름숫돌로 외곽 모서리나 구멍의 모서리, 표면의 거스러미를 제거하여 매끄럽게 마무리 한다.

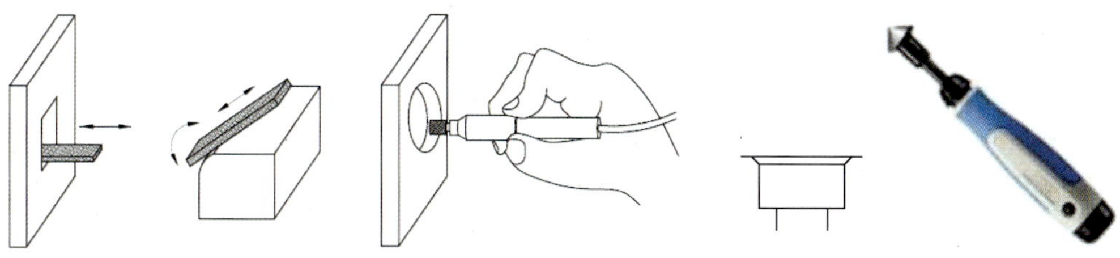

③ 조립하기

제작물의 전체적인 구조를 이해하고 조립되는 순서와 방법을 결정한다. 부품조립은 좌우 방향과 상하방향이 바뀌지 않도록 주의하며 부품의 위치정도를 확인하여 가공 상태 그대로 조립되도록 한다. 볼트 체결은 하나씩 대각선으로 느슨하게 조인 후 위치가 맞으면 강하게 조인다.

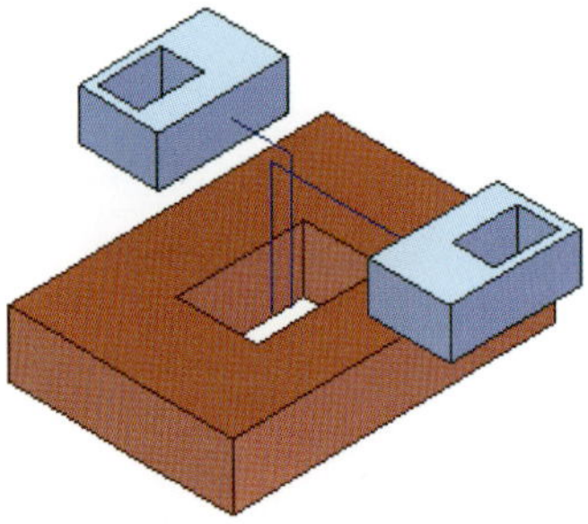

조립 좌우/상하 방향 확인

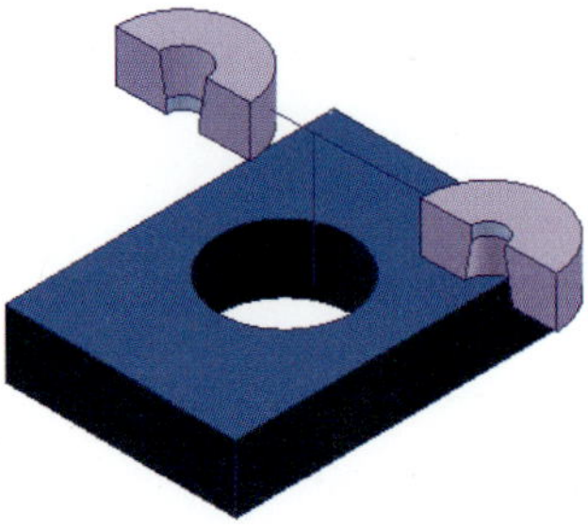

조립 상하방향 확인

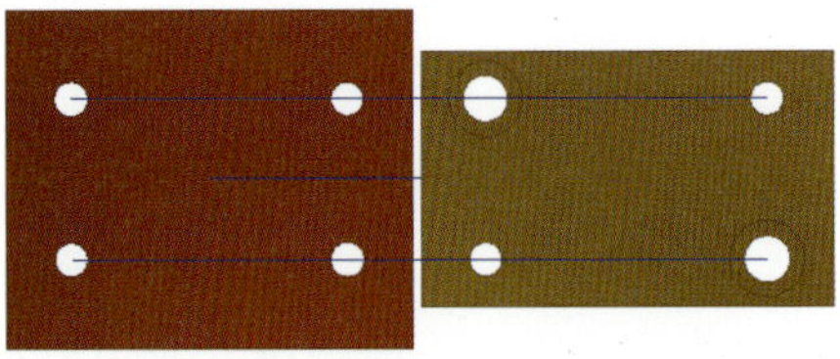

조립 평행도 확인

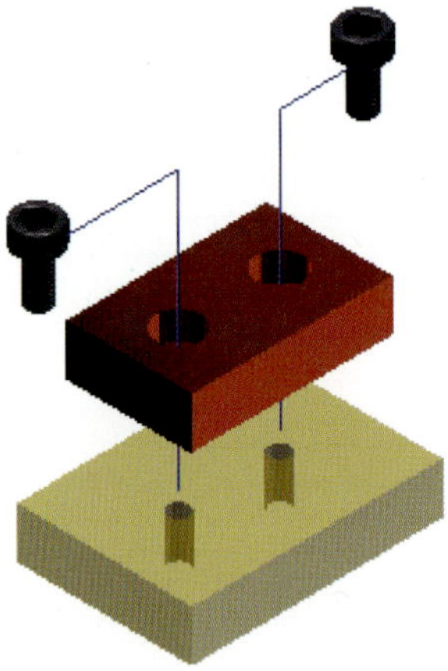

조립 위치정도 확인

조립 시 확인 사항

a) 정반에 올려놓고 두 부품①, ②의 기준면(바닥)이 밀착한 상태로 볼트 고정한다.

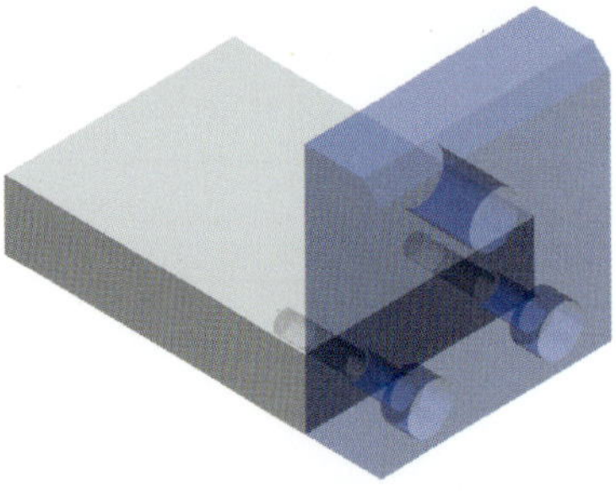

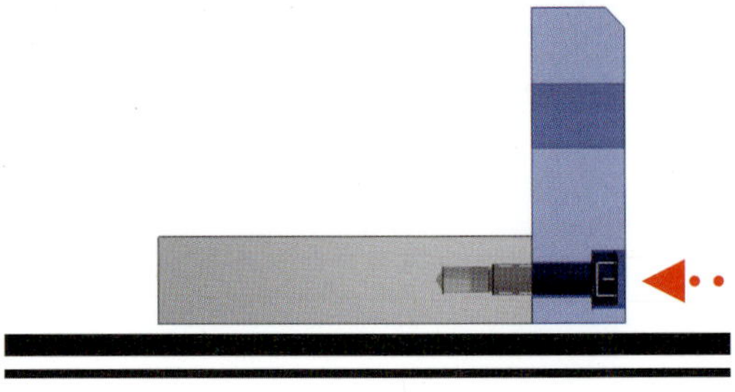

b) 축에 멈춤링을 체결한다. 멈춤링은 축에 들어갈 정도로 가볍게 벌려서 조립한다. 지나치면 탄성을 잃고 변형된다.

c) 나사 축을 부품②에 체결하고 손잡이를 조립한다.

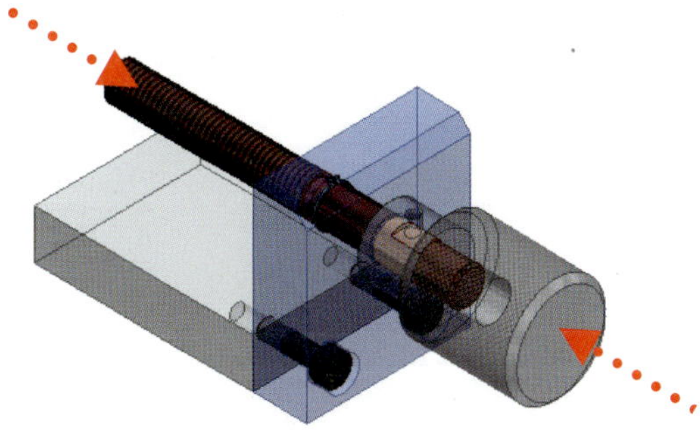

d) 손잡이를 무두볼트로 고정한다.

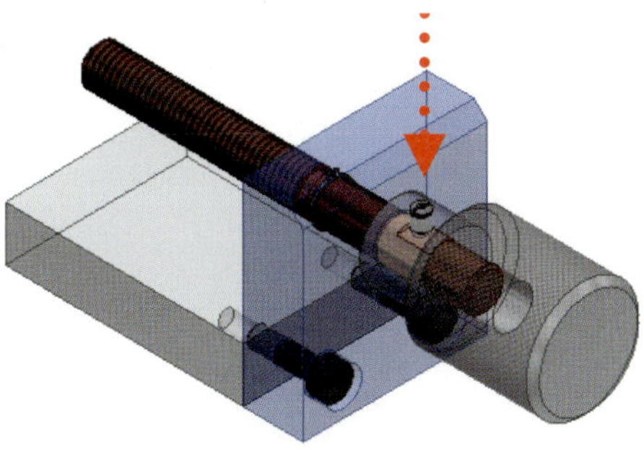

e) 나사 축을 돌리면서 부품③을 체결한다.

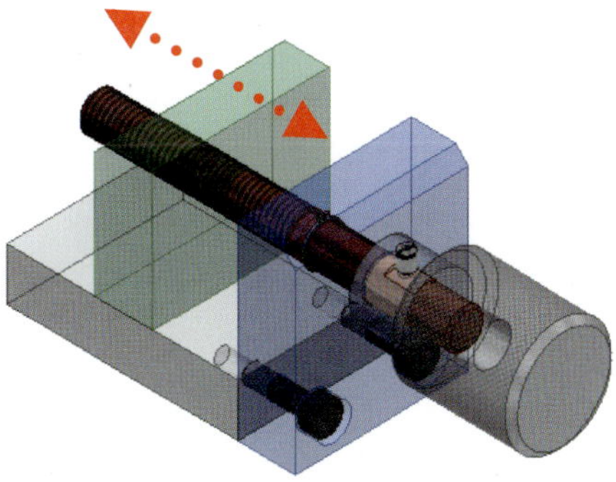

f) 동작 기능을 확인한다.

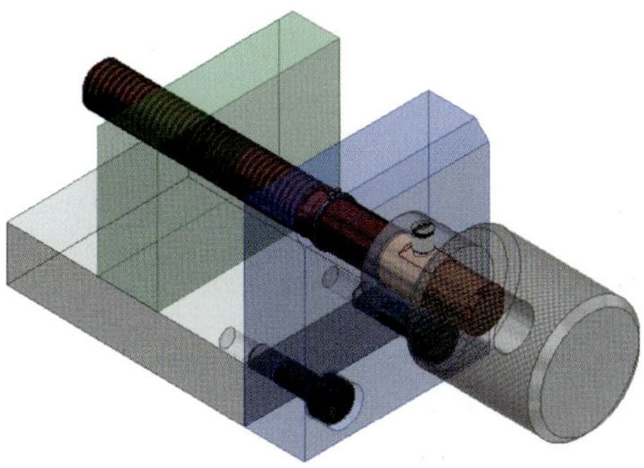

CHAPTER 02

기계요소조립 / 단원평가 문제

01 **줄 날의 거칠기에 따른 분류에 속하지 않은 것은?**

① 거친날 ② 보통날
③ 중간날 ④ 가는날
⑤ 고운날

02 **다음은 줄 작업의 동작에 대한 설명이다. 틀리는 것은?**

① 눈은 일감 위를 주시한다.
② 몸무게는 왼쪽다리와 발로 지탱한다.
③ 왼쪽 무릎은 약간 구부려 줄의 전진운동을 몸으로 한다.
④ 줄 작업은 몸 전체의 체중을 줄에 걸리도록 한 후 팔 운동으로 한다.
⑤ 절삭 후 후진 할 때는 줄이 일감의 면에 닿지 않도록 한다.

03 **쇠톱 작업에서 톱날 고정 방법으로 옳은 것은?**

① 톱날의 방향은 특별한 방향이 없다.
② 톱날의 방향은 미는 방향으로 향한다.
③ 톱날의 방향은 당기는 방향으로 향한다.
④ 톱날의 방향은 톱날의 재질에 따라 결정한다.
⑤ 톱날의 방향은 절단재료에 따라 방향을 결정한다.

04 **탁상 드릴링 머신에서 뚫을 수 있는 구멍의 지름(㎜)은?**

① ∅13 이하 ② ∅12 이하
③ ∅11 이하 ④ ∅10 이하
⑤ ∅ 9 이하

[5~7] 다음의 그림(표준 드릴)을 보고 물음에 답하시오.

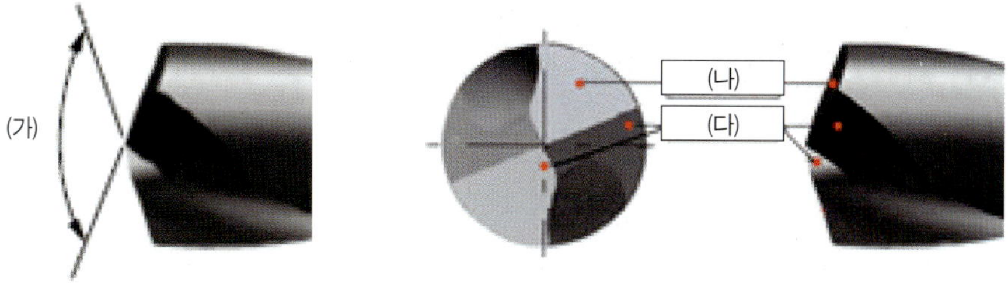

05 (가)의 표준 각(°)은?

① 100°　② 105°
③ 110°　④ 118°
⑤ 120°

06 (다)의 명칭은?

① 선단　② 씨닝
③ 마진　④ 웨브
⑤ 치즐

07 선단부는 드릴의 직경을 결정하고 가공 시에는 드릴의 안내(가이드)역할을 하는 부분은?

① 선단　② 씨닝
③ 마진　④ 웨브
⑤ 치즐

CHAPTER 03

기계가공조립

학습 목표

1) 절삭공구 특성을 알고 올바르게 사용할 수 있다.
2) 공작기계 사용방법을 알고 정밀하게 가공할 수 있다.
3) 조립 제품의 동작이 원활하게 위치결정 하여 조립할 수 있다.

A ⁝⁝⁝ 선반(LATHE) 가공

주축에 고정한 공작물의 회전운동과 공구대에 설치한 바이트의 직선이송 운동에 의하여 공작물을 가공하는 공작기계를 선반이라 하고, 선반에서의 가공을 선반가공 또는 선삭이라 한다.

1. 선반 부속 장치

1) 센터(center)

회전센터와 정지센터가 있고 길이가 긴 공작물 가공 시에 사용한다. 센터의 자루 부분의 각도는 모스 테이퍼이고 공작물을 지지하는 부분의 각도는 일반적으로 60° 75° 90° , 사용한다.

정지센터

회전센터

2) 선반 척(lathe chuck)

① **단동척** : 4개의 조(jaw)가 단독으로 움직여 사용, 중심을 맞추기 위해 다이얼게이지나 인디케이터 사용하여 사용한다.

② **연동척** : 3개의 조가 동시에 움직여 사용 원형, 정삼각형, 정육각형 등의 공작물 고정 시 편리 조(jaw) 마멸되면 척의 정밀도가 떨어짐 양용 척(단동, 연동의 두 가지 기능 가짐) 마그네틱 척 등이 있다.

단동척

연동척

③ **돌리개** : 센터 작업 시 공작물에 회전력을 전달하는 부속품이다.

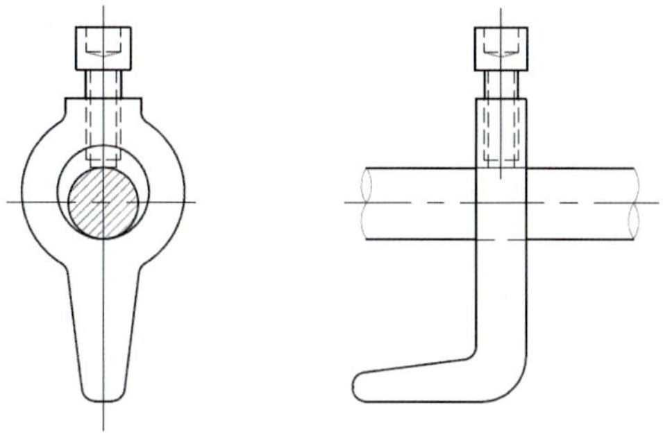

2. 선반의 공구

1) 바이트(bite) 재질

선반을 이용하여 공작물을 가공할 때에는 바이트를 사용하며 바이트 재료는 공작물 보다 경도가 높고, 쉽게 파손되지 않아야 한다. 탄소공구강, 합금공구강, 고속도강, 초경합금, 세라믹 등의 재료로 많이 사용하고 있다.

2) 바이트 종류

날 부분과 자루 부분이 같은 재질인 완성바이트, 탄소강으로 만든 자루에 초경합금 등을 경랍으로 접합한 납땜바이트, 공구 자루에 절삭 날을 작은 나사로 고정한 클램프 바이트가 있다.

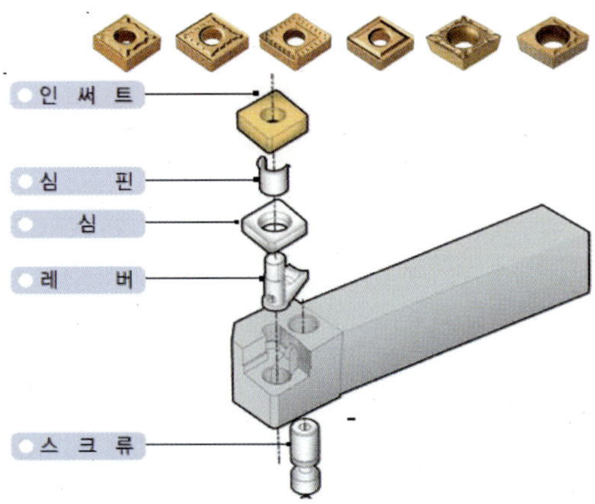

클램프바이트

3) 바이트의 경사각과 여유각

경사각은 절삭저항, 칩배출, 절삭열, 공구 수명에 큰 영향을 미치며 여유각은 공구와 피삭재와의 마찰을 피해주는 기능을 한다.

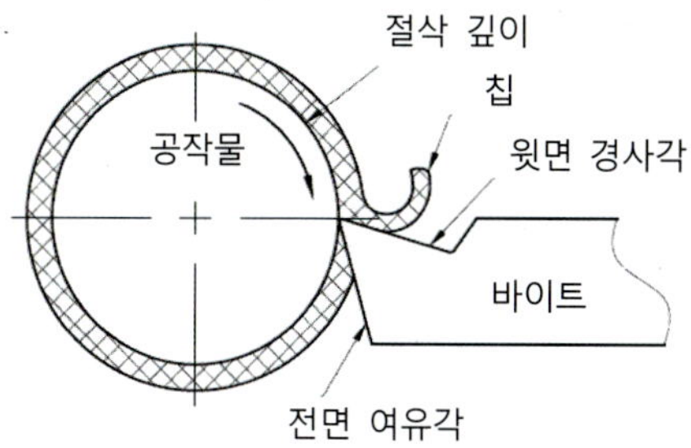

표 경사각의 영향

	경사각이 양(+)일 때	경사각이 양(-)일 때
장점	- 절삭성이 좋아진다. - 절삭동력이 감소한다.	- 인선강도가 증가한다.
단점	- 인선강도가 저하된다.	- 절삭저항이 증대된다.
가공재료	- 부드러운 피삭재료일 때 - 절삭하기 쉬운 피삭재료일 때	- 단단한 피삭재료일 때 - 흑피절삭처럼 인선강도를 필요로 할 때

표 여유각의 영향

	여유각이 양(+)일 때	여유각이 양(-)일 때
영향	- 여유면 마모가 감소한다. - 인선강도가 저하한다.	- 인선강도가 증가한다.
가공재료	- 부드러운 피삭재료일 때 - 가공경화하기 쉬운 피삭재료일 때	- 단단한 피삭재료일 때

4) 바이트의 고정방법

바이트의 선단이 공작물의 중심 높이에 오도록 설치하여 바이트 홀더(holder)는 가능한 짧게 물려 홀더의 굽힘으로 인한 중심 높이 변경 및 떨림을 방지한다.

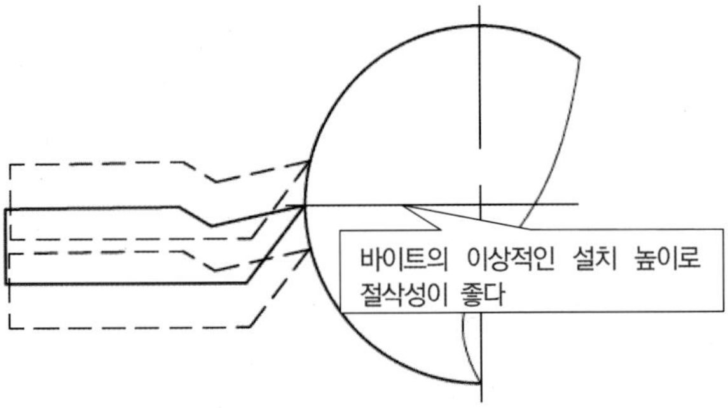

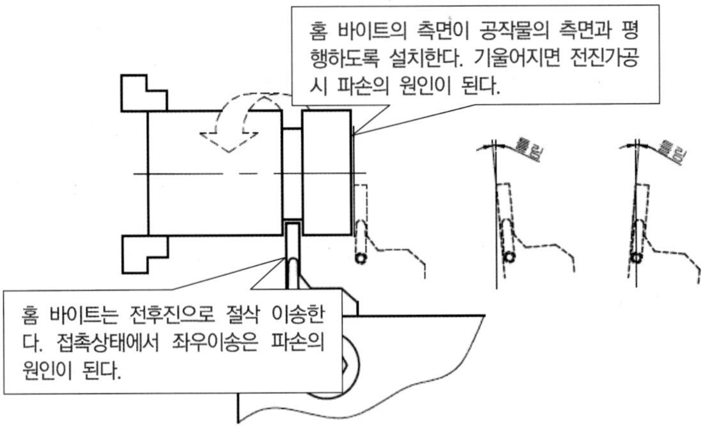

3. 선반 가공 종류

선반은 주로 단면이 둥근 모양의 공작물을 가공하는 데 사용된다.

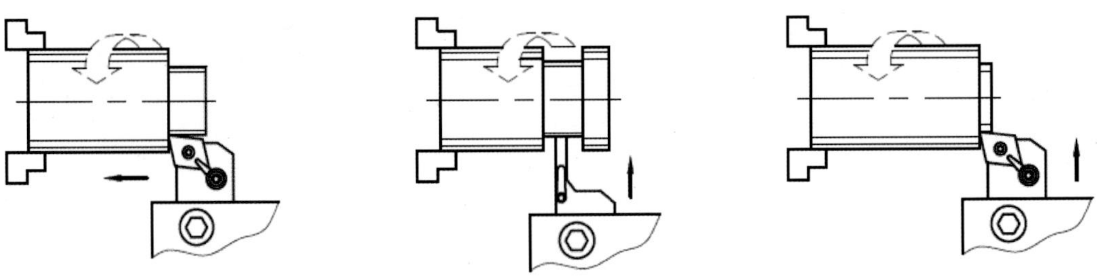

(a) 원통 가공 (b) 홈 가공 (c) 단면 가공

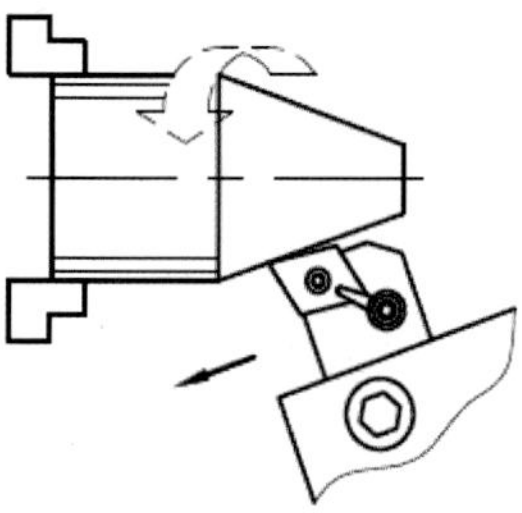

(d) 테이퍼 가공

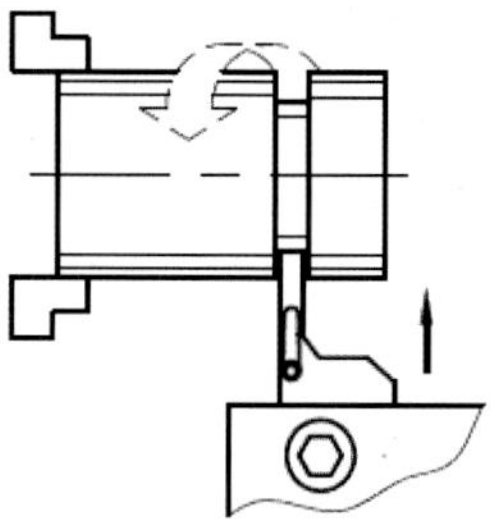

(e) 절단

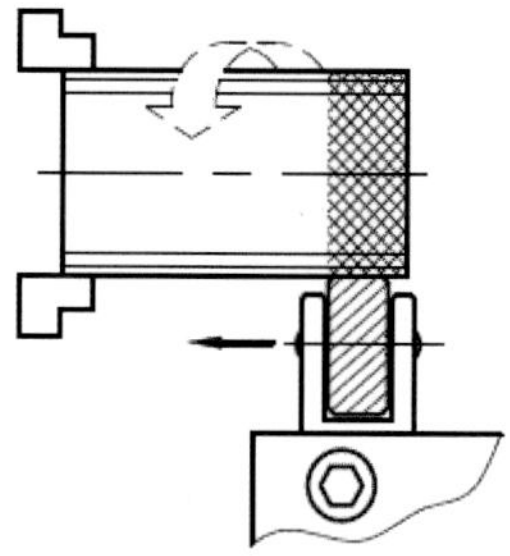

(f) 널링

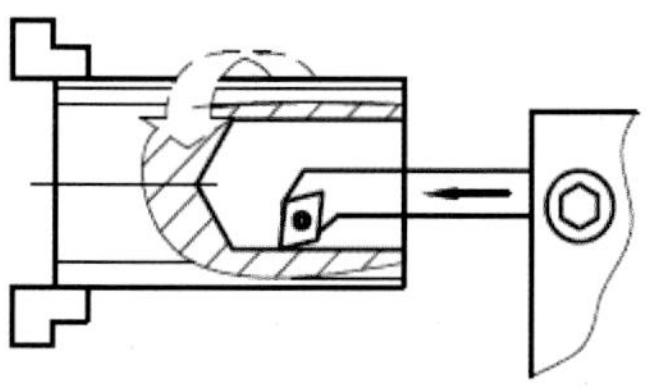

(g) 내경 가공

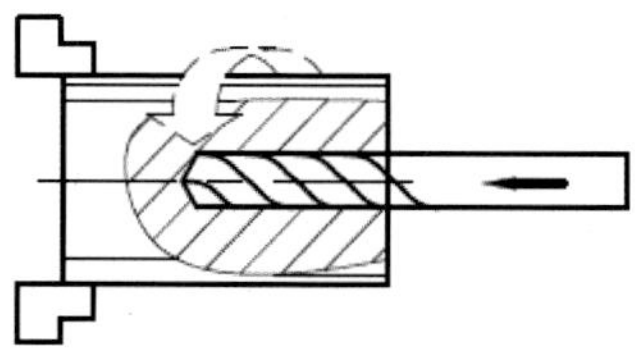

(h) 드릴링

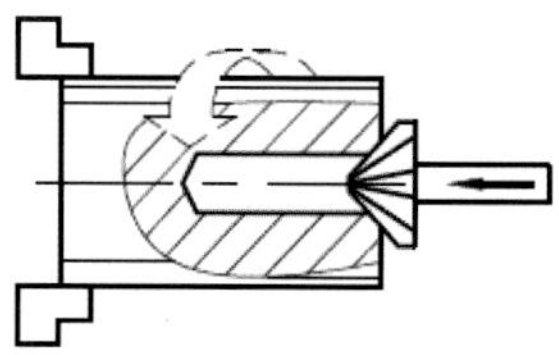

(i) 카운터 싱킹 및 카운터 보링

1) 테이퍼 가공

선반을 이용한 테이퍼 가공 방법에는 복식 공구대를 회전시키는 방법, 심압대를 편위시키는 방법, 테이퍼 절삭 장치를 사용하는 방법 등이 있다.

$$\tan\alpha = \frac{D-d}{2L}$$

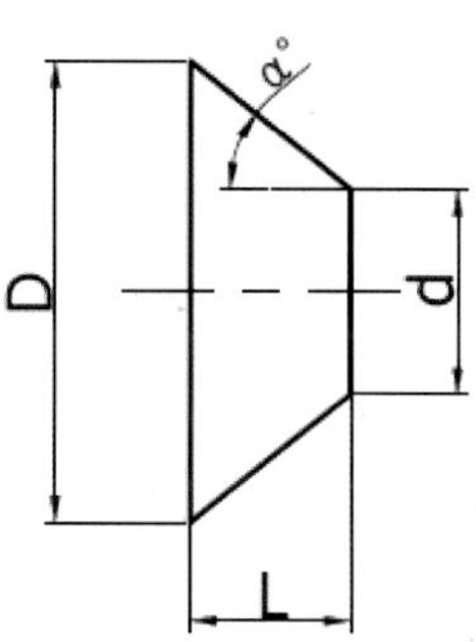

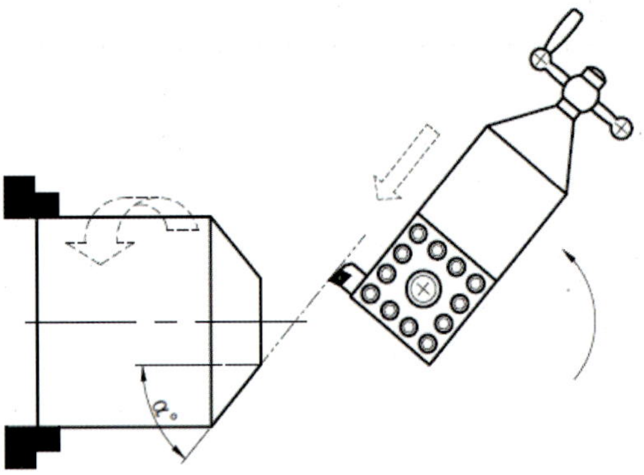

[α 각이 작을 때 작업]
- 주축 정회전
- 복식공구대 반시계방향회전

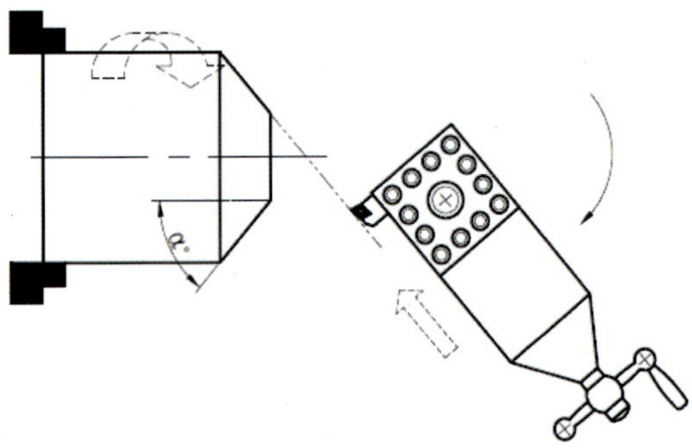

[α 각이 클 때 작업]
- 주축 역회전
- 복식공구대 시계방향회전

2) 널(knurl)작업

공작물의 표면에 널을 압입하여 공작물 원주면에 다이아몬드 형, 평형 등의 요철로 만드는 소성 가공하는 방법이다. 각종 게이지의 손잡이, 측정 공구, 기타공구의 손잡이에 요철을 만들어 미끄럼을 방지하는 목적으로 사용된다.

가) 널의 규격

바른줄형과 빗줄형이 있으며 널 눈의 크기는 거친눈, 중간눈, 고운눈으로 나누어져 있다.

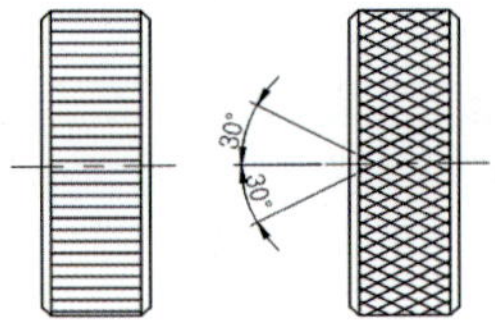

바른줄형 빗줄형

표 널링 규격(KS B 0901)

모듈(m)	피치	골 반경	골 깊이
0.2	0.628	0.06	0.15
0.3	0.942	0.09	0.22
0.5	1.571	0.16	0.37

나) 널 작업 준비

① 절삭 속도는 저속(40～80RPM)으로 선정한다.

② 널 공구를 공작물의 면에서 약 2~3° 기울여 견고하게 고정시킨다.

③ 널링가공은 높은 압력이 작용하므로 반드시 센터로 지지한다.

④ 가공저항이 크기 때문에 척, 공구대, 심압대를 견고하게 고정한다.

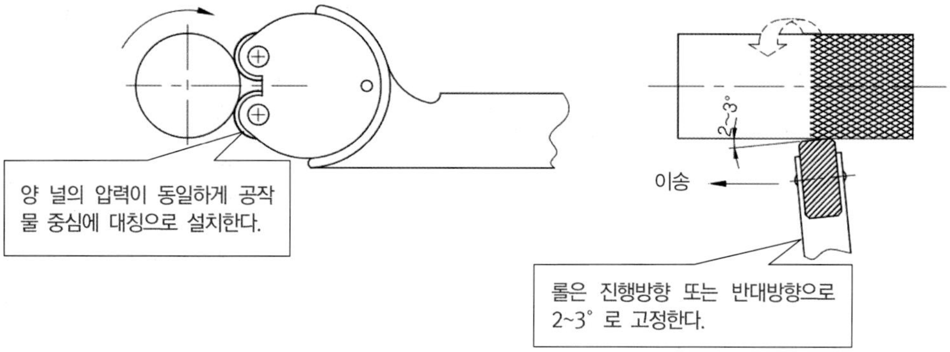

다) 널 작업방법

① 널의 가압력으로 공작물 중심이 흔들리게 되므로 가능한 다른 작업보다 먼저 한다.

② 널 작업부의 외경은 널링 후 늘어나는 치수를 고려하여 -0.3~-0.5mm로 가공한다.

③ 2개의 널이 공작물 중심선에 대칭으로 위치시켜 양 널의 압력이 동일하게 설치한다.

④ 절삭유를 급유하며 널을 압입하고 완전한 다이아몬드형으로 형성되는지 확인한다.

⑤ 공작물 표면에 생기는 미세한 칩을 중간 중간에 브러시로 깨끗이 씻어준다.

3) 나사가공

나사가공은 주축과 리드 스크루의 일정한 회전비율을 가지는 변환기어연결과 하프너트를 리드 스크루에 물려 왕복대를 이송시킴으로서 일감의 1회전에 대한 바이트 이송 조절로 나사 가공한다. 체이싱 다이얼을 이용하는 방법 및 주축을 정·역 회전시키는 방법이 있다.

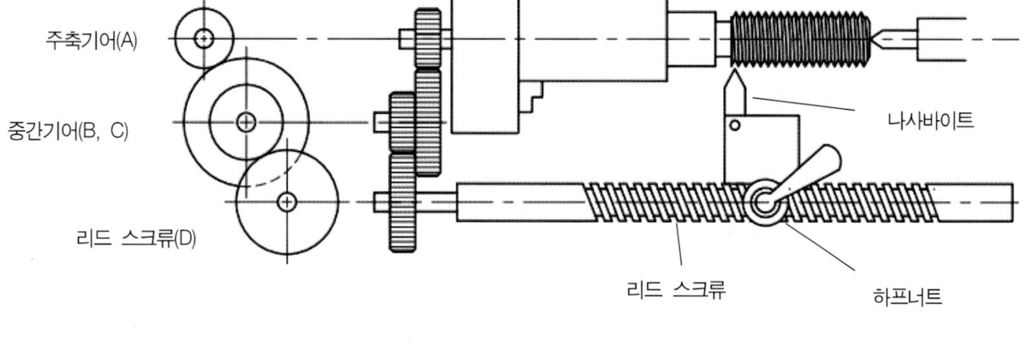

가) 기계설정

① 주축대

- 주축대의 변환기어 연결기어(잇수)를 확인한다.
- 가공나사 피치에 따라 변환기어 레버를 조정한다.
- 리드 스크류 회전 위치로 레버를 조정한다.
- KNOB 레버를 당겨 원하는 숫자에 놓는다.

② 왕복대

- 이송변환 노브를 중간위치(나사 가공)에 놓는다.
- 하프너트를 아래로 내려서 리드 스크류와 연결한다.

나) 나사 가공 조건

① 주축 절삭 속도는 40~160rpm으로 한다.

② 나사가공은 수회에 걸쳐 골을 따라 반복 가공하여 완성한다.

피치	1	2	3	4	5	6	7	8	계
2.0mm	0.35	0.25	0.19	0.12	0.1	0.08	0.05	0.05	1.19
1.5mm	0.35	0.2	0.14	0.1	0.05	0.05			0.89

다) 나사 바이트 설치

① 나사 바이트의 날 끝 높이는 센터에 일치시킨다.

② 나사 바이트 날 끝 중심선은 공작물 중심선에 정확히 직각이 되도록 한다.

③ 나사 바이트의 연삭과 설치는 센터게이지를 사용한다.

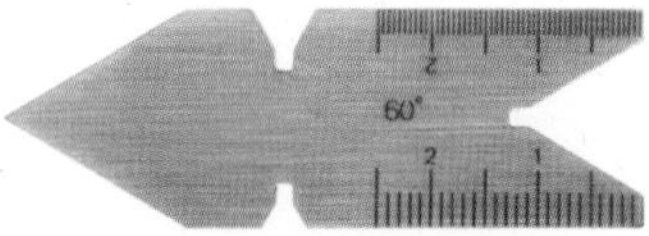

센터 게이지

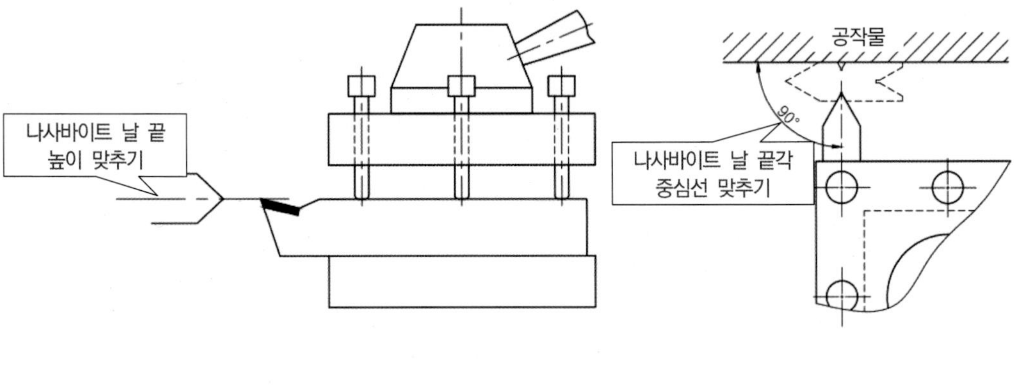

라) 나사 가공 방법

① 나사 외경 및 모따기를 가공한다.

② 주축을 정·역 회전하며 수회에 걸쳐 가공한다.

③ 절삭유를 급유하며 긴 공작물은 회전센터를 사용한다.

④ 비대칭절삭으로 절삭저항을 감소시키며 가공한다.

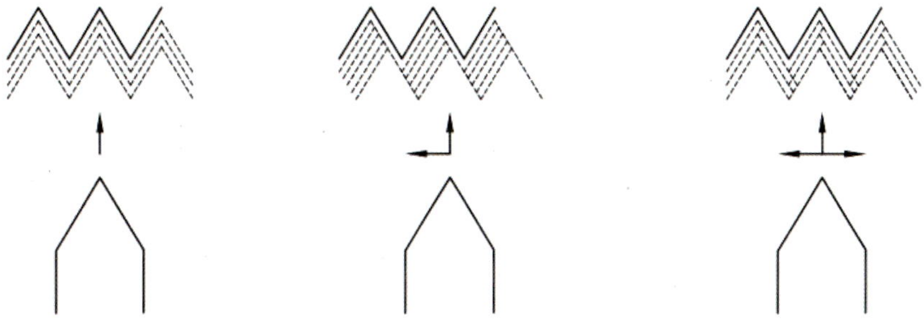

대칭절삭
복식공구대 가로이송

비대칭 절삭
복식공구대 가로 및 세로이송

[예] 나사 피치1.5mm를 가공할 때

• 주축대

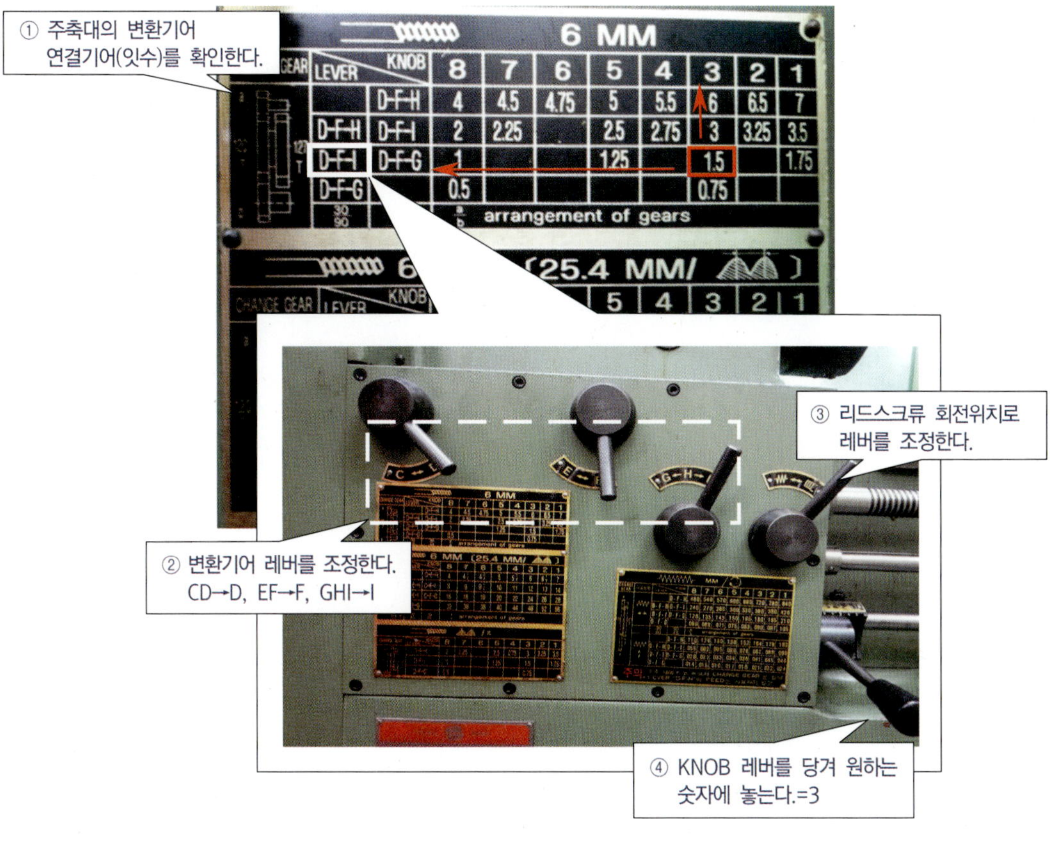

• 왕복대

4. 선반가공의 절삭조건에 의한 영향

1) 절삭 속도

공작물이 단위시간에 공구날을 통과하는 거리로 나타내며 절삭속도가 빨라지면 절삭온도가 상승하고 공구수명은 짧아진다. 공구 재료, 피 삭재, 절삭유, 가공 정밀도, 이송 속도, 절삭 깊이 등 따라 절삭 속도는 다르다.

$$V = \frac{\pi \cdot D \cdot N}{1000} [m/\text{min}]$$

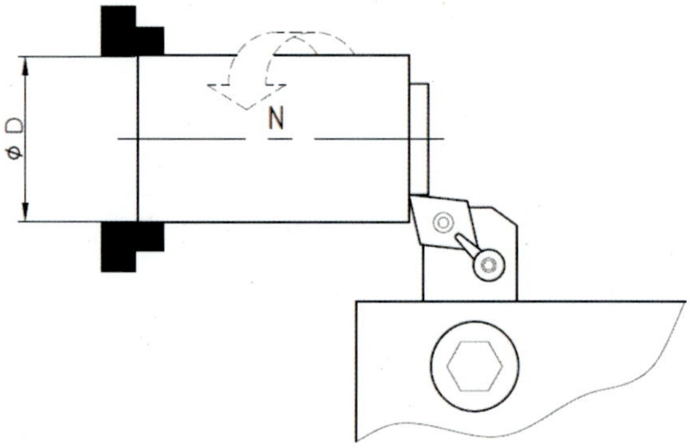

QUESTION

∅50mm인 연강을 45 m/min로 절삭할 때의 절삭 속도는 얼마인가?

[풀이] $V = \frac{\pi \cdot D \cdot N}{1000}[m/\min] \Rightarrow N = \frac{1000 \times V}{\pi . D} = \frac{1000 \times 45}{3.14 \times 50} \fallingdotseq 287rpm$

2) 절삭 깊이

바이트 공작물을 절삭한 깊이(단위 : mm)를 말하며, 원통 깎기는 공작물의 지름이 작아지는 양은 절삭 깊이의 2배 정도로 한다.

3) 이송

공작물의 매 회전마다 바이트가 절삭 방향, 직각 방향으로 이동하는 거리 단위는mm/rev로 나타내며, 이송이 작을수록 표면 거칠기는 양호하다.

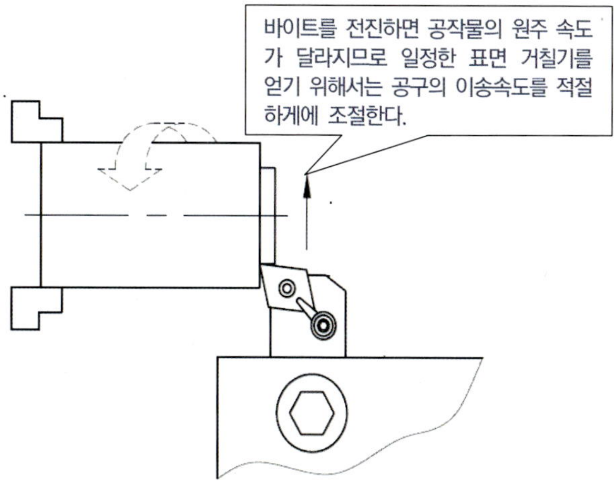

4) 절삭저항

절삭 공구로 공작물을 가공할 때 공구에 작용하는 힘으로 저항의 크기와 방향은 가공 방법이나 절삭 조건, 공작물의 재질 등에 따라 달라진다. 또한 공구의 수명, 공작물의 표면 거칠기 등에 영향을 끼친다.

절삭 저항은 주분력(절삭운동)〉이송분력(이송운동)〉배분력(위치운동)의 관계가 있다.

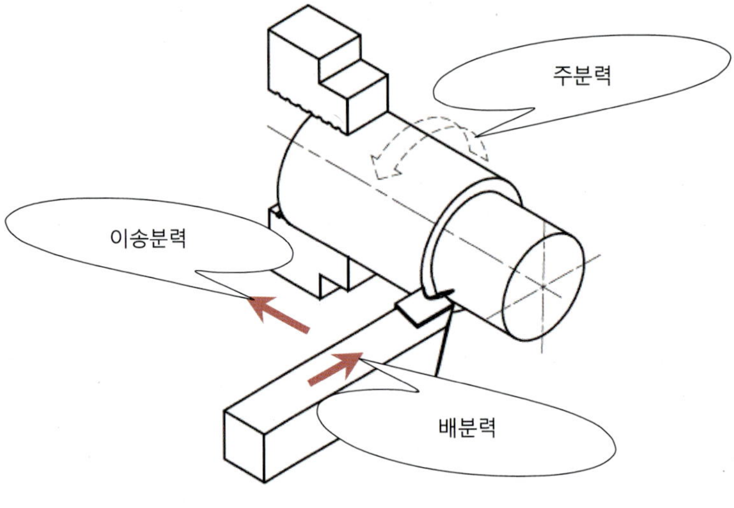

요소가공실습 - 선반1

단면 및 외경가공하기		
작성자	소속 :	성명 :

- 외경 바이트로 가공하고 공정표를 작성하시오(공차가 없는 치수는 ±0.1)

※ 지급재료 : 알루미늄 or 연강 ∅55 × 35

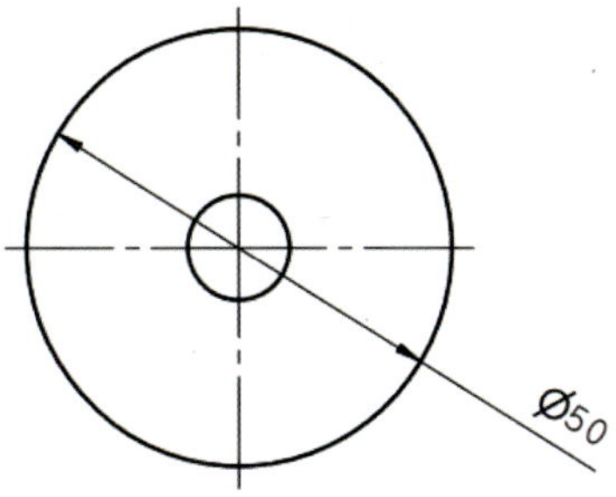

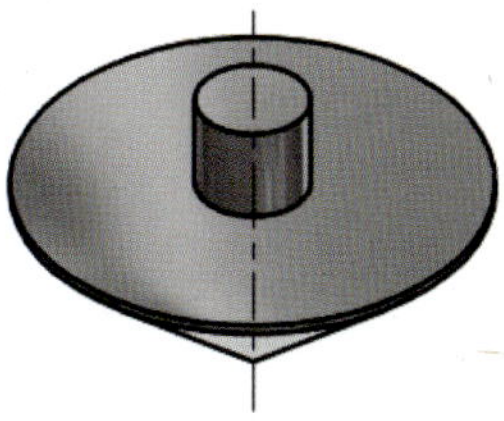

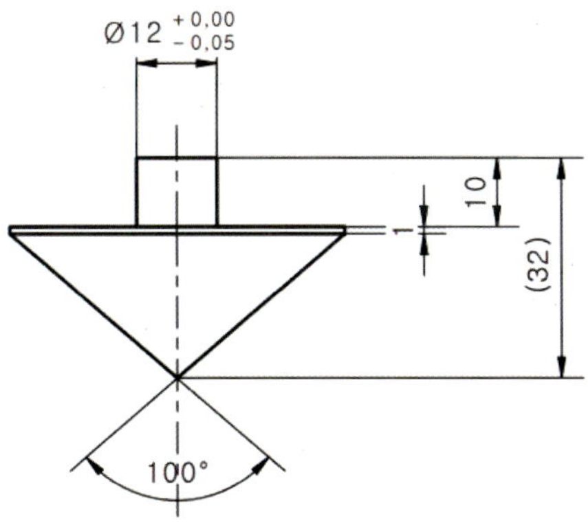

[가공 공정표]

공정번호	작업내용
1	
2	
3	
4	
5	
6	
7	
8	

요소가공실습 - 선반2

센터드릴 및 널링 가공하기		
작성자	소속 :	성명 :

- 외경 바이트, 널링공구, 드릴로 가공하고 공정표를 작성하시오(공차가 없는 치수는 ±0.1)

※ 지급재료 : SM20C ∅35 × 60

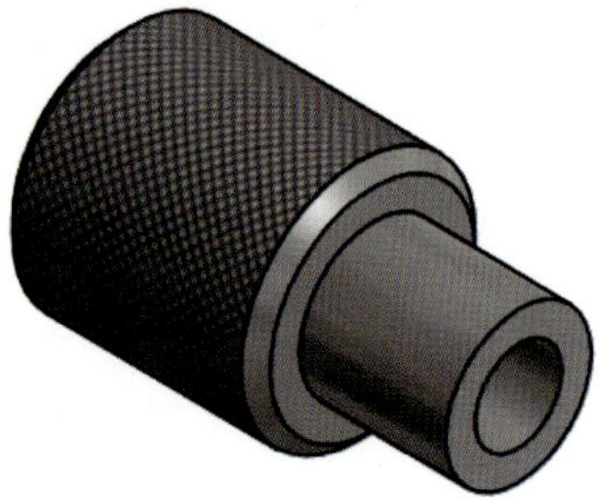

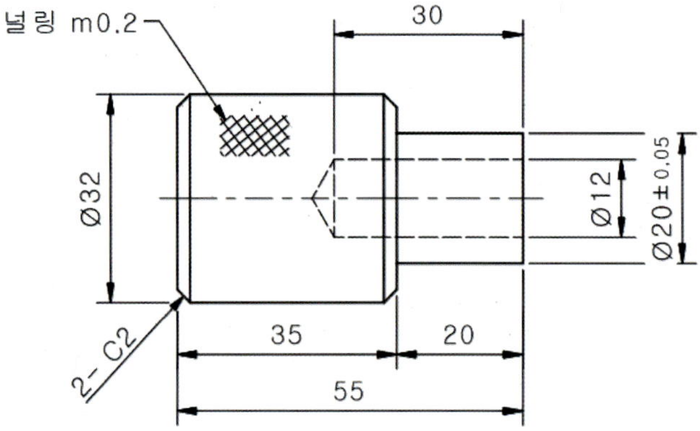

[가공 공정표]

공정번호	작업내용
1	
2	
3	
4	
5	
6	
7	
8	
9	

요소가공실습 - 선반3

단면 및 외경가공하기		
작성자	소속 :	성명 :

- 외경 바이트 가공하고 공정표를 작성하시오(공차가 없는 치수는 ±0.1)
  ※ 지급재료 : SM20C ∅30 × 100

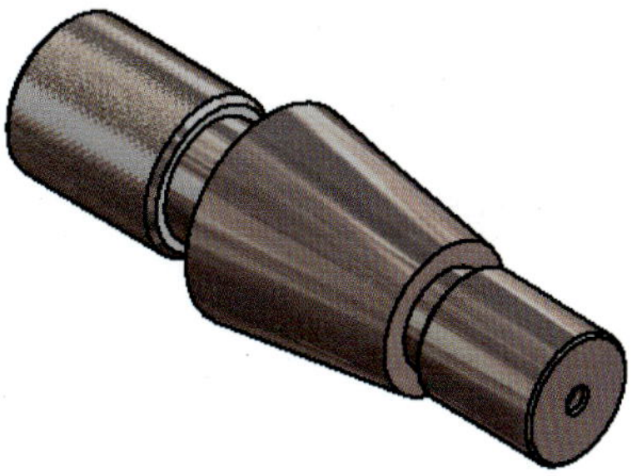

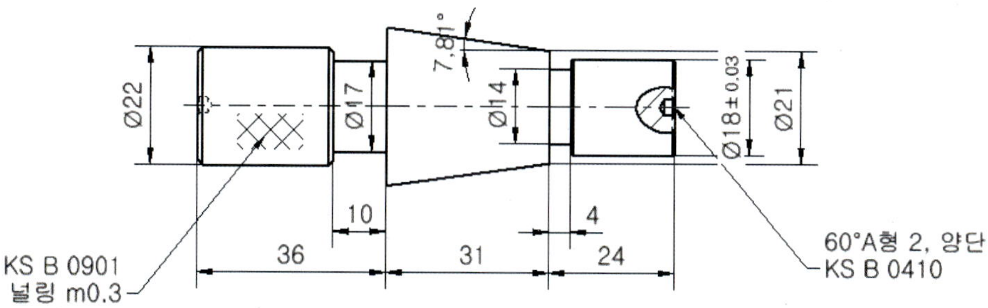

[가공 공정표]

공정번호	작업내용
1	
2	
3	
4	
5	
6	
7	
8	
9	
10	

단원보충과제 – 망치 A형

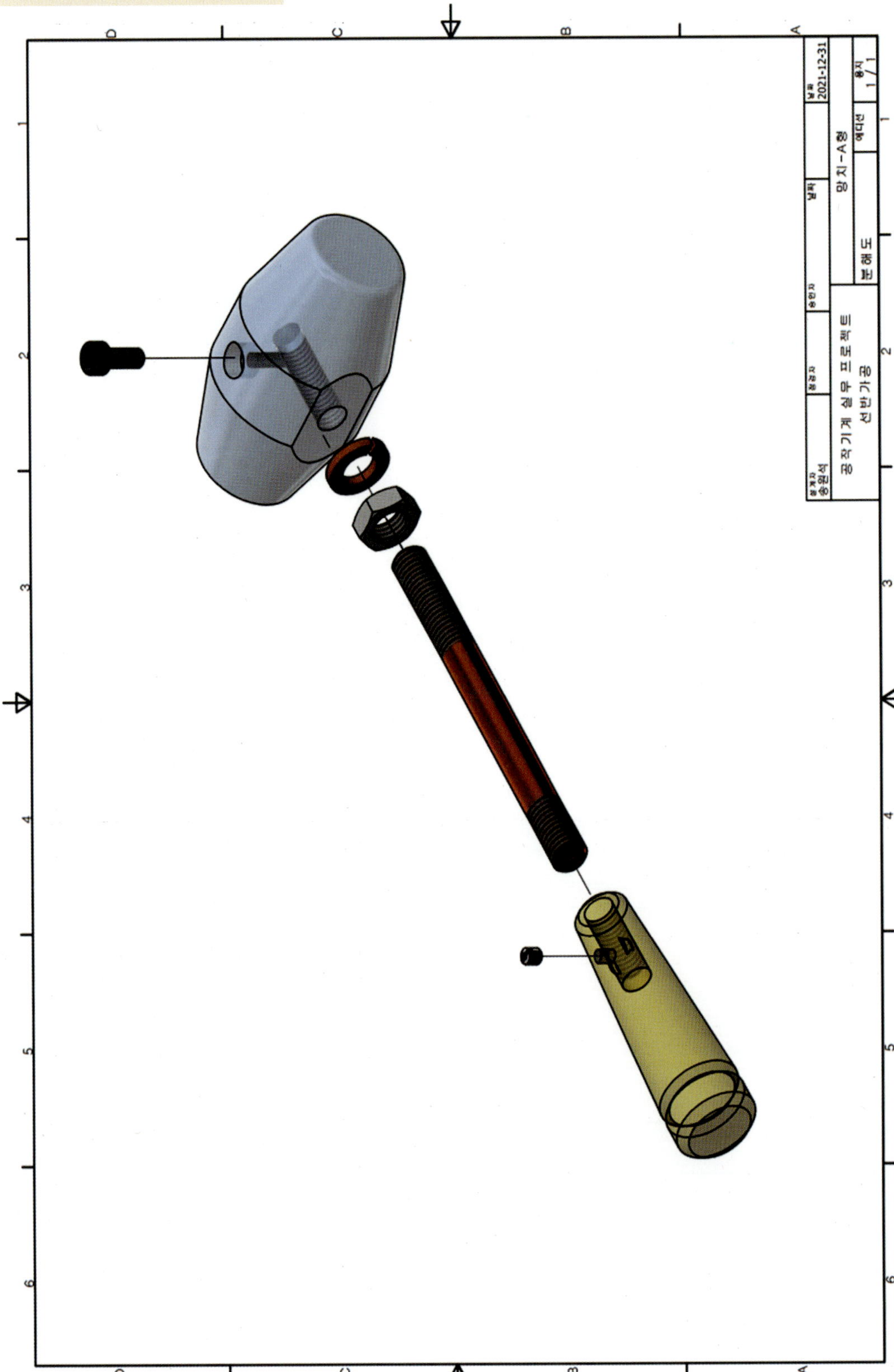

품번	품명	규격	수량	재질	비고
1	머리	기본값	1	알루미늄	
2	연결대	기본값	1	연마봉	
3	손잡이	기본값	1	알루미늄	
4	스프링와셔	M12	1	S70CM	KS규격
5	육각너트	M12	1	SM30C	KS규격
6	육각홈붙이볼트	M6-20	1	SM30C	KS규격
7	무두나사	M5-6	1	SM30C	KS규격

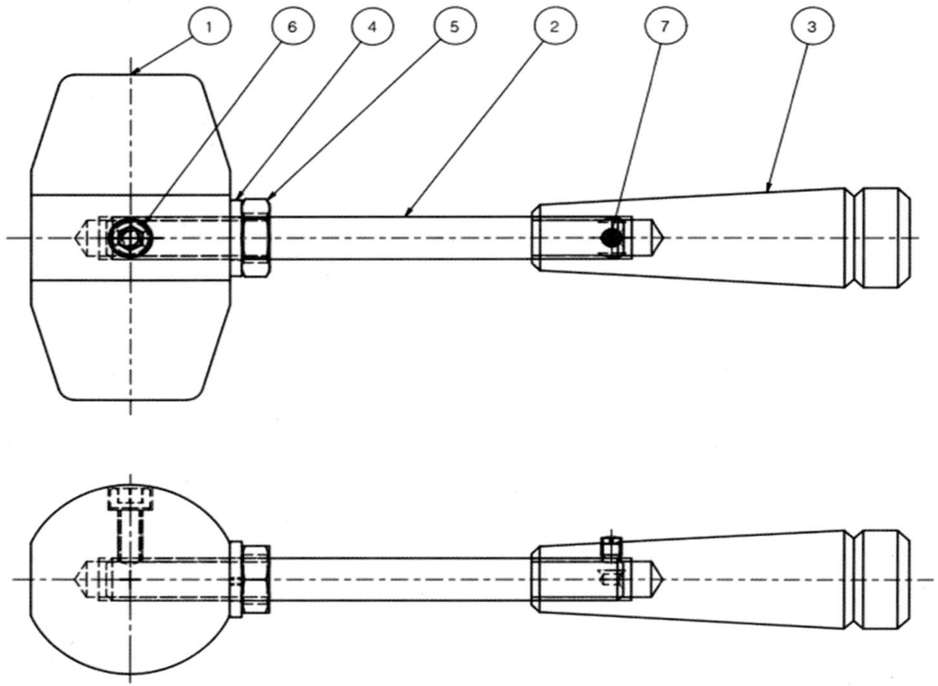

설계자 송원석	검도자	승인자	날짜		날짜 2021-12-31
공작기계 실무 프로젝트 선반가공		망치-A형			
		조립도		에디션	용지 1 / 1

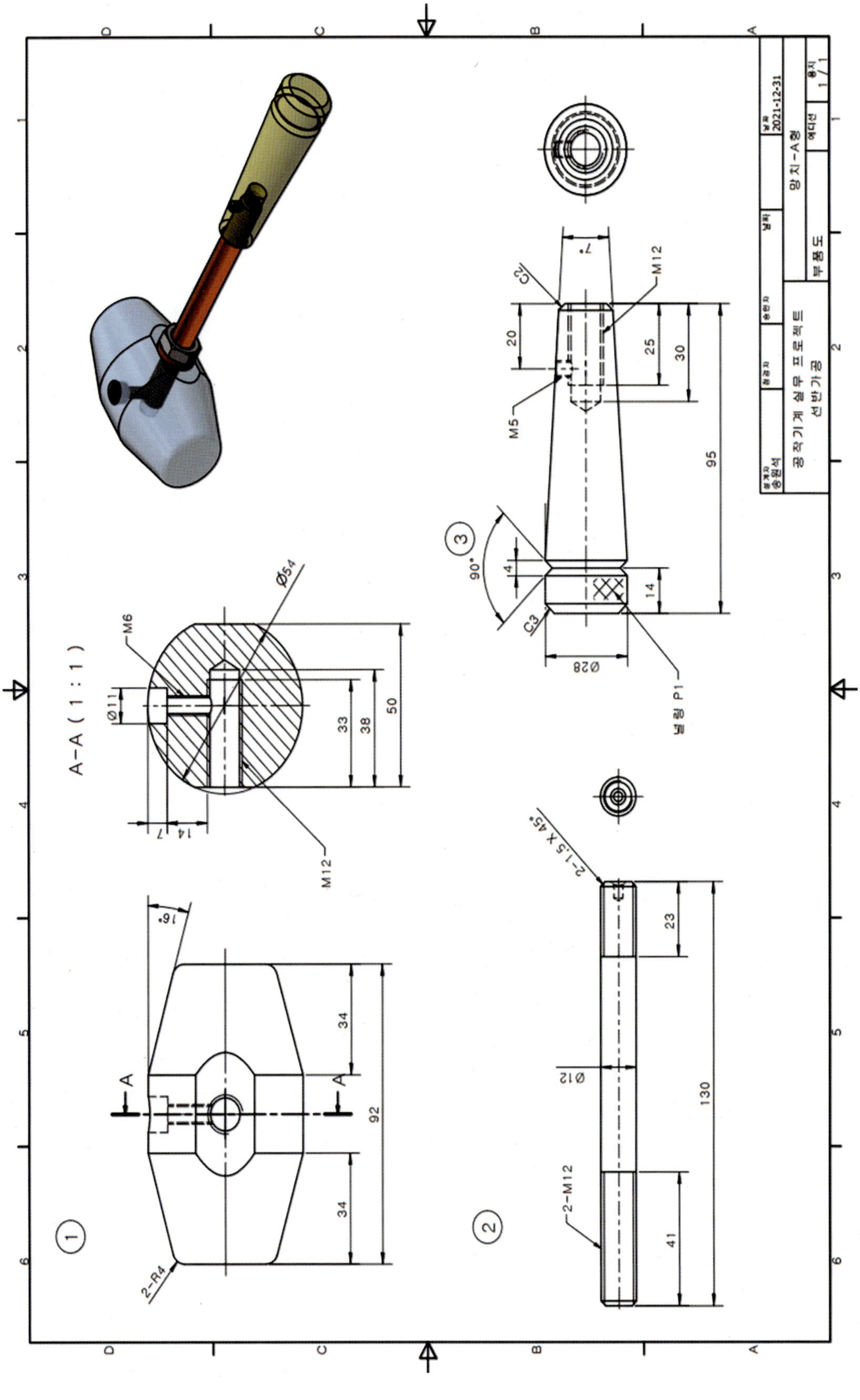
공작기계 실무 프로젝트
선반가공
망치-A형
부품도
2021-12-31
A-A (1 : 1)

B ⁝⁝⁝ 밀링(MILLING) 가공

원주에 다수의 절인을 가진 회전 공구의 고속 회전을 이용하여 고정된 또는 저속 이송 운동하는 공작물을 가공하는 방법이다.

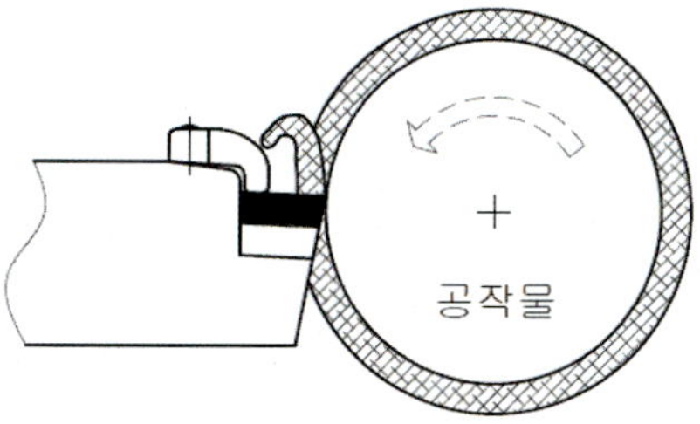

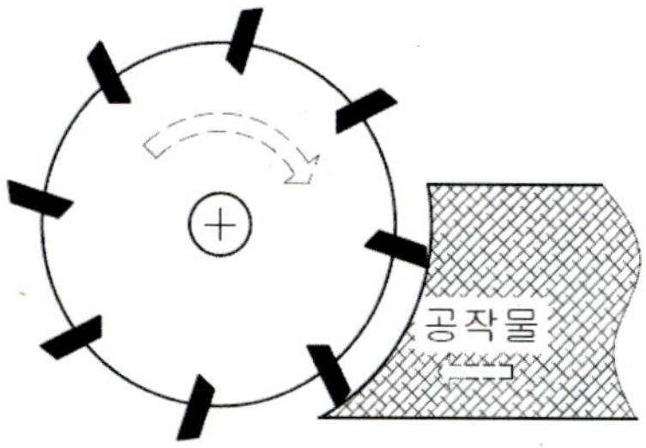

터닝(Turning)
- 공작물 회전
- 공구이송

밀링(Milling)
- 공작물 이송
- 공구회전

① 가공 정도가 좋고, 최종 마무리 작업 기계로도 이용이 가능하다.
② 평면 절삭, 형상 가공, 외형 가공이 가능하다.
③ 구조에 있어서 수평형, 수직형, 만능형이 있다.

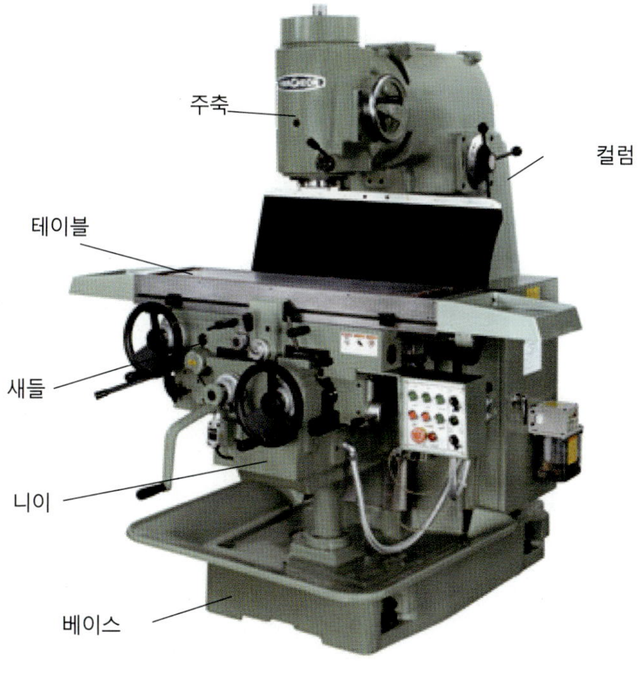

수직 밀링 구조

1. 밀링 공구

표 밀링 절삭 공구와 용도

종류	특징	주용도
플래인 커터	- 절인이 외주에만 있음 - 헬리컬 절인 적용으로 가공면 향상	평면 가공용
사이드 커터	- 원주면과 측면에 절인이 있는 비교적 폭이 좁은 커터	홈, 단면 가공용
앵귤러 커터	- 원주면의 일부에 절인이 있음	윤곽 가공용
페이스 커터	- 외주 및 한쪽 단면에 절인이 있고 생크가 없는 커터 - 주로 Insert Tip을 사용	대형 Milling M/C용
엔드밀	- 원주와 단면에 절인이 있으며 생크가 있는 커터r	홈 가공용

페이스 커터

플레인 커터

앤귤러 커터

엔드밀

사이드 커터

표 엔드밀의 특징과 용도

	보통날(2날)	보통날(4날)	라핑날
특징	- 칩 배출이 양호하다 - 세로이송 가공 용이하다. - 절삭저항이 작다 - 강성이 낮다	- 칩 배출성이 나쁘다 - 강성이 높다	- 칩 배출이 양호하다 - 칩이 작게 분단된다. - 절삭저항이 작다
용도	- 깊은 홈 및 측면가공 - 드릴가공	- 얕은 홈 및 측면가공 - 정삭가공	- 황삭가공

2. 밀링 가공의 조건

1) 절삭 속도

밀링 커터의 회전 속도를 말하며, 밀링 커터의 날 끝의 주속도로 나타낸다. 밀링 커터의 바깥 둘레 속도로서 커터의 회전수를 N(rpm), 커터의 바깥지름을 D(mm)라고 할 때의 밀링 가공에서 절삭 속도 V(m/min)는 다음과 같다.

$$V = \frac{\pi \cdot D \cdot N}{1000}[m/\mathrm{min}]$$

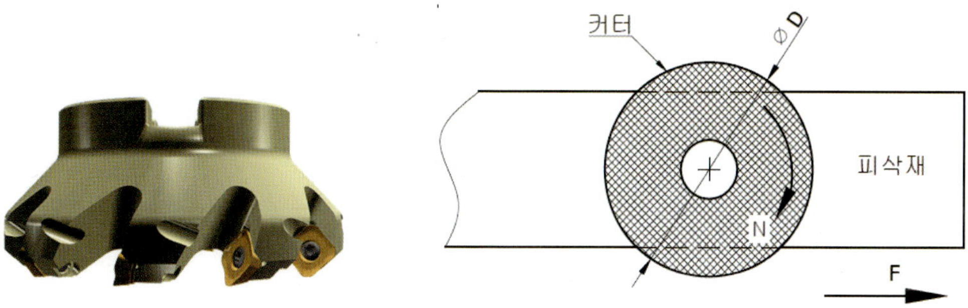

밀링 머신의 절삭 속도

일반적으로 밀링 가공에서 절삭 속도(v) 는 연질 재료는 크게, 경질 재료는 낮은 값을 선택하여 가공한다.

2) 이송 속도

밀링 머신에서 이송 속도는 테이블 이송 속도 S(mm/min)를 말하는 것으로 는 1분 동안 테이블이 이동한 거리로 표시한다. 커터의 회전수를 N(rpm), 밀링 커터 날 1개의 이송량을 F(mm/rev), 커터 날의 수를 Z라고 할 때의 밀링 머신 테이블의 이송 속도는 다음과 같다.

$$S = F \times Z \times N[mm/\mathrm{min}]$$

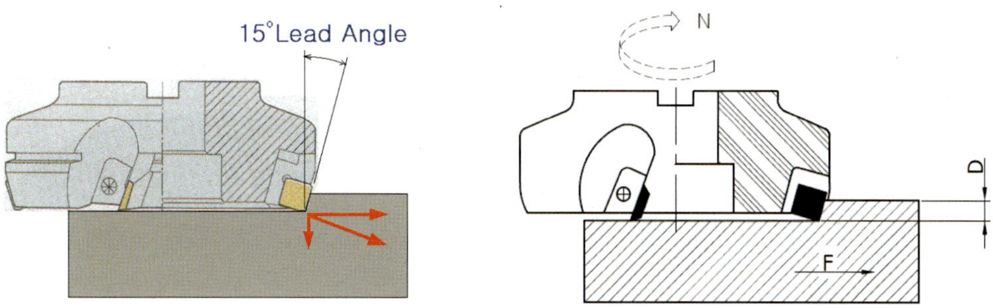

밀링의 절삭 이송속도

3) 절삭 깊이

절삭 깊이는 공작물의 재질과 공구의 상태, 절삭 속도 등과 밀접한 관계가 있다. 보통 경질 재료이고 절삭 속도가 빠를수록 절삭 깊이를 작게 한다. 밀링 가공 시에는 마찰 저항에 의해 열이 발생하고 밀링 커터 날 끝이 마모를 초래하여 공구 수명을 단축시키기 때문에 일반적으로 거친 절삭 시 절삭 깊이를 크게 하고 회전과 이송을 일정하게 유지한다.

4) 절삭 저항

절삭 공구로 공작물을 가공할 때 공구에 작용하는 힘으로 저항의 크기와 방향은 가공 방법이나 절삭 조건, 공작물의 재질 등에 따라 달라진다. 또한 공구의 수명, 공작물의 표면 거칠기 등에 영향을 끼친다. 절삭 저항은 주분력(절삭운동)〉이송분력(이송운동)〉배분력(위치운동)의 관계가 있다.

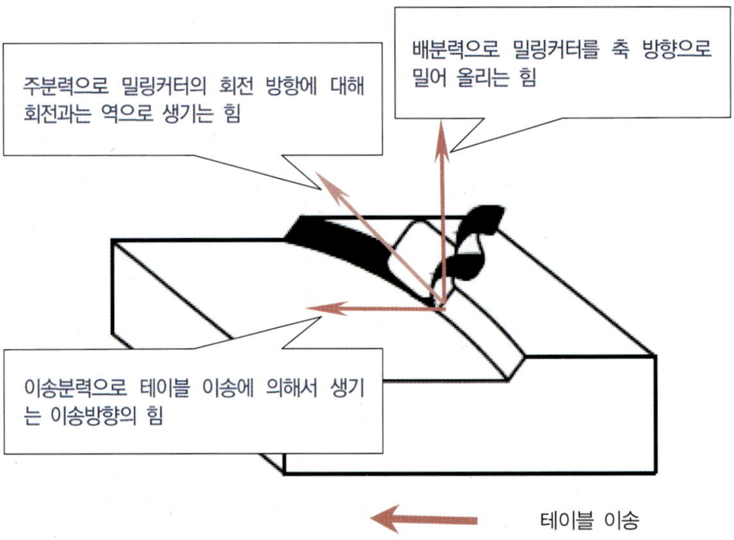

3. 상향절삭과 하향절삭

상향절삭	하향절삭
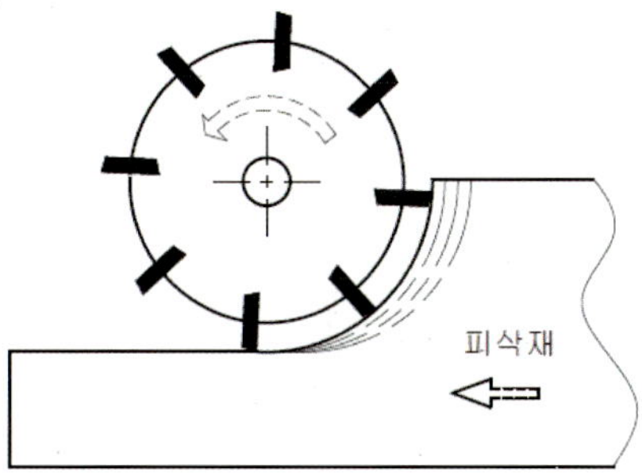	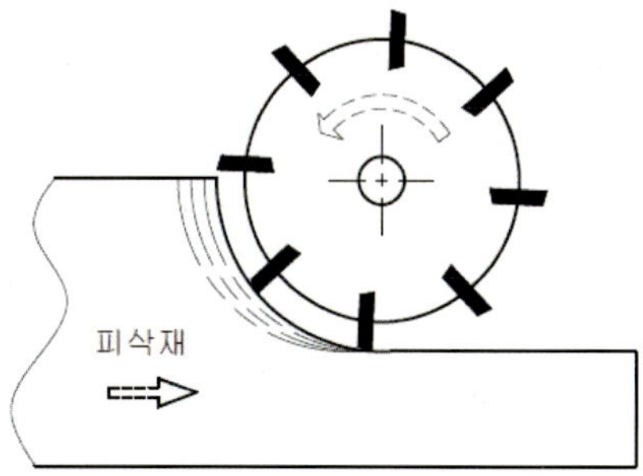
[장점] • 칩 배출이 절삭 날 진행에 있지 않아 가공면이 양호함 • 이송기구의 백래시 제거장치 필요 없음 [단점] • 절삭저항이 큼 → 확실한 가공물 고정필요. • 날부 슬라이딩 마모가 쉽고 채터링 발생 • 플랭크 마모가 빠름	[장점] • 절삭저항 작음 → 가공물 고정 간함 • 슬라이딩이 없어 커터의 날부 마모가 적음 [단점] • 칩에 의한 가공면 손상 발생함 • 테이블 이송기구의 백래시에 의한 떨림 발생함

요소가공실습 - 밀링1

다각형(정육각) 가공하기		
작성자	소속 :	성명 :

- 정면커터로 가공하고 공정표를 작성하시오.(공차가 없는 치수는 ±0.1)
- 다음 쪽의 계산 및 가공 방법 참고

※ 지급재료 : 알루미늄 or 연강 10 × 65 × 75

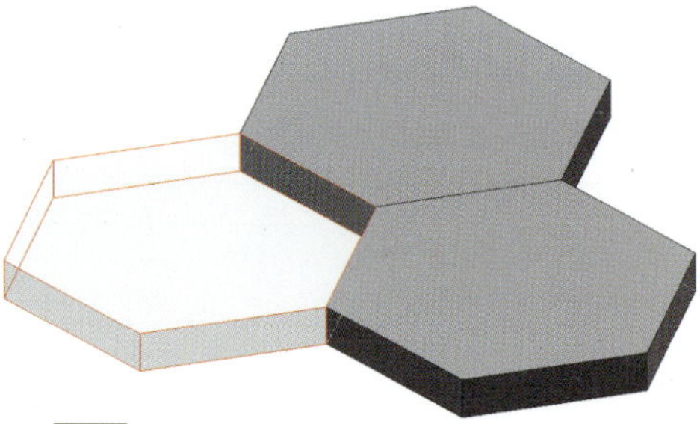

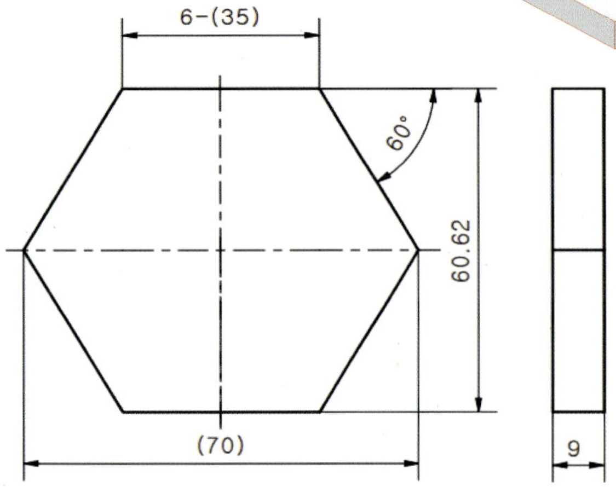

[가공 공정표]

공정번호	작업내용
1	
2	
3	
4	
5	
6	
7	
8	

60° V- 블록을 이용하여 각도 가공하기

계산에 필요한 삼각함수

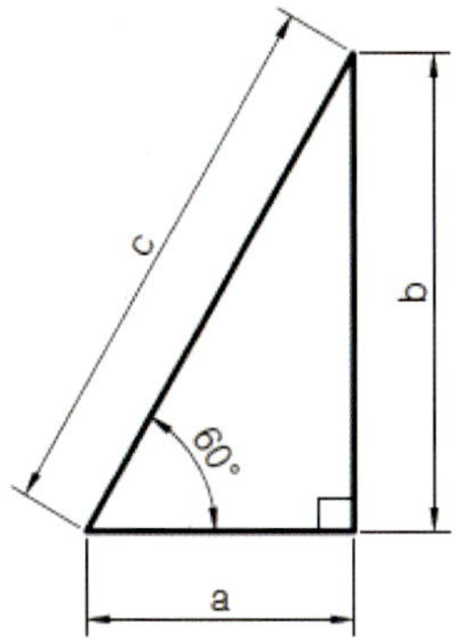

$$c = \sqrt{a^2 + b^2},\ a = \sqrt{c^2 - b^2},\ b = \sqrt{c^2 - a^2}$$

$$\sin = \frac{b}{c} \quad \text{또는} \quad \tan = \frac{b}{a}$$

[가공방법] 60° V-블록에 공작물을 올려놓고 전체 거리(Q)를 측정하며 가공한다.

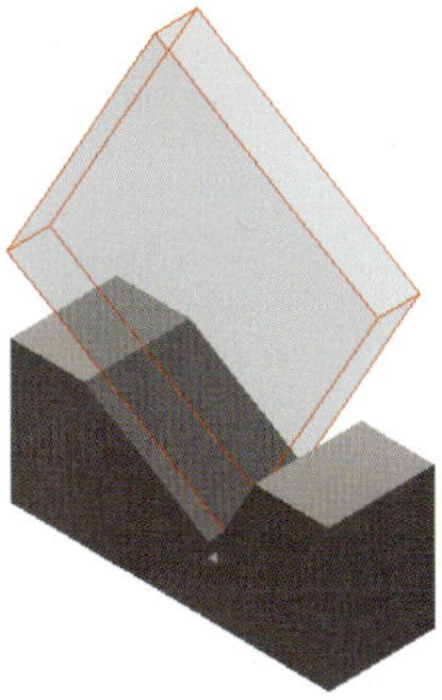

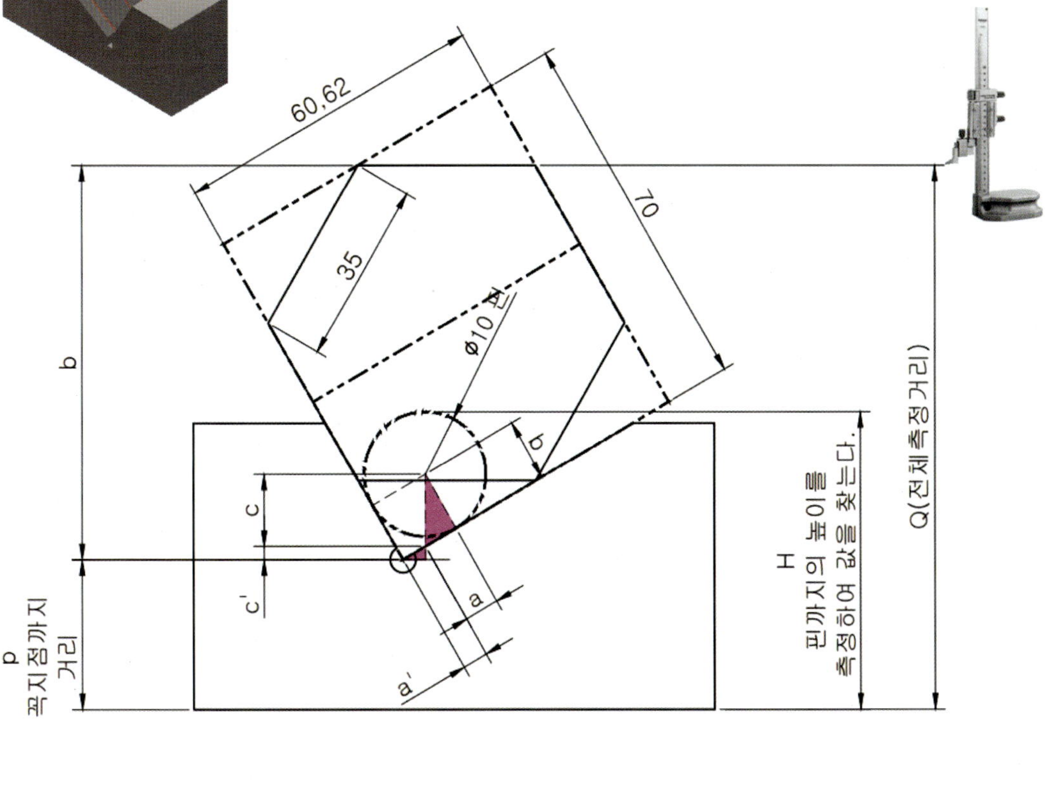

[전체 거리(Q) 계산방법]

① V-블록의 밑면에서 꼭짓점까지의 거리(P)를 구한다.

(※ 계산은 유효숫자의 반올림 규칙에 따른다)

[풀이] 제로 핀을 사용한다. 핀의 지름이 ∅10 이므로 b=5

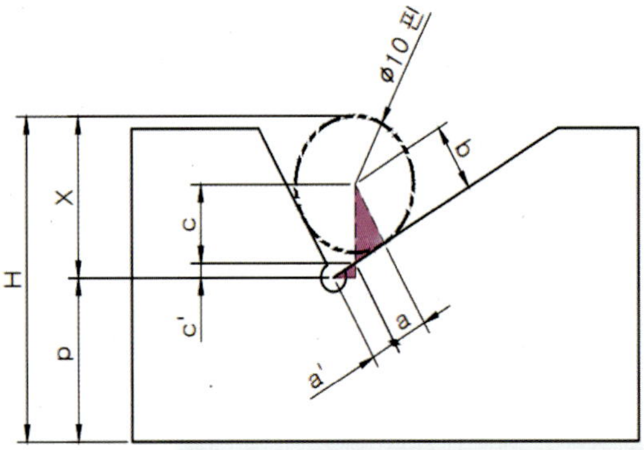

$\sin 60 = \dfrac{5}{c}$ 또는 $\tan 60 = \dfrac{5}{a}$

$c = \dfrac{5}{\sin 60} = 5.77 \quad a = \dfrac{5}{\tan 60} = 2.89$

a'는 $5 - 2.89 = 2.11$

c'는 $\sin 30 = \dfrac{c'}{a'} \qquad c' = a' \sin 30$,

$c' = \sin 30 * 2.11 = 1.06$

위에서 $a' = 2.11$

따라서 $P = H - (5 + 5.77 + 1.06)$

** H값은 블록게이지와 다이얼테스트인디게이터를 사용하여 구한다.

② 정육각면체의 거리(b)를 구한다.

[풀이] 정육각면체의 한변의 길이를 35mm로 할 때 직사각형은 60.62mm×70mm

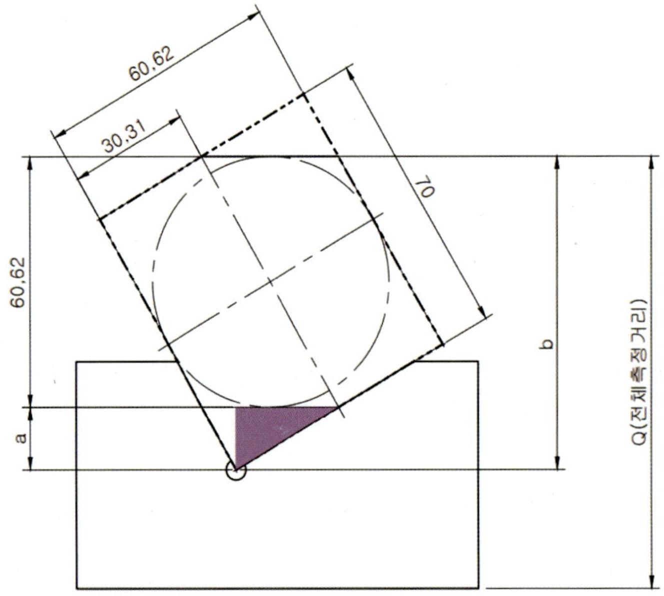

$\sin 30 = \dfrac{a}{30.31}$

$a = \sin 30 * 30.31 = 15.16$

따라서

$b = 15.16 + 60.62 = 75.78$

요소가공실습 - 밀링2

요철 가공하기		
작성자	소속 :	성명 :

- 정면커터와 엔드밀로 가공하고 공정표를 작성하시오(공차가 없는 치수는 ±0.1)

※ 지급재료 : SM20C 16 × 35 × 35

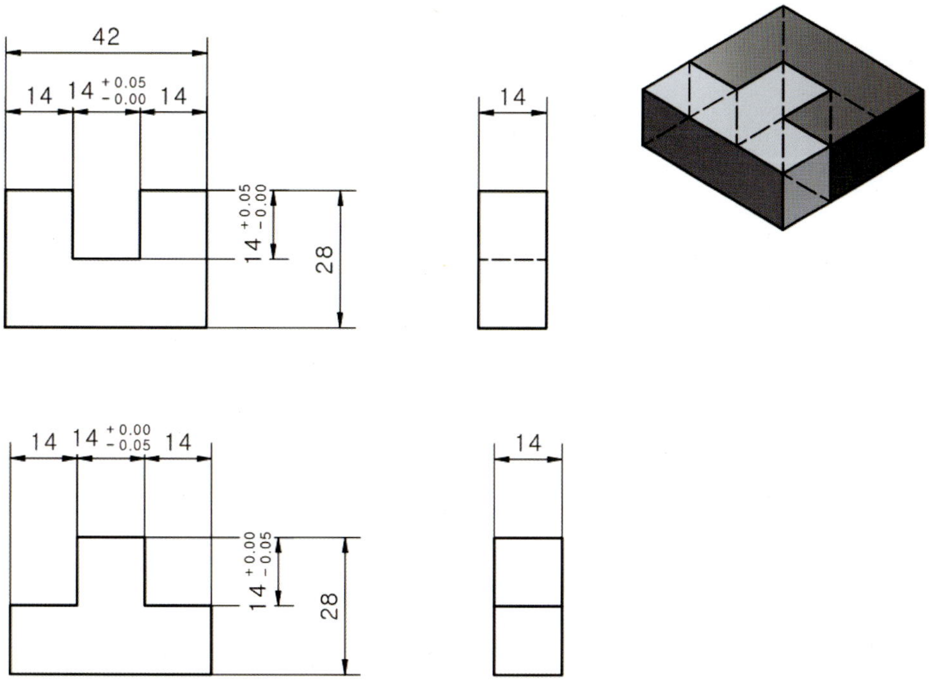

[가공 공정표]

공정번호	작업내용
1	
2	
3	
4	
5	
6	
7	
8	
9	
10	

단원보충과제 - 큐브

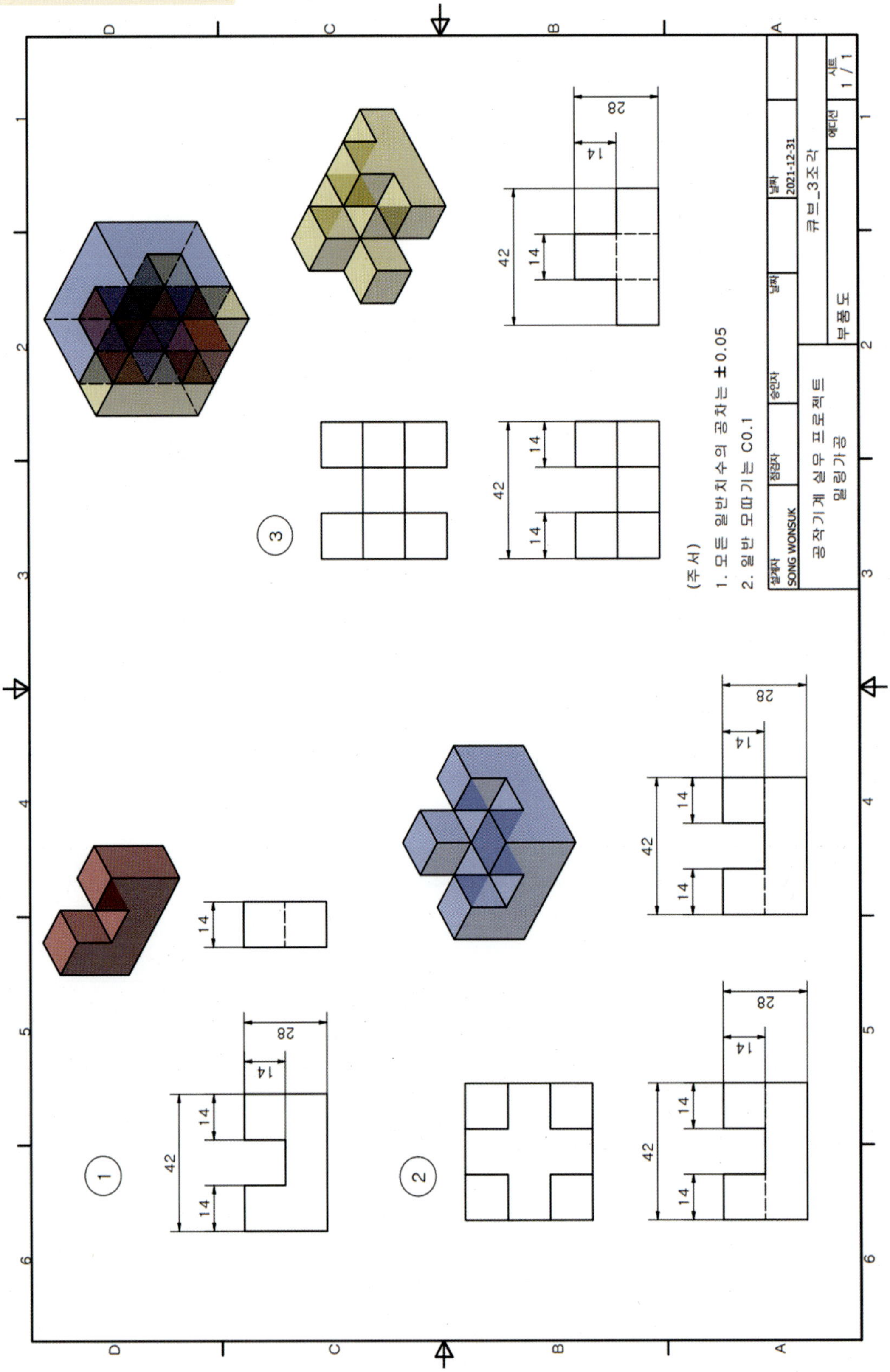
(주서)
1. 모든 일반 치수의 공차는 ±0.05
2. 일반 모따기는 C0.1
설계자 SONG WONSUK
점검자
승인자
날짜
날짜 2021-12-31
공작기계 실무 프로젝트
밀링가공
부품도
큐브_3조각
에디션
시트 1 / 1

단원보충과제 - 축구공

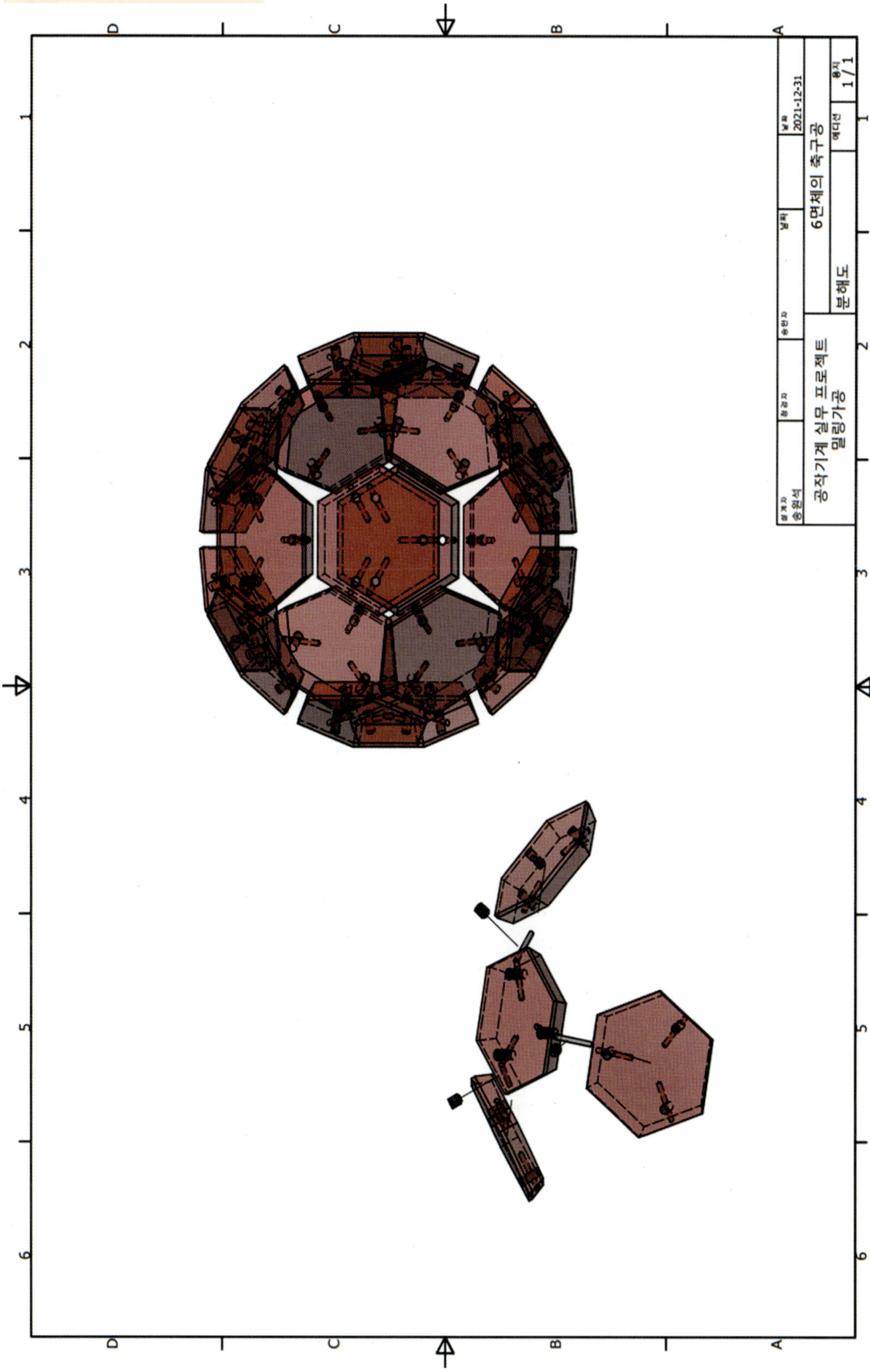

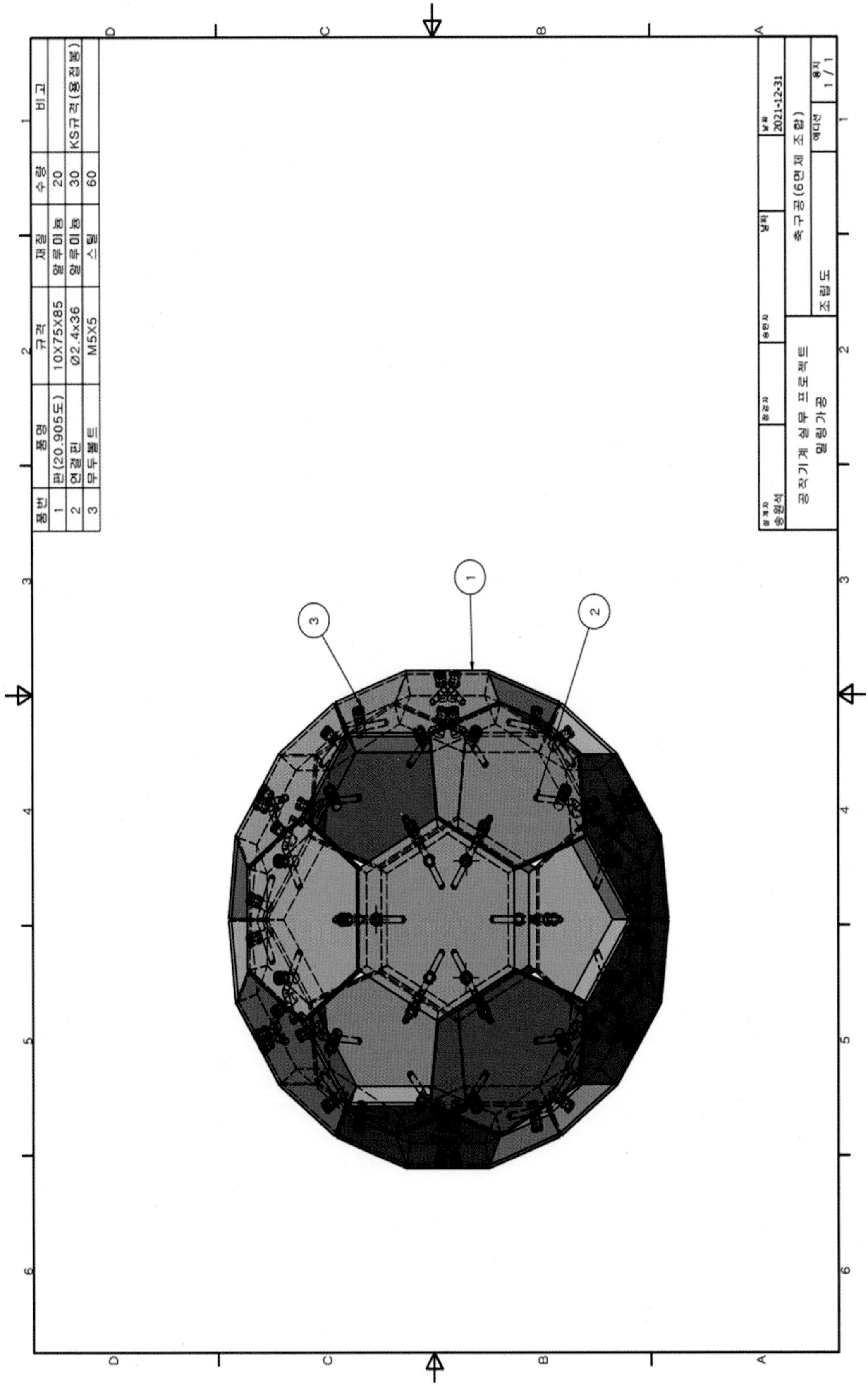
품번 | 품명 | 규격 | 재질 | 수량 | 비고
1 | 판(20.905도) | 10X75X85 | 알루미늄 | 20 |
2 | 연결핀 | Ø2.4x36 | 알루미늄 | 30 | KS규격(용접봉)
3 | 무두볼트 | M5X5 | 스틸 | 60 |
1
2
3
설계자 송원석
검도자
승인자
날짜
날짜 2021-12-31
공작기계 실무 프로젝트
밀링가공
축구공(6면체 조합)
조립도
에디션
용지 1 / 1

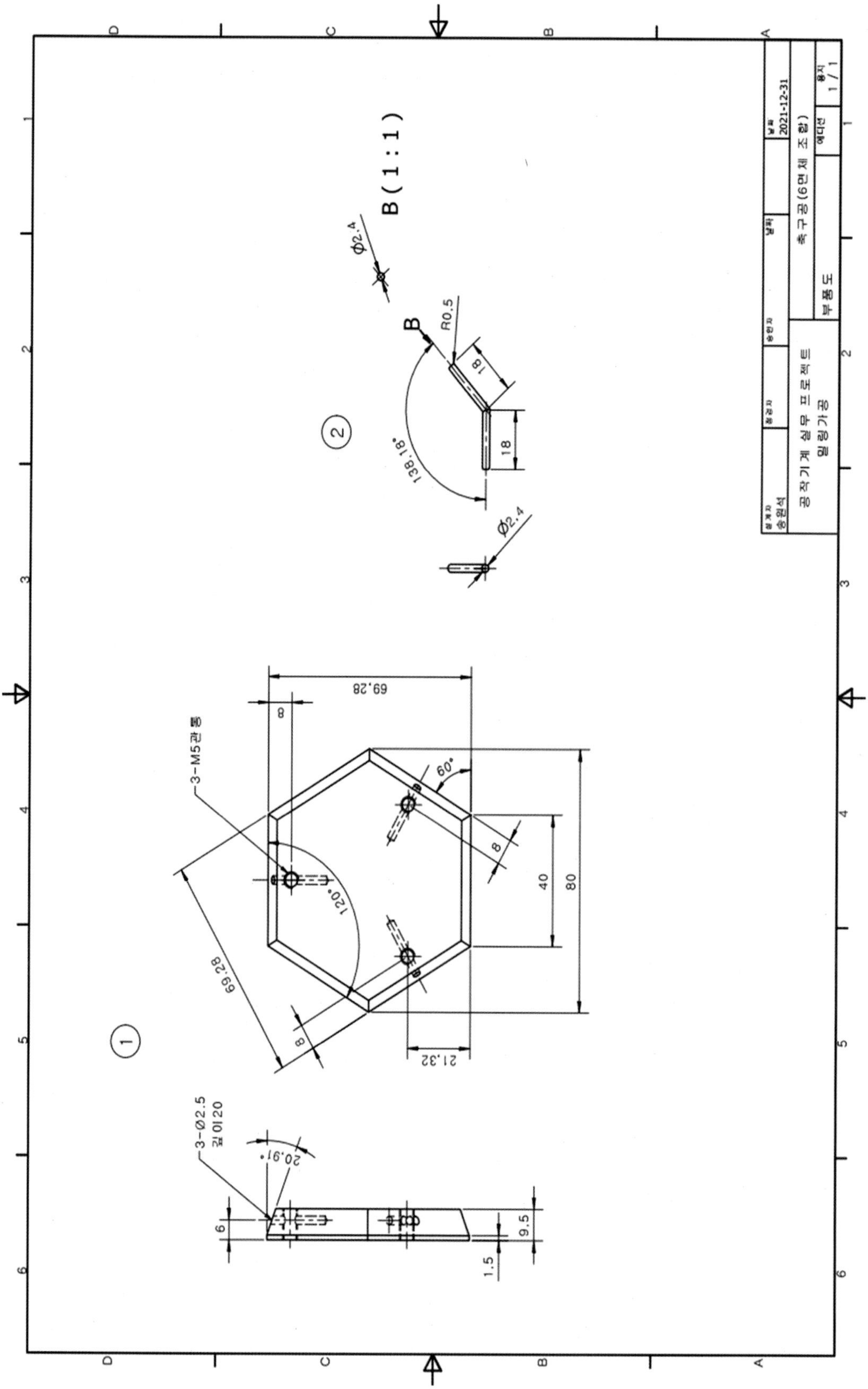
설계자 송원석
공작기계 실무 프로젝트
밀링가공
축구공(6면체 조합)
2021-12-31
부품도
1 / 1
B (1 : 1)
3-M5관통
3-Ø2.5
깊이20
R0.5
138.18°
Ø2.4
69.28
21.32
120°
60°
40
80
20.91°
9.5
1.5

단원보충과제 - 벌집연필통

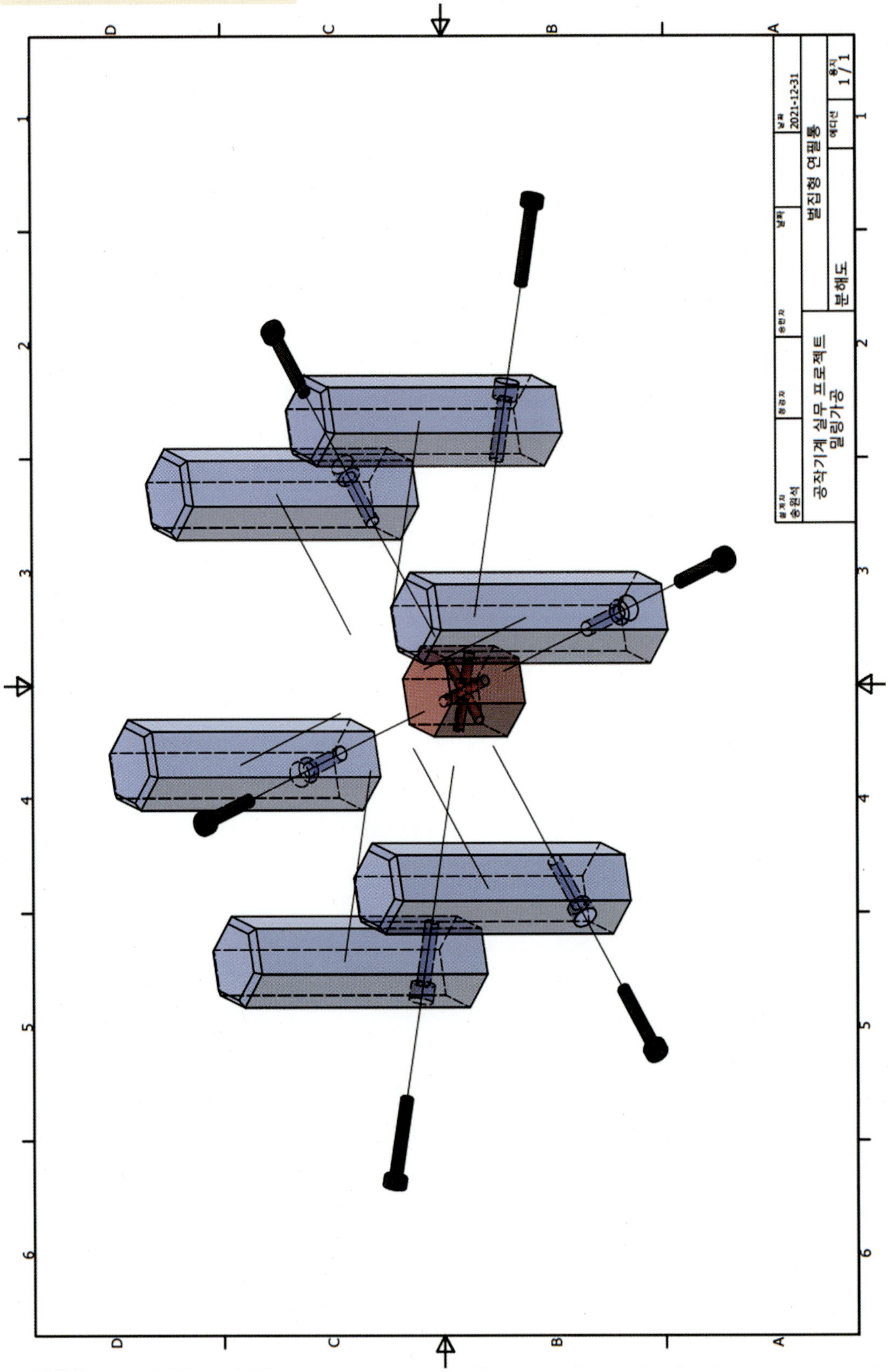

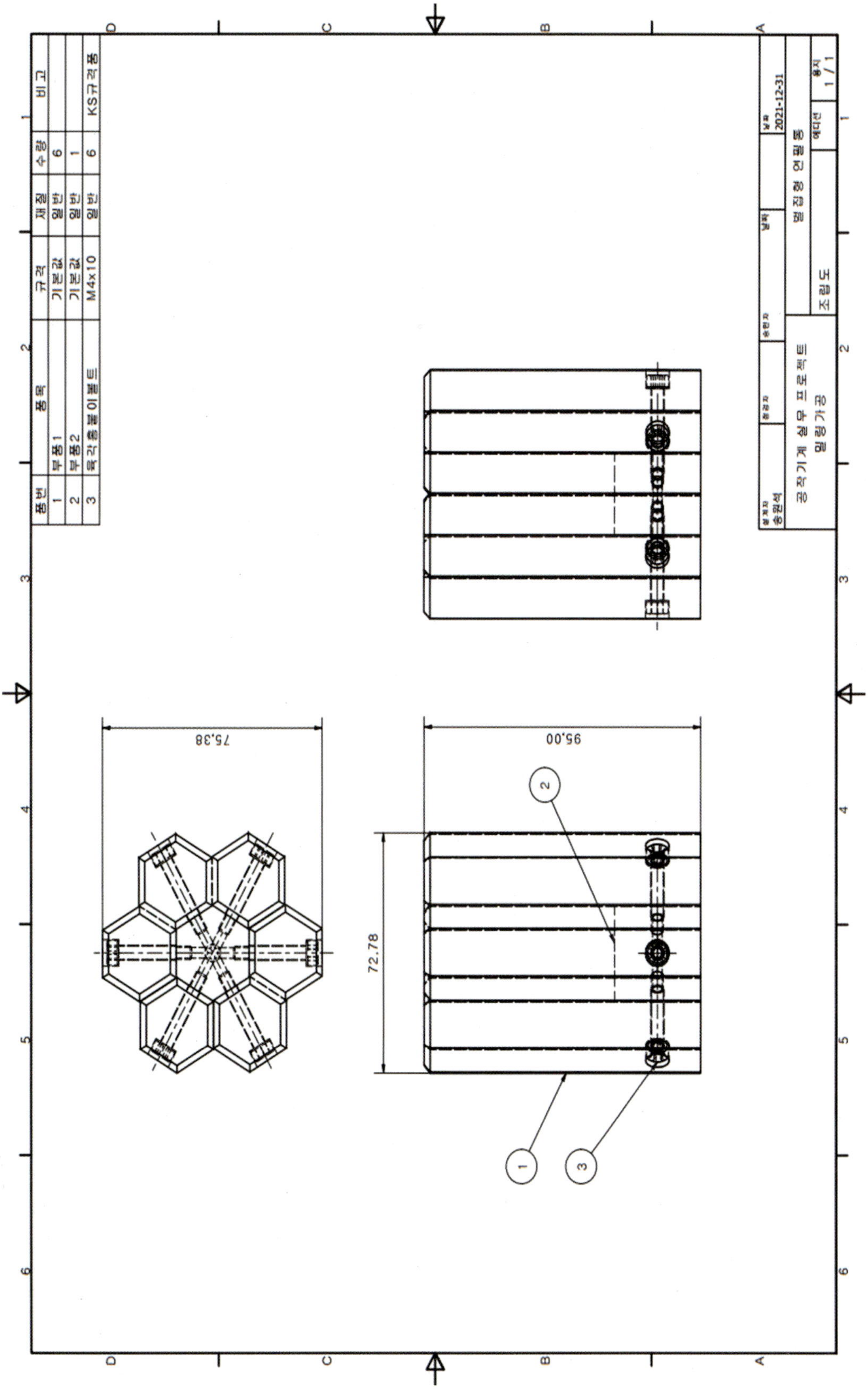
품번 | 품명 | 규격 | 재질 | 수량 | 비고
1 | 부품1 | 기본값 | 일반 | 6 |
2 | 부품2 | 기본값 | 일반 | 1 |
3 | 육각홈붙이볼트 | M4x10 | 일반 | 6 | KS규격품
송원석
2021-12-31
공작기계 실무 프로젝트
밀링가공
벌집형 연필통
조립도
1 / 1
75.38
95.00
72.78
1
2
3

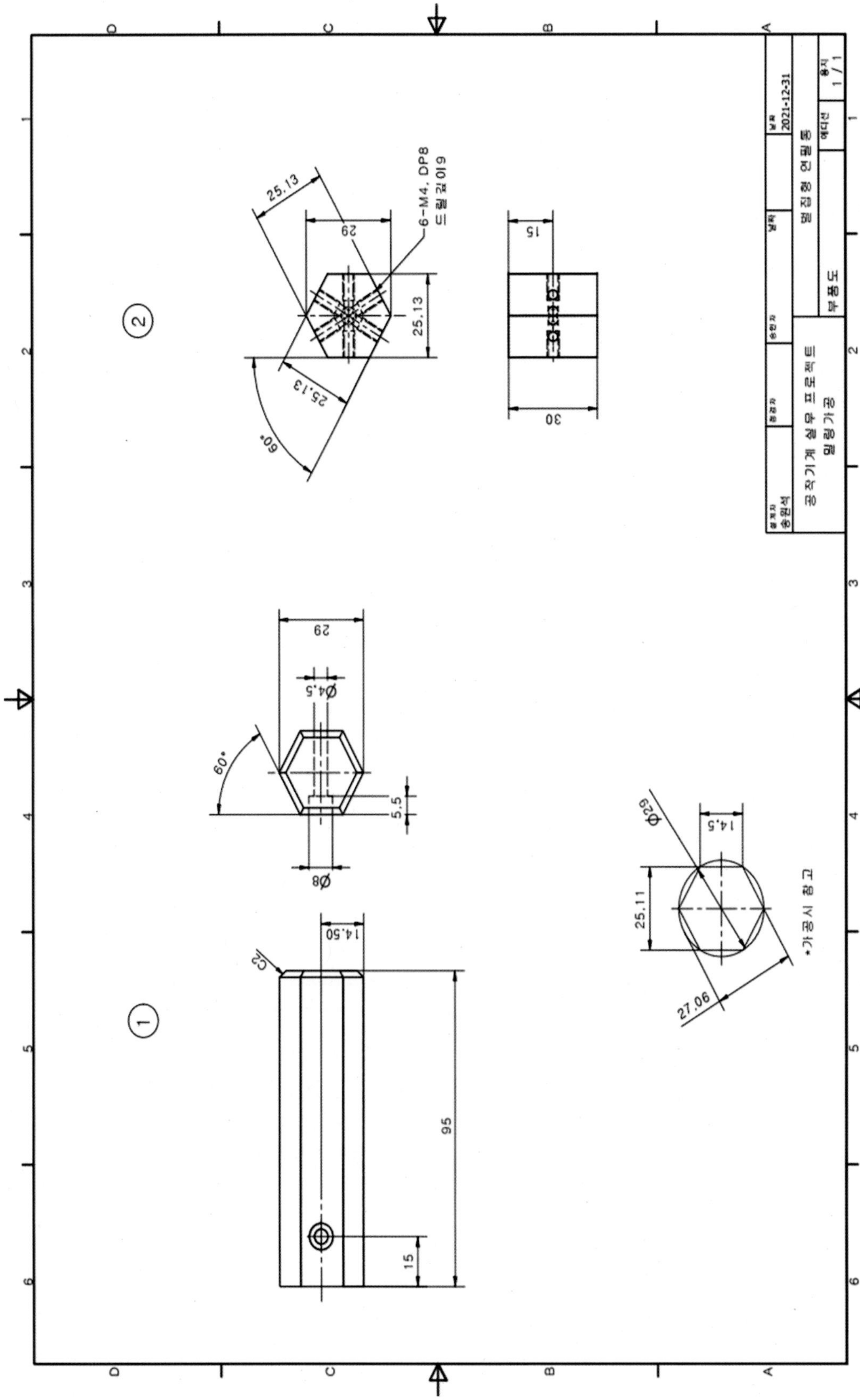
6-M4, DP8
드릴깊이9
*가공시 참고
공작기계 실무 프로젝트
밀링가공
밀링형 연필통
부품도
2021-12-31

C 기계가공조립

1주제 : 소형바이스 제작

기계 및 공구의 상태를 점검하여 고정밀도로 안전하게 가공할 수 있도록 한다. 또한 기계 및 절삭공구의 정밀도외에 가공중의 진동, 먼지, 온도 등에 의한 치수 변화가 발생하지 않도록 하면서 가공 및 조립한다.

1) 소요시간 : 7시간

2) 과제

소형바이스

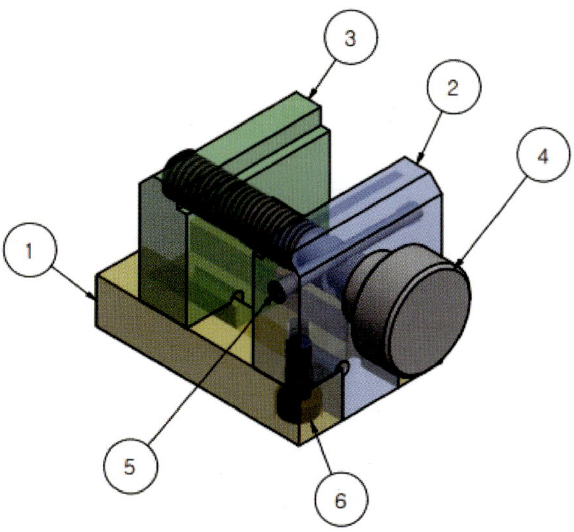

3) 요구 사항

모든 치수를 기계 가공하여 부품③이 슬라이딩 되도록 조립하시오

4) 보고서 내용

[표 - 3] 소요 가공재료 및 KS규격품
[표 - 4] 기계 및 공구, 측정기
[표 - 5] 부품 가공(측정) 시 안전 및 유의 사항
[표 - 6] 조립품 및 부품 측정
[표 - 7] 4way 품질 분석

바이스 이야기

바이스(Vise)는 대상물을 두 돌기 사이에 끼워 고정하는 공구이다. 기계를 가공하거나 목공 따위에서 작은 재료를 작업대에 고정시키는데 쓰는 도구다.

손작업용으로 사용되고 있으나, 공작기계의 테이블에 장치하여 기계가공을 하는 소재(素材)를 고정시키는 공작기계의 부속품으로서도 사용된다. 손작업용에도 여러 종류가 있으나, 조(jaw)의 개폐(開閉) ·죄기(clamping)는 바이스에 붙어 있는 핸들로 나사를 죄어서 한다.

작업대에 장치해서 사용하는 바닥이 평평한 것을 상자형 바이스, 아래쪽에 긴 다리가 있어 이것을 작업대의 측면에 장치하는 것을 다리붙이바이스라고 한다. 또, 작은 부품을 쉽게 고정하는 데 사용되는 것을 핸드바이스라 한다.

공작기계에서는 공작물을 직접 테이블에 장치하지 않고, 일단 이것을 바이스에 물린 다음, 그 바이스를 테이블에 장치하는 편이 작업상 편리할 때가 있다. 셰이핑머신 등에서는 이와 같은 바이스를 사용하는 것이 보통이다.

이밖에 밀링 머신용 ·평삭기(平削機)용의 바이스 등이 있다. 조의 개폐는 핸들을 돌리지 않아도 빠르게 개폐할 수 있는 바이스, 또 대량생산용에는 유압 또는 압축공기를 사용하여 조를 움직이는 것도 있다.

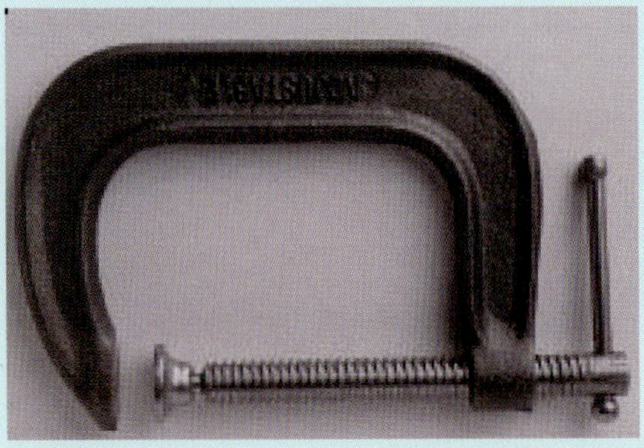

C형 클램프는 활 모양의 본체에 나사가 부착되어 있는 공구로, 재료나 공작물을 일시적으로 고정할 때 쓰는 바이스의 일종이다. 용접가공 작업을 하는 경우 가공물을 임시적으로 고정시키거나 구멍 뚫기 가공을 할 때 보조적으로 이용되는 경우가 많다. 판재가 넓은 것인 경우에는 여러 개의 C형 클램프가 필요하다.

출처 : https://ko.wikipedia.org/wiki/ http://terms.naver.com/

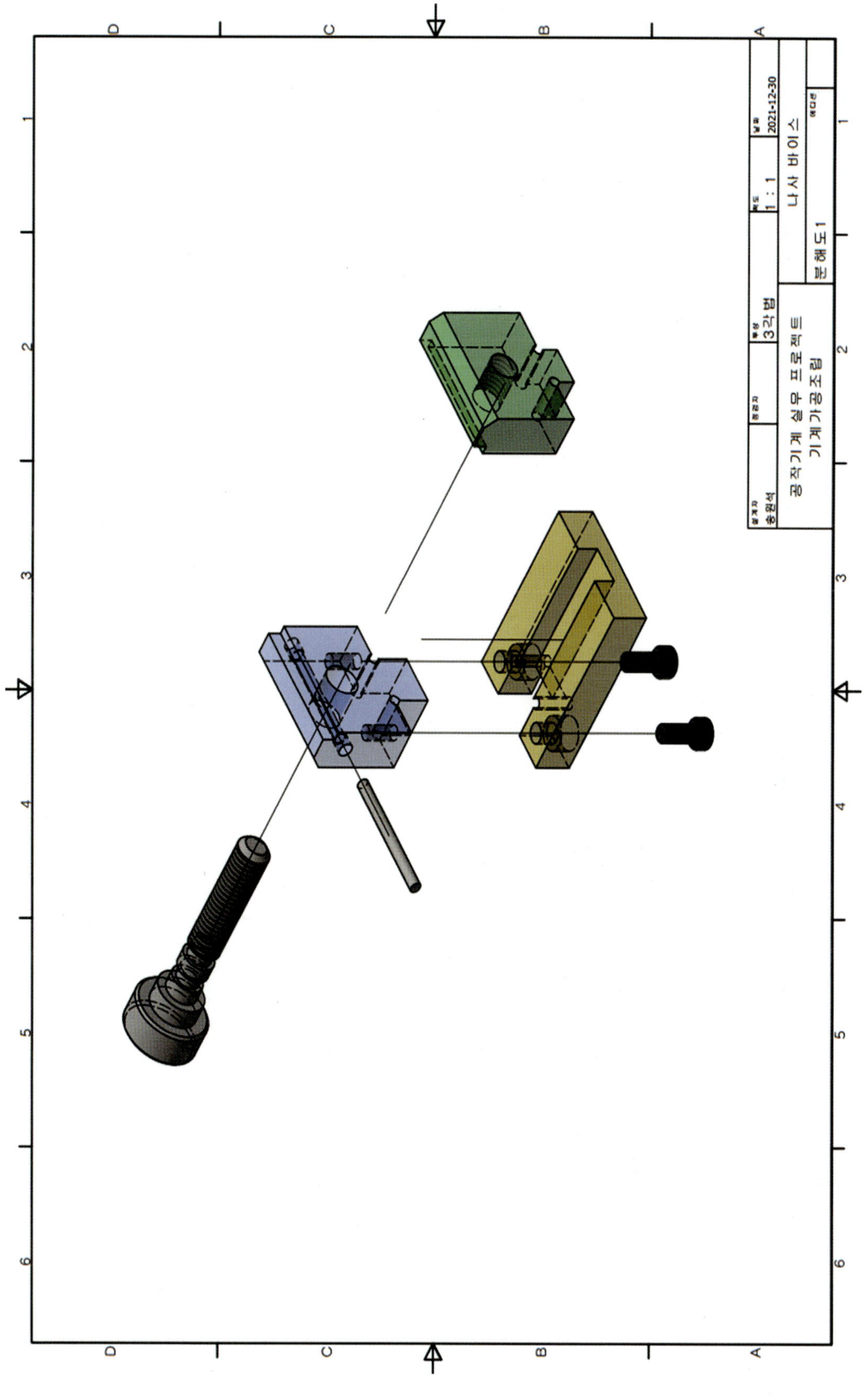
송원석
공작기계 실무 프로젝트
기계가공조립
3각법
1 : 1
2021-12-30
나사 바이스
분해도1

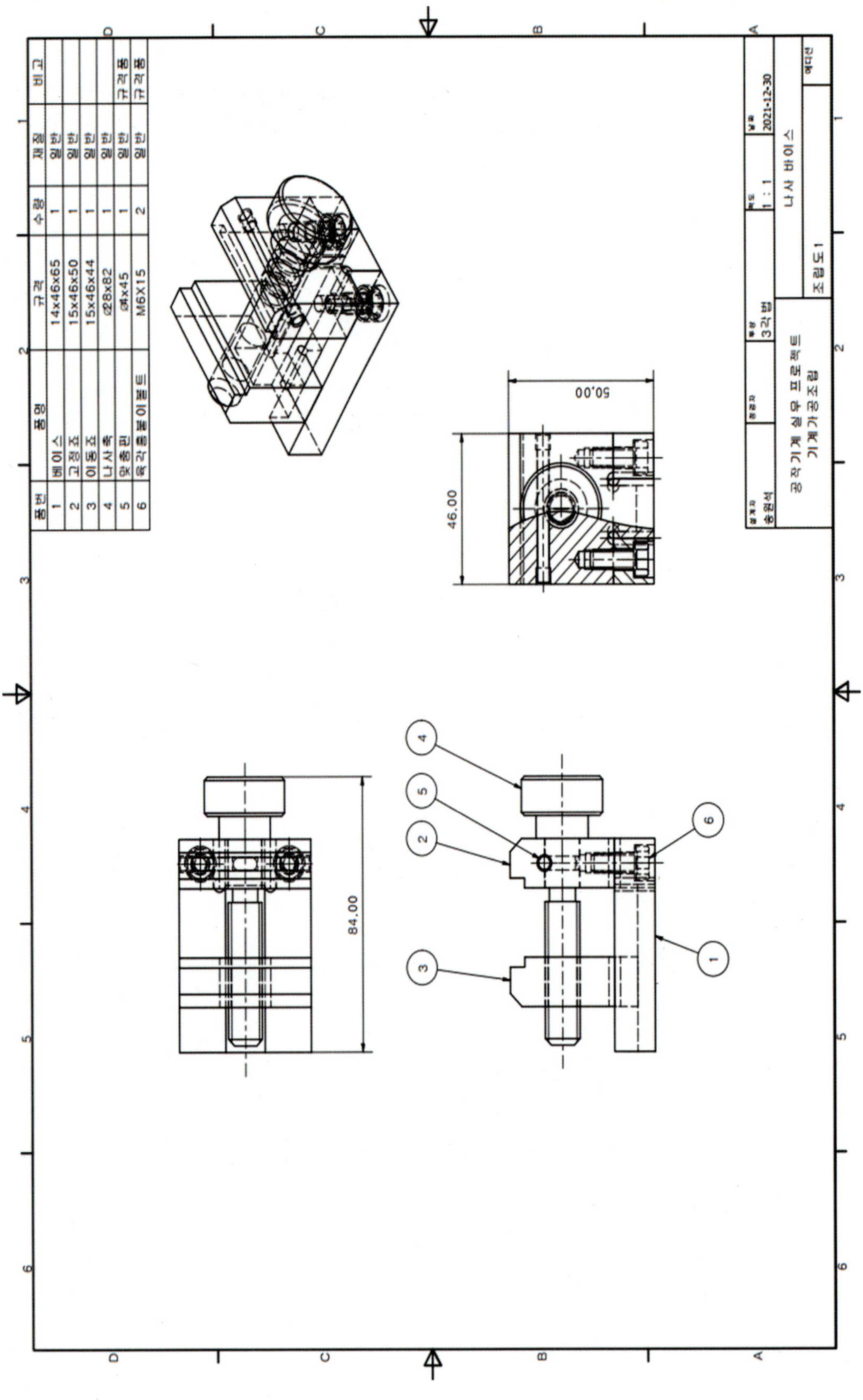

품번 품명 규격 수량 재질 비고
1 베이스 14x46x65 1 일반
2 고정조 15x46x50 1 일반
3 이동조 15x46x44 1 일반
4 나사축 Ø28x82 1 일반
5 맞춤핀 Ø4x45 1 일반 규격품
6 육각홈붙이볼트 M6X15 2 일반 규격품
50.00
46.00
84.00
설계자 송명석
공작기계 실무 프로젝트
기계가공조립
투상 3각법
척도 1 : 1
날짜 2021-12-30
나사 바이스
조립도1

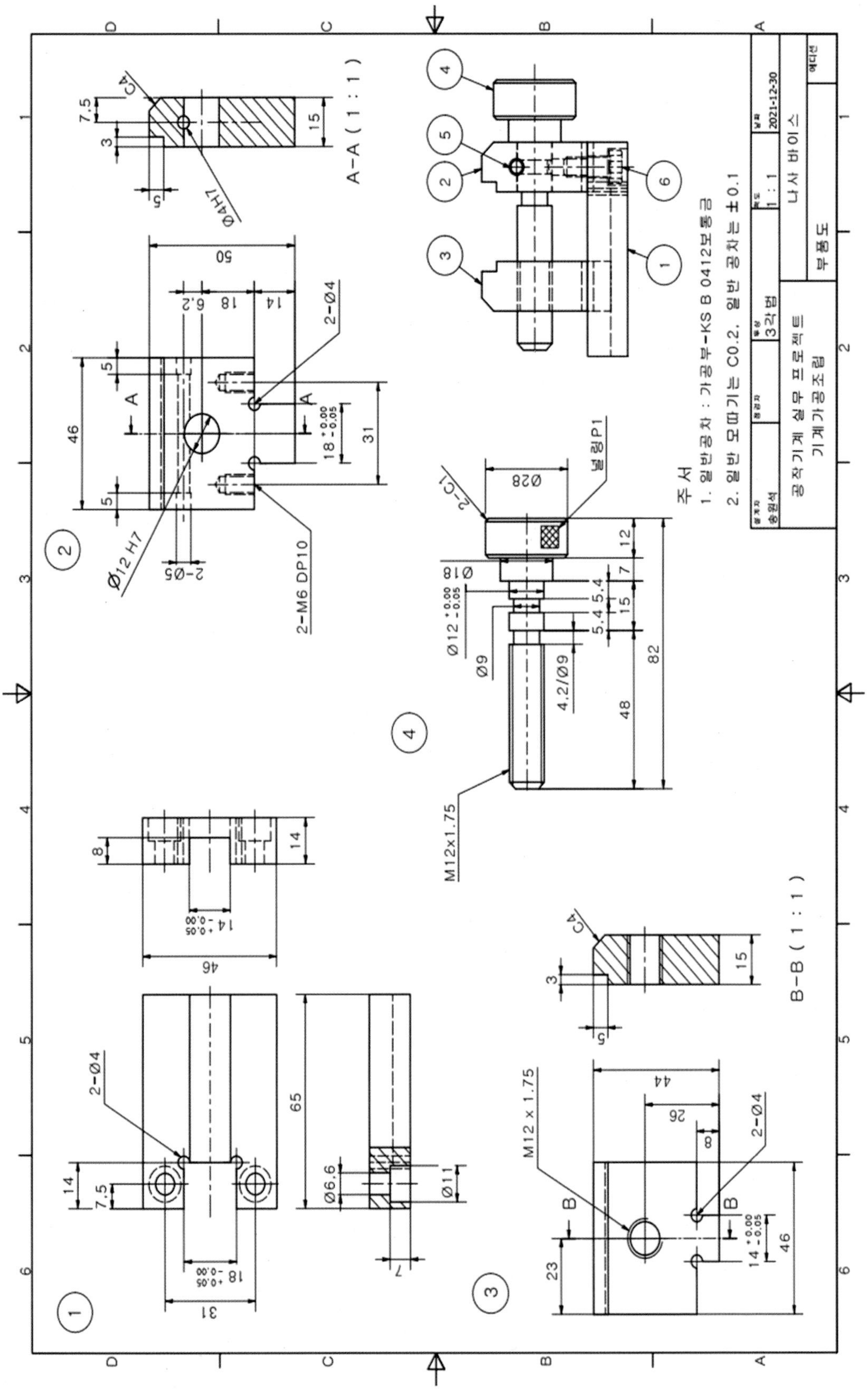
A-A (1 : 1)
B-B (1 : 1)
주 서
1. 일반공차 : 가공부-KS B 0412보통급
2. 일반 모따기는 C0.2, 일반 공차는 ±0.1
공작기계 실무 프로젝트
기계가공조립
나사 바이스
부품도
3각법
1 : 1
2021-12-30
송원석

1. 선반가공

1) 나사 바이스 부품④

• 지급재료 : ∅30 × 110

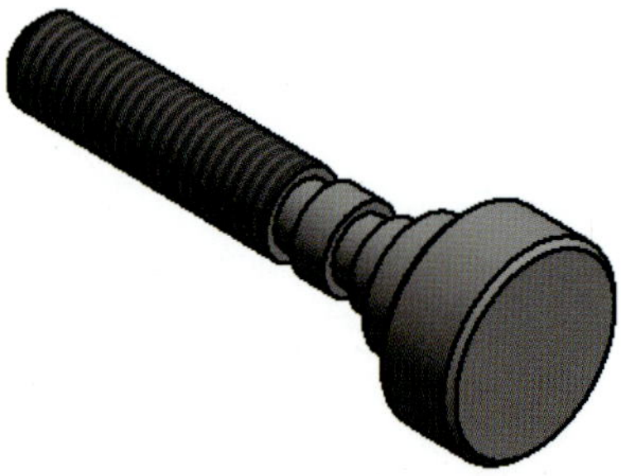

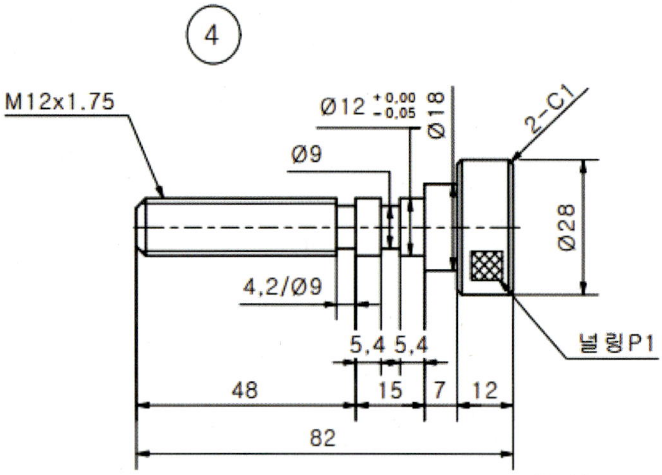

a) 선반에 L15~L20만큼 주축에 고정하고 널링하기 위한 치수(∅27.7)로 재료길이 최대로 가공한다. 대략 L65~ L85부에 저속으로 p1널링 한다.

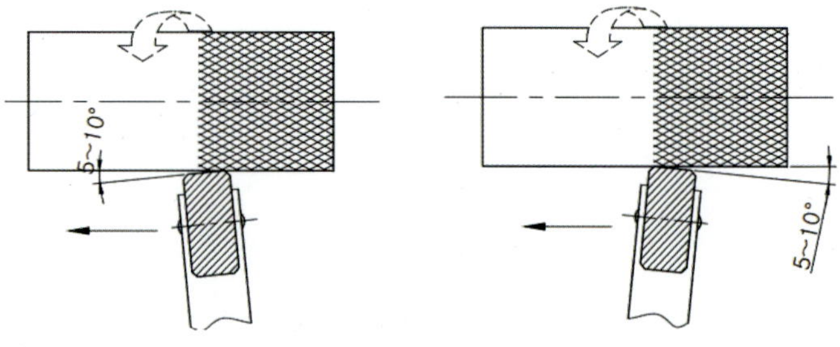

롤의 각도와 방향

널링작업은 표면의 눌림으로 치수가 커져 약 -0.3~-0.5로 가공 후 널링 한다.

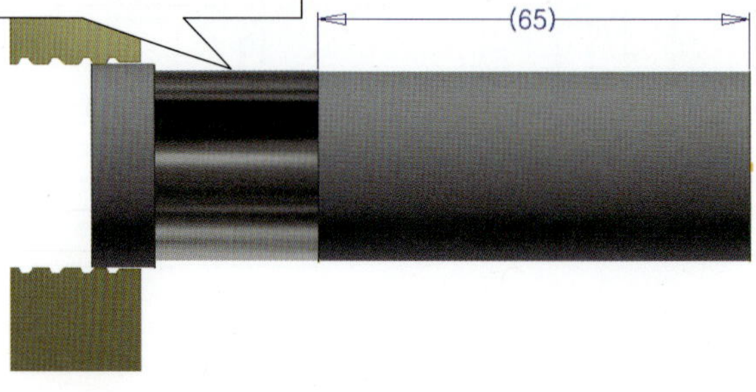

b) 길이 기준단면을 다듬질 가공(길이 측정의 기준)한다. 길이 측면 다듬질 한 위치에 선반 왕복대 및 복식 공구대 0점 세팅하고 ∅18을 L70까지, ∅12(-정밀공차)을 L63까지, ∅11.5로 L48까지, 홈 및 모따기 가공한다.

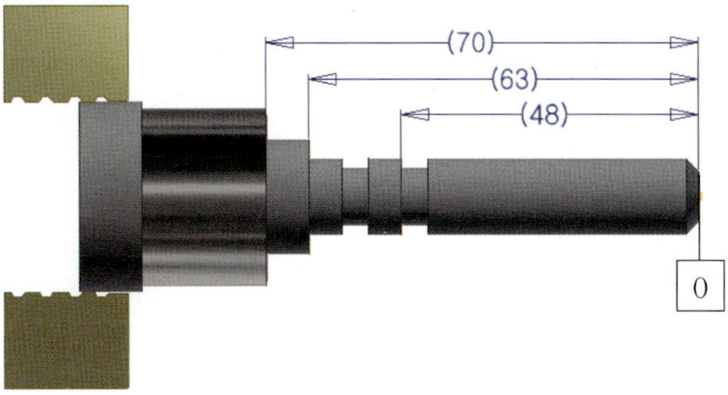

c) M12는 다이스로 왕복대와 복식 공구대를 이용하여 45rpm으로 가공한다.

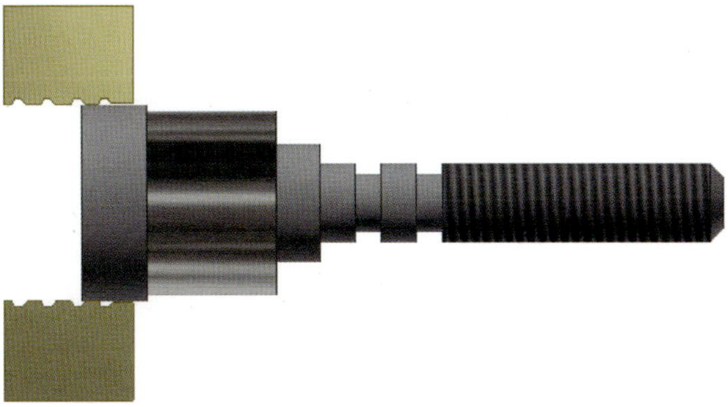

d) 절단 바이트로 절단(L80)한다. 절단 중간에 널링부 C1 모따기한 후 나머지 절단하여 마무리한다.

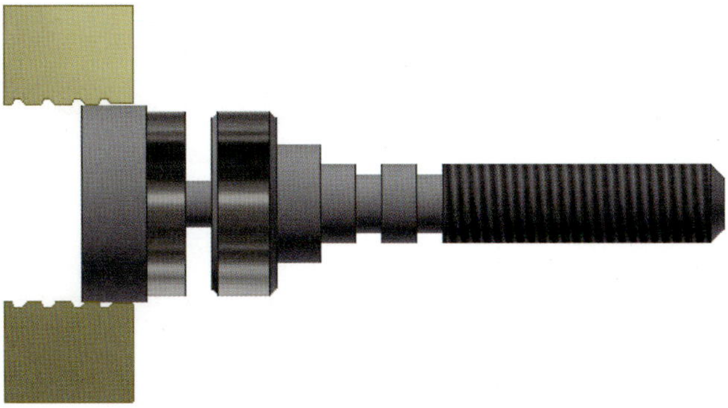

2. 밀링가공

1) 나사 바이스 부품① 가공

• 지급재료 : 16 × 48 × 67

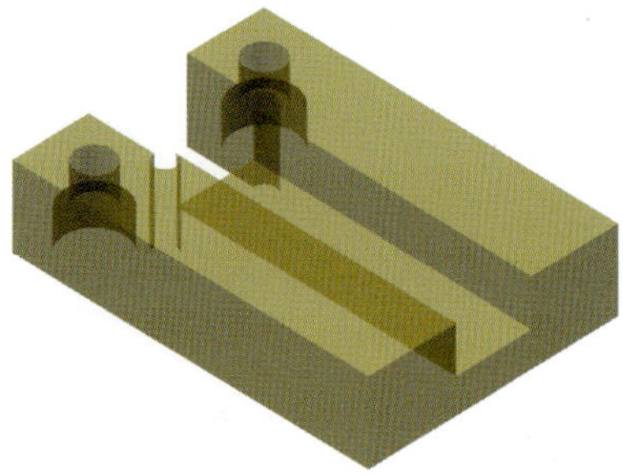

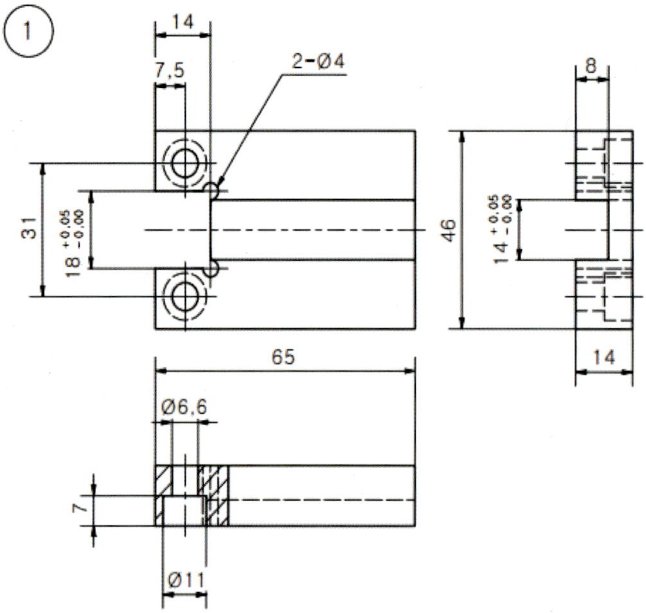

a) 재료치수 확인한다.

b) 3직각을 잡으면서 부품 윤곽 가공한다(900~1,400RPM)

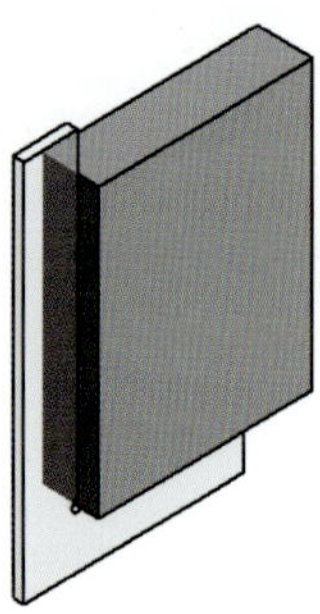

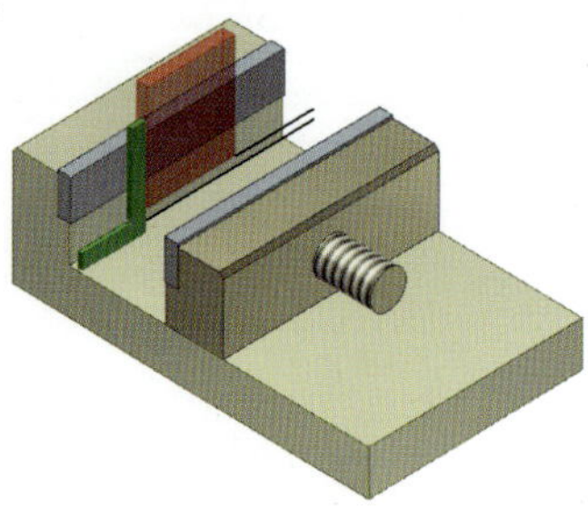

c) relief구멍(∅4)위치 하이트게이지로 금긋기 및 센터펀치로 표시한다.

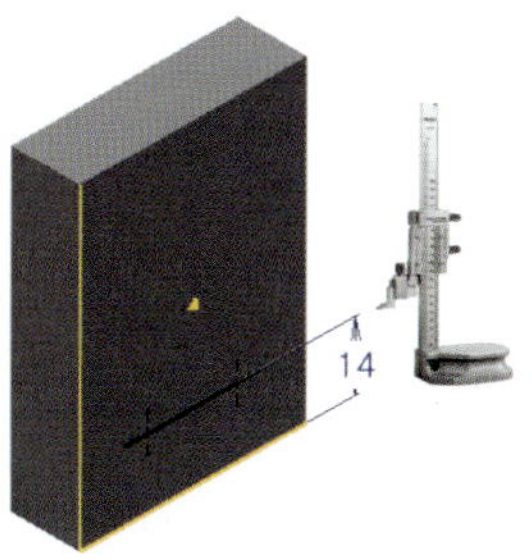

x축 금긋기

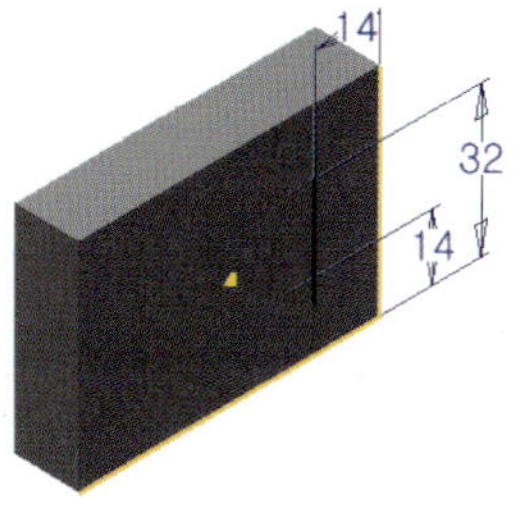

y축 금긋기

d) ∅4드릴로 relief구멍 가공(탁상드릴의 벨트풀리는 1단) 한 후 거스러미 제거(디버링 공구 및 카운터 싱크)한다.

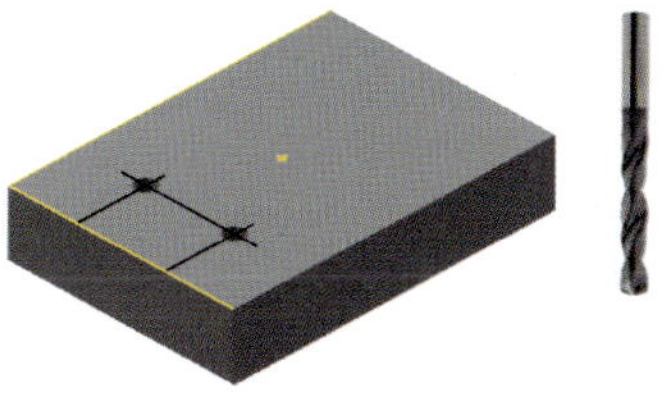

e) 부품①의 relief구멍 있는 홈 엔드밀 가공한다.

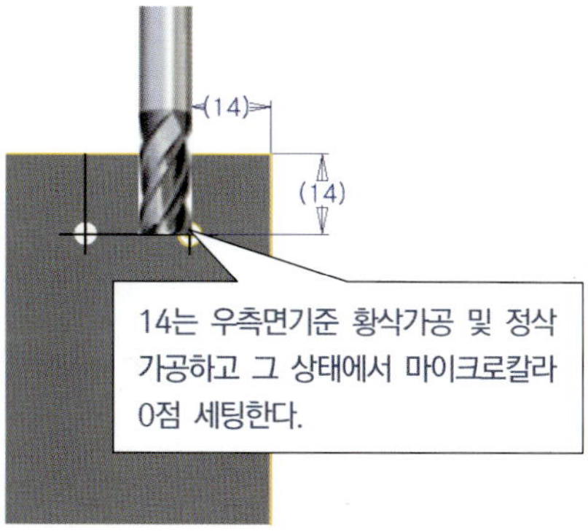

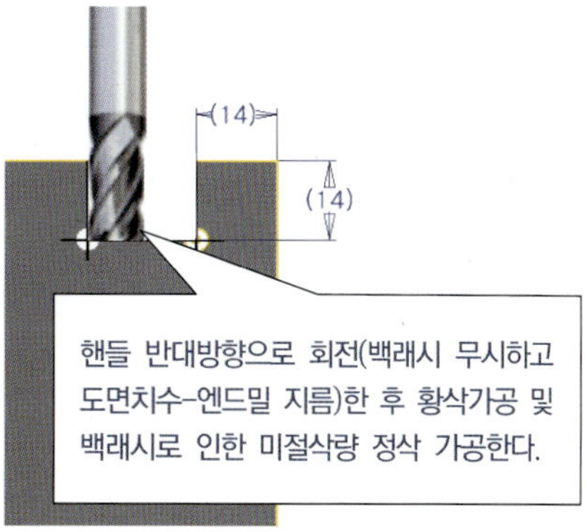

f) 부품①의 홈 엔드밀 가공한다.

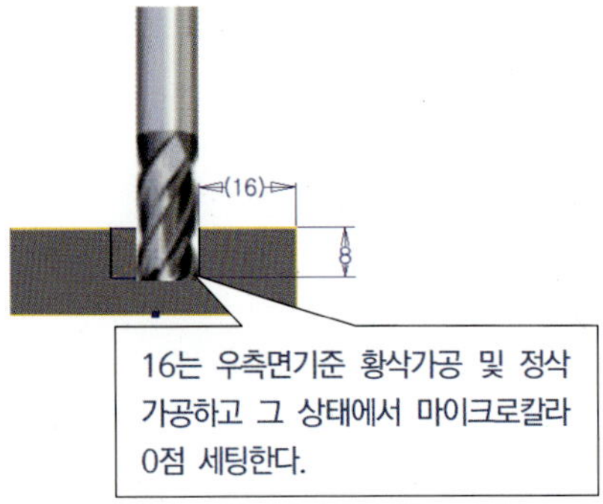

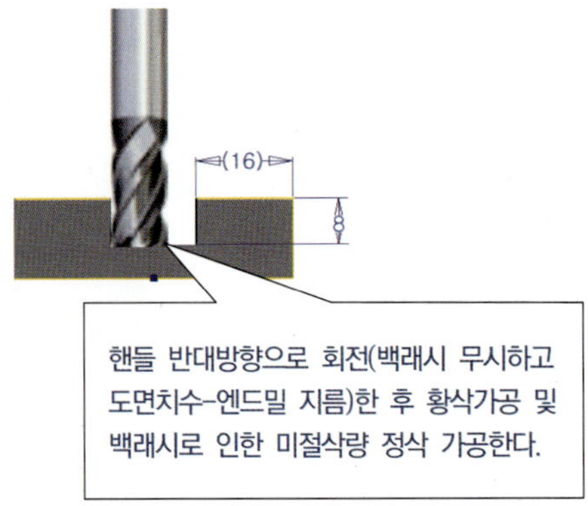

g) 육각홈붙이볼트 자리파기 위치 금긋기-센터펀치한다.

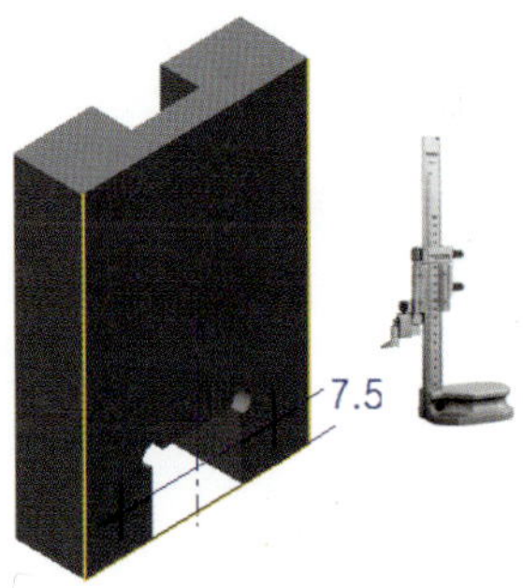

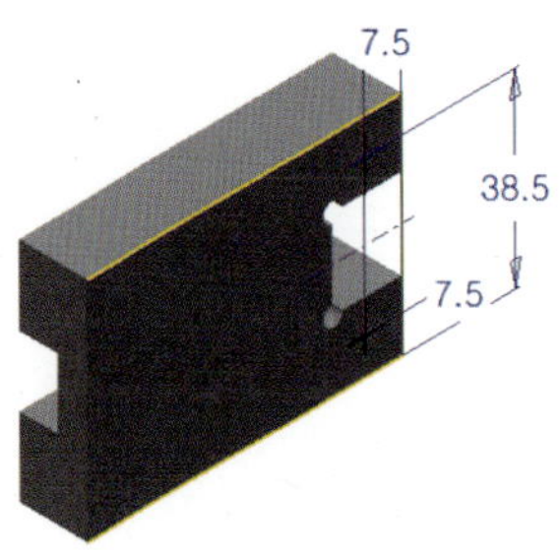

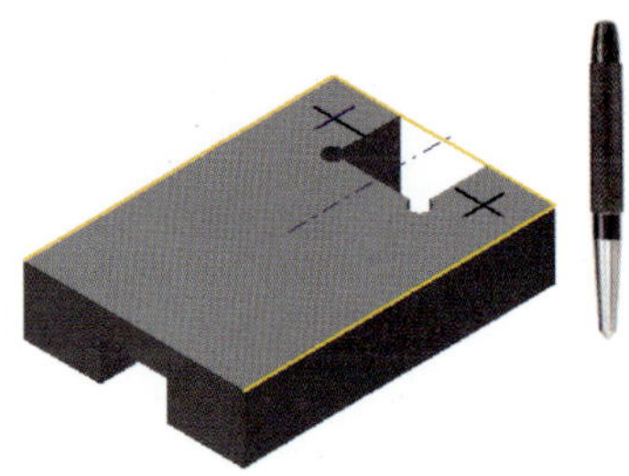

x축 금긋기 y축 금긋기

h) 드릴링-카운터보어 작업한다.

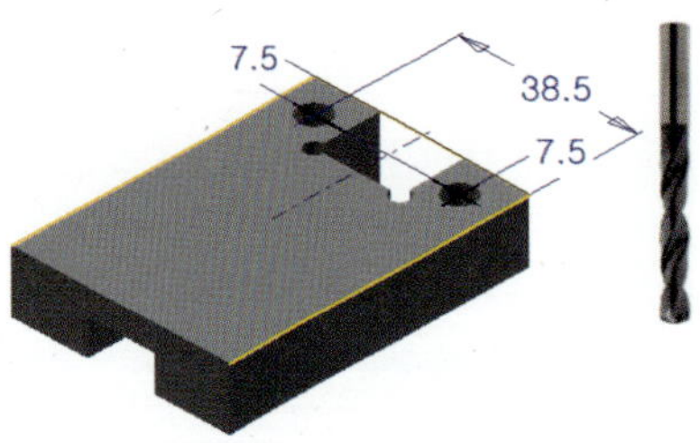

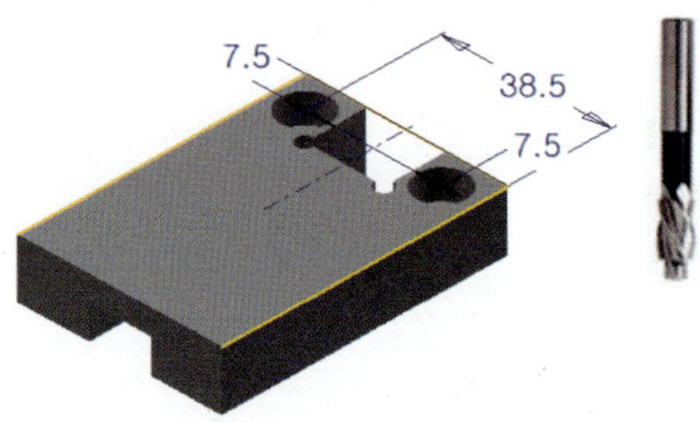

2) 나사바이스 부품② 가공

- 지급재료 : 17 × 48 × 52

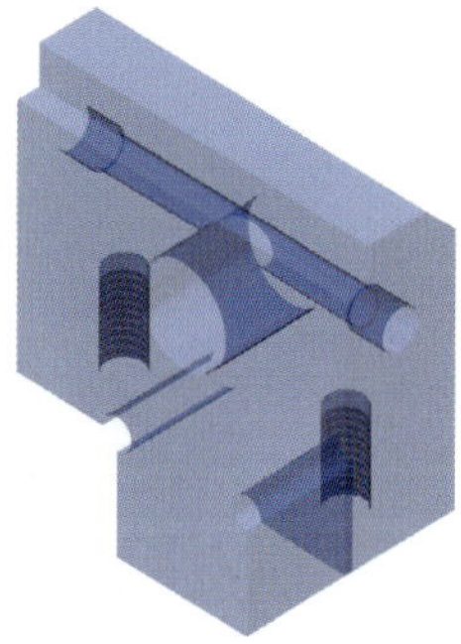

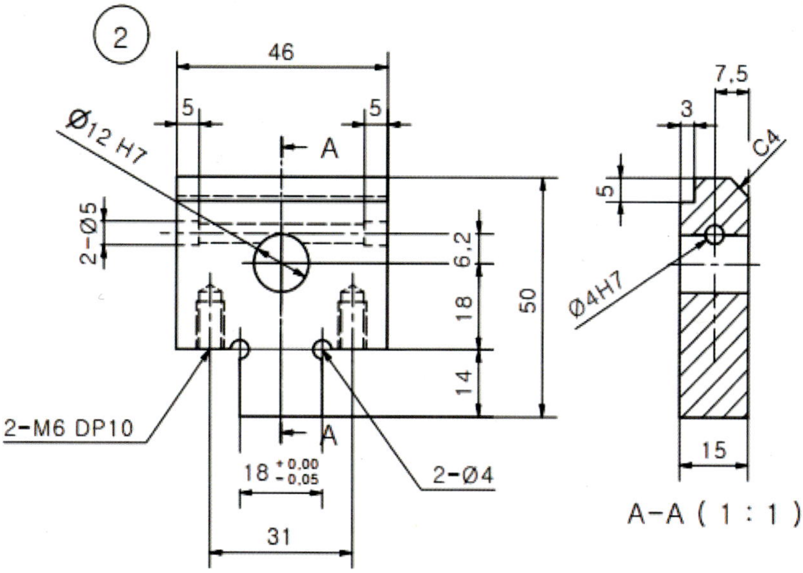

a) relief구멍(∅4)위치 하이트게이지로 금긋기 및 센터펀치로 표시한다.

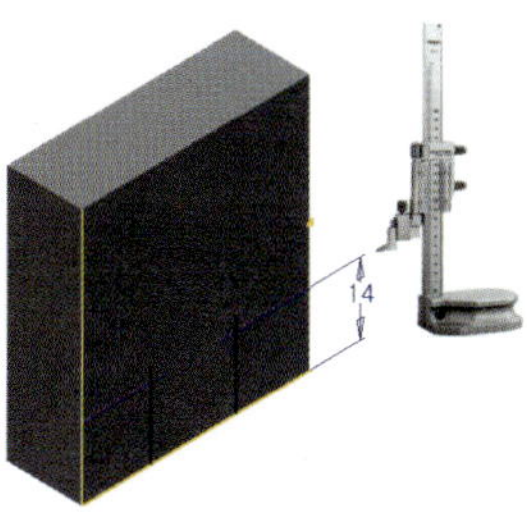

x축 금긋기

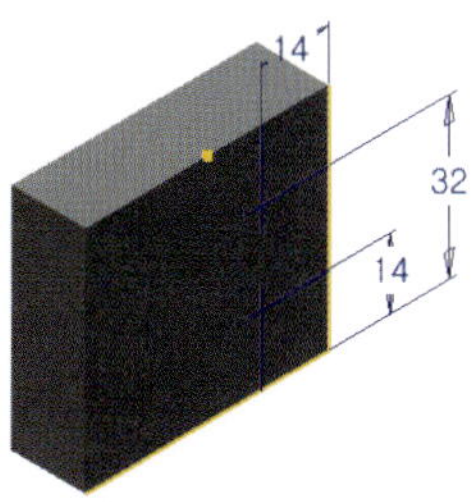

y축 금긋기

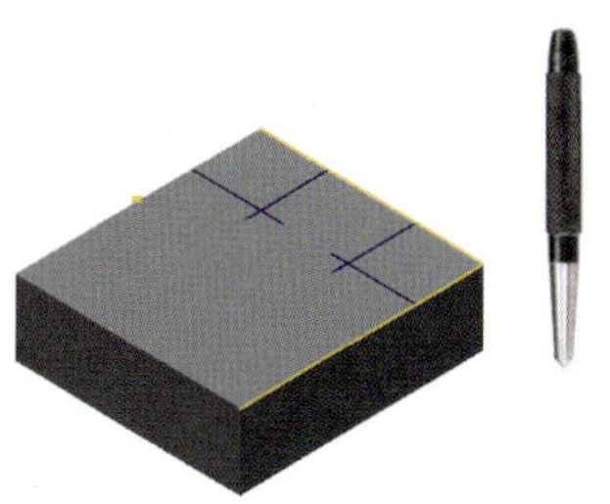

b) ∅4드릴로 relief구멍을 가공한 후(탁상드릴의 벨트풀리는 1단) 거스러미 제거(디버링 공구 및 카운터 싱크)한다.

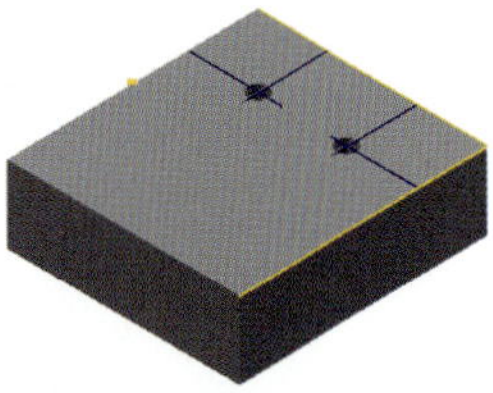

c) 볼록 엔드밀 가공한다.

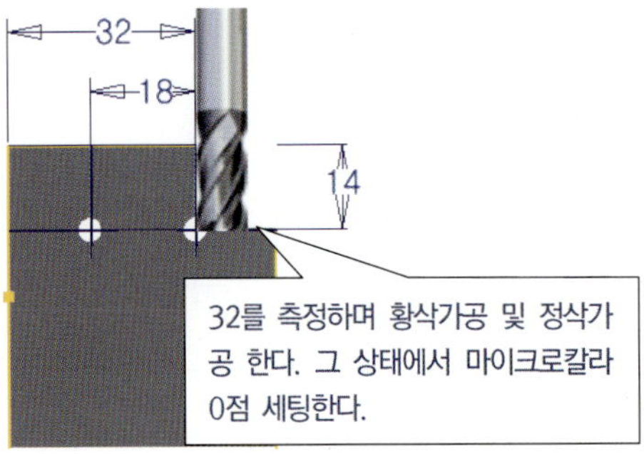

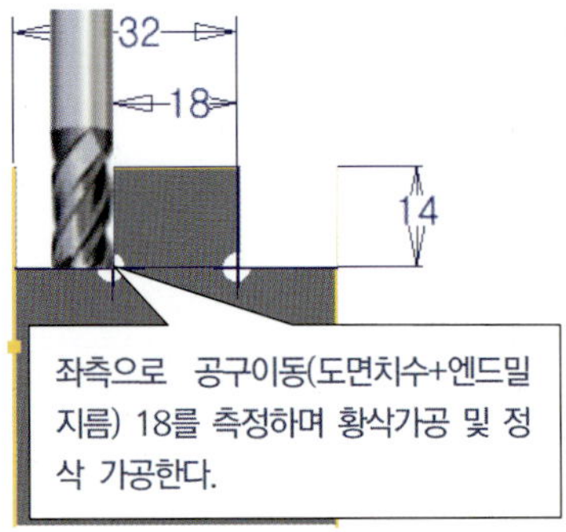

d) 조(jaw) 및 모따기(C) 가공한다.

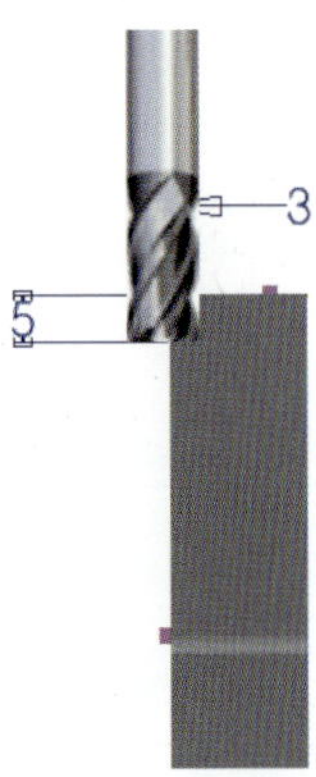

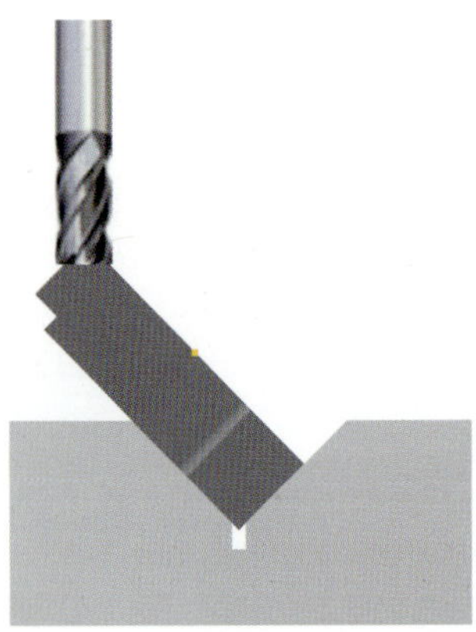
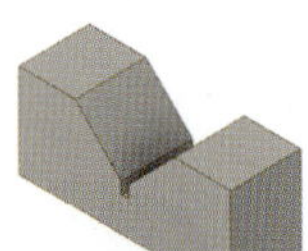
V-블록

3) 나사바이스 부품③ 가공

• 지급재료 : 17 × 48 × 46

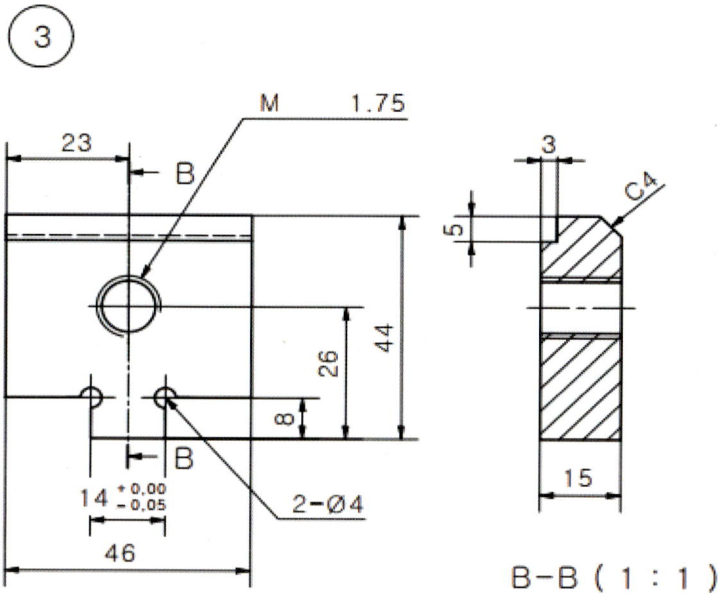

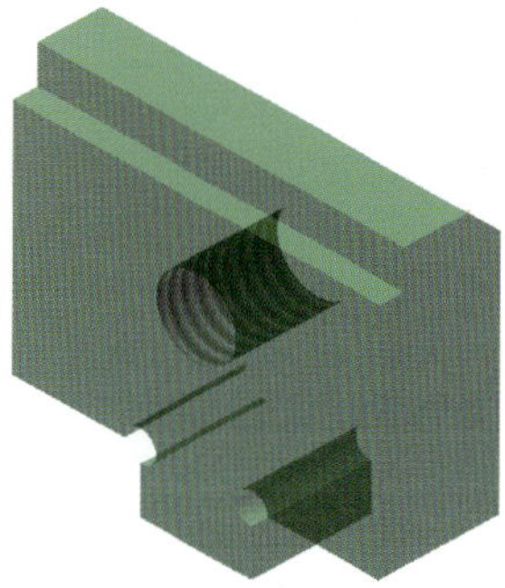

a) relief구멍(∅4)위치 하이트게이지로 금긋기 및 센터펀치로 표시한다.

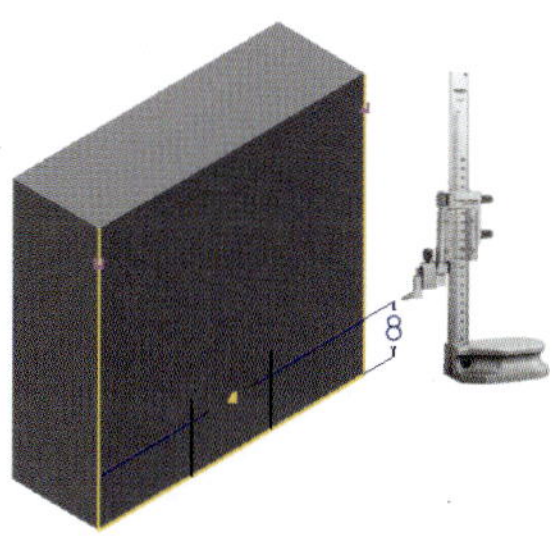

x축 금긋기

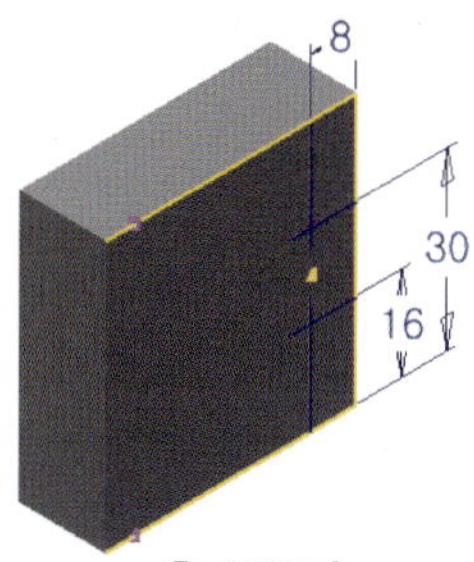

y축 금긋기

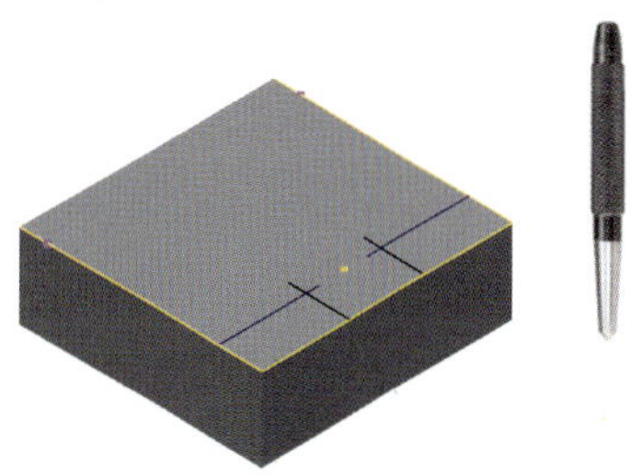

b) ∅4드릴로 relief구멍을 가공한 후(탁상드릴의 벨트풀리는 1단) 거스러미 제거(디버링 공구 및 카운터 싱크)한다.

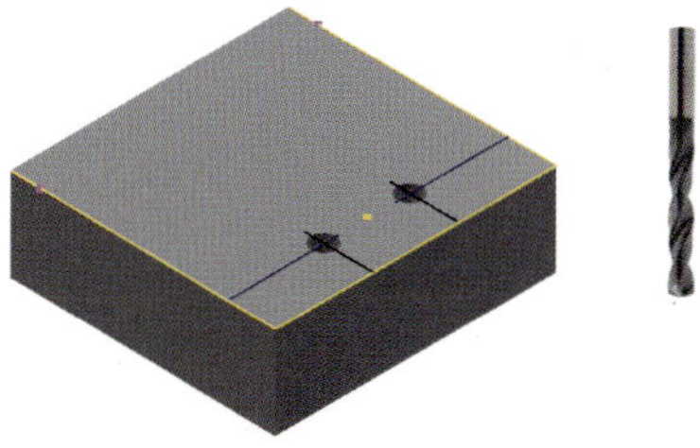

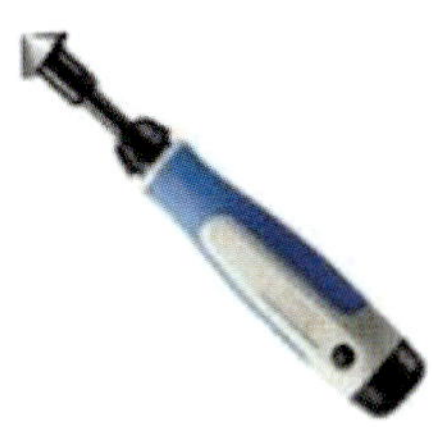

c) 볼록 엔드밀 가공한다.

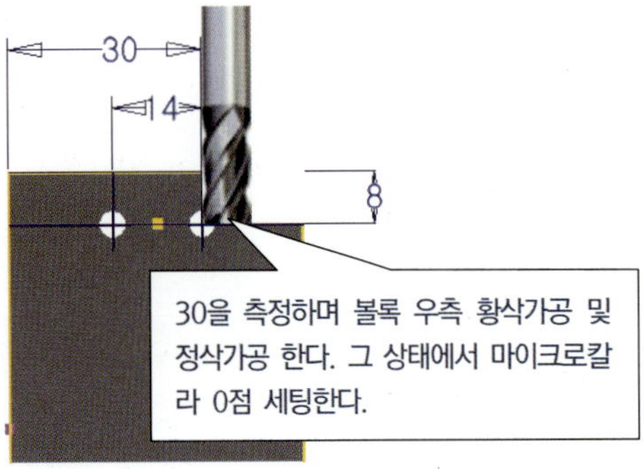

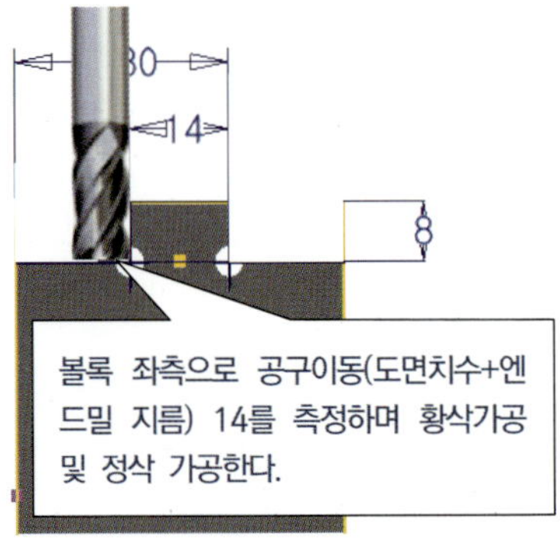

d) 조(jaw) 및 모따기(C) 가공한다.

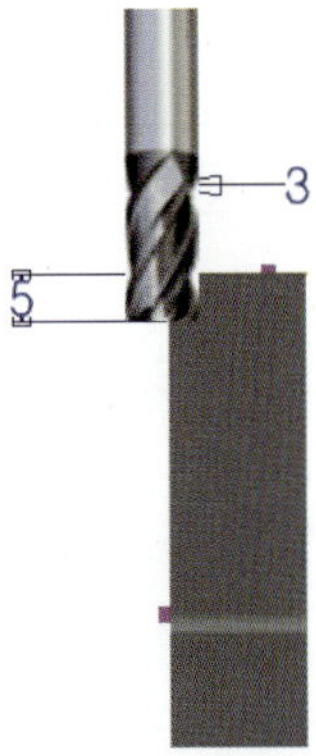

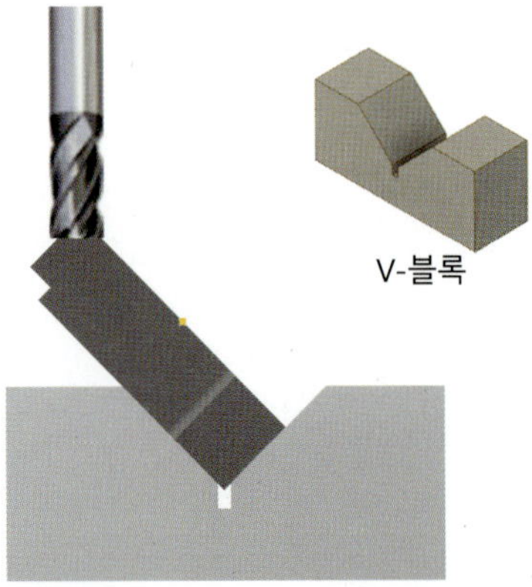

3. 조립가공 및 부품조립

제작 과정에서 가장 중요한 것은 마무리 및 조립이다. 그 것은 제품의 기능 요구 조건에 맞게 만들어가는 과정이 마무리 및 조립과정이기 때문이다. 각 부품을 고 정밀도로 기계가공을 할 수는 있지만 요구하는 조립 정밀도로 맞추기는 어렵다. 왜냐하면 기계 및 절석공구의 정밀도외에 가공중의 진동, 먼지, 온도 등에 의해 치수가 커지거나 작아지는 변화가 있기 때문이다.

1) 부품 금긋기

부품의 기준면 및 치수를 확인하여 구멍위치에 하이트게이지로 금 긋기 한다. 조립하기 위한 구멍 위치의 금 긋기는 조립되었을 때의 상태, 즉 가공할 때의 기준면을 정반에 밀착시킨 상태로 금 긋기 한다.

a) 부품②, ③의 거리(18mm), (23mm)는 나사축 슬라이딩 조립된다.

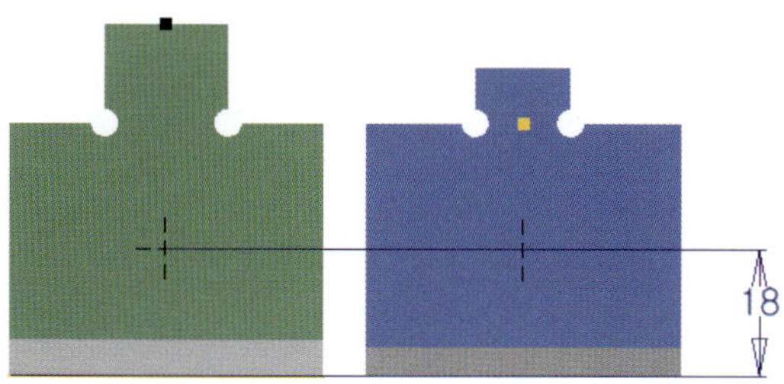

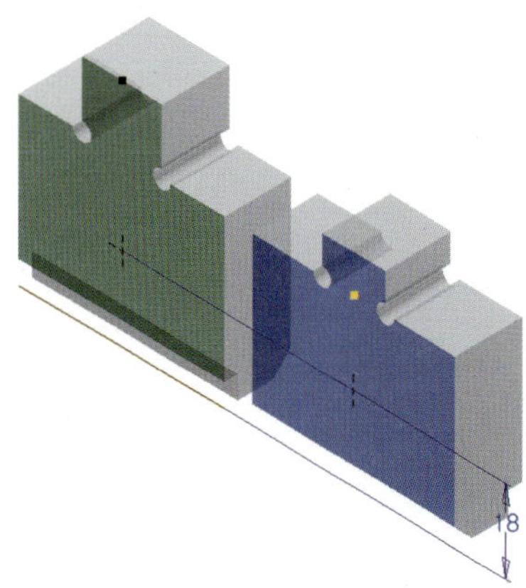

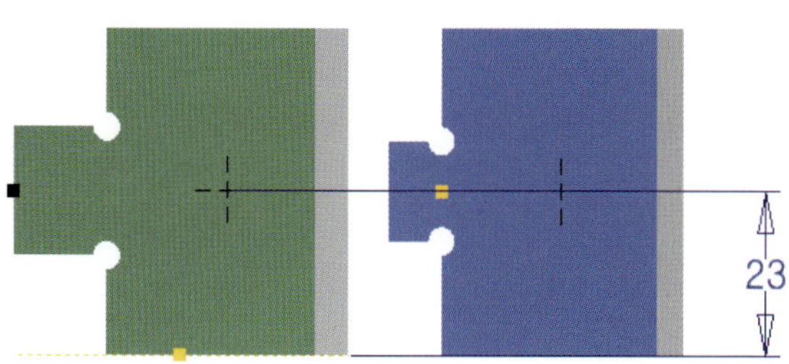

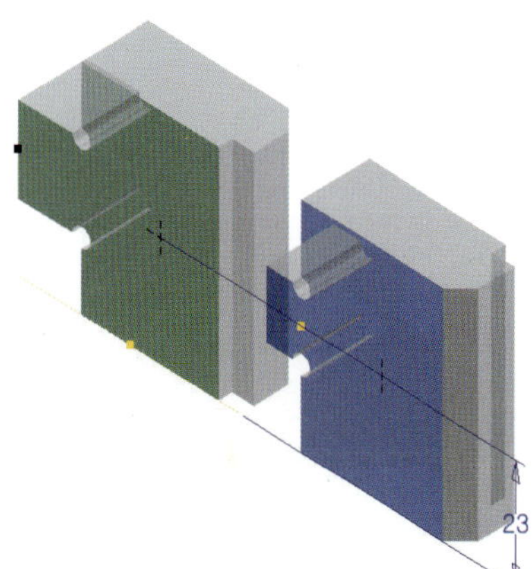

b) 부품①, ②의 거리(7.5), (38.5)는 육각홈붙이볼트로 체결된다.

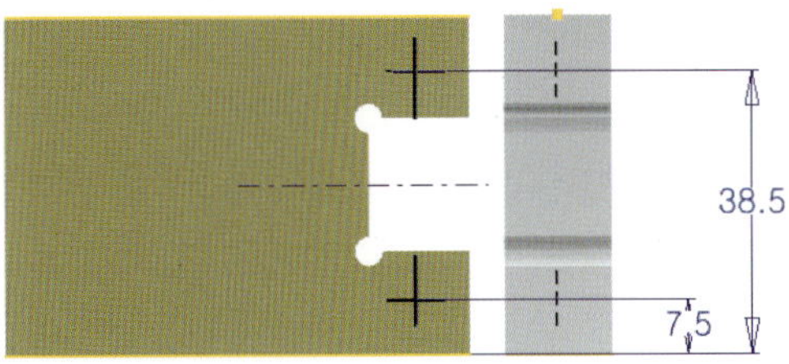

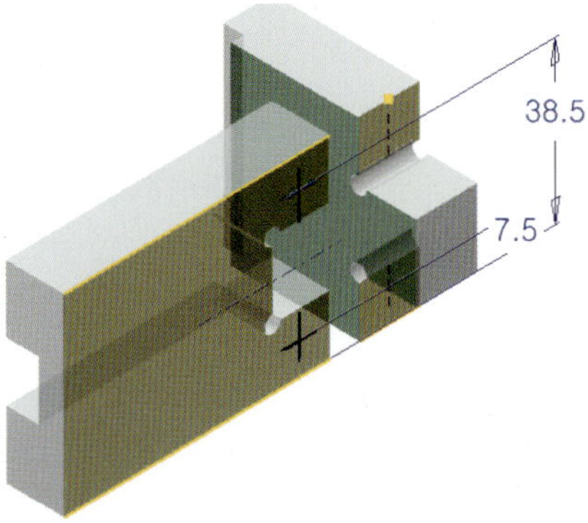

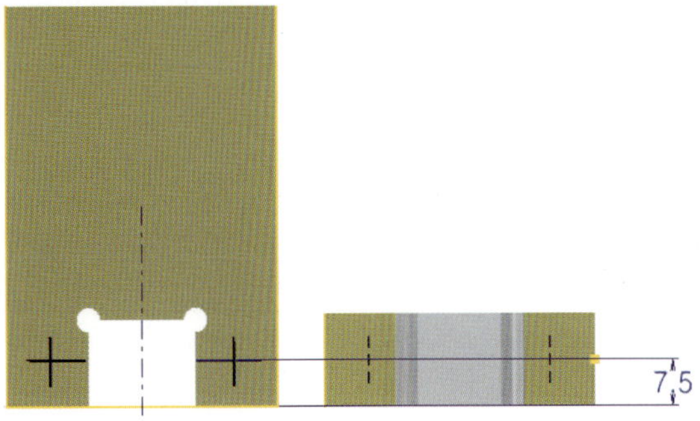

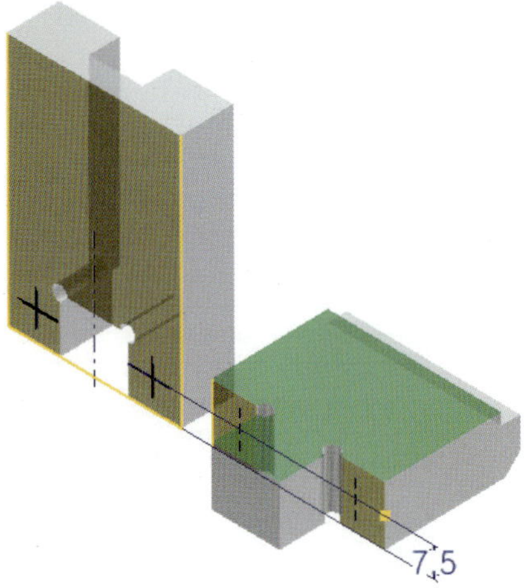

2) 조립 가공하기

구멍위치 교차점에 센터펀치 → 기초드릴 → 최종드릴 → 리머 → 카운터보어 → 카운터 싱크 → 탭 → 거스러미 제거 순서로 작업한다.

부품①

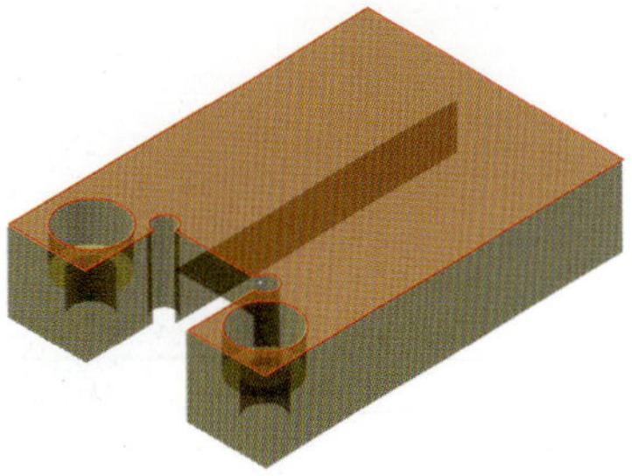

[가공순서]

- **드릴∅4 → ∅6.6**
- **카운터보어 M6용**
- **카운터싱크 및 디버링공구**

부품②

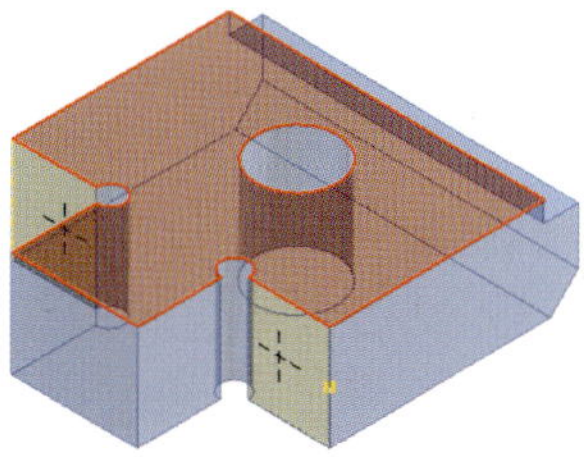

[가공순서]
- 드릴 ∅3.8 → ∅6.6 →∅11.7
- 리머 ∅12H7
- 카운터싱크 및 디버링공구

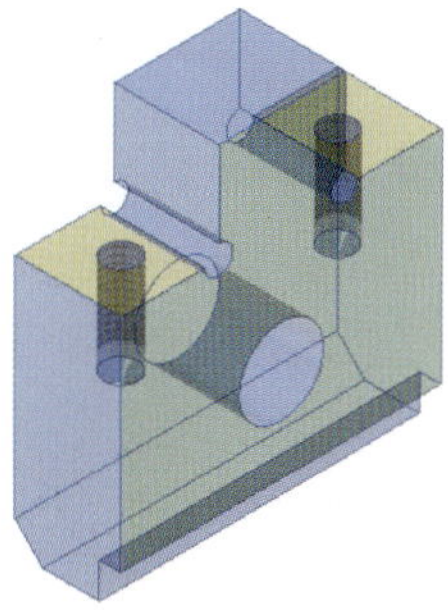

[가공순서]
- 드릴 ∅3.8 → ∅5.2
- 탭 M6
- 카운터싱크 및 디버링공구

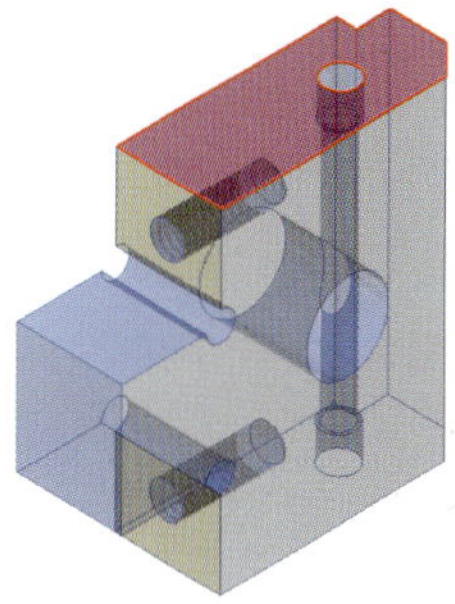

[가공순서]
- 드릴 ∅3.8 → ∅5 깊이5
- 리머 ∅4H7
- 카운터싱크 및 디버링공구

부품③

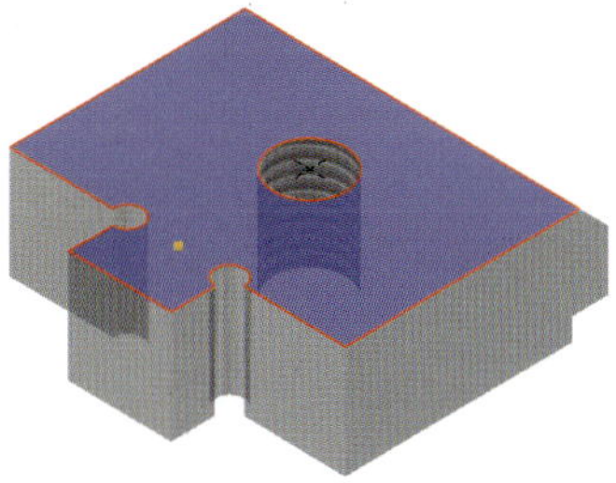

[가공순서]
- 드릴 ∅4 → ∅6.6 → ∅10.4
- 탭 M12
- 카운터싱크 및 디버링공구

3) 부품 조립하기

전체적인 구조를 이해하고 조립되는 순서와 방법을 결정한다. 부품조립은 좌우방향과 상하방향이 바뀌지 않도록 주의하며 부품의 위치정도 및 평행도를 확인하여 가공 상태 그대로 조립되도록 한다. 볼트 체결은 하나씩 대각선으로 느슨하게 조인 후 위치가 맞으면 강하게 조인다.

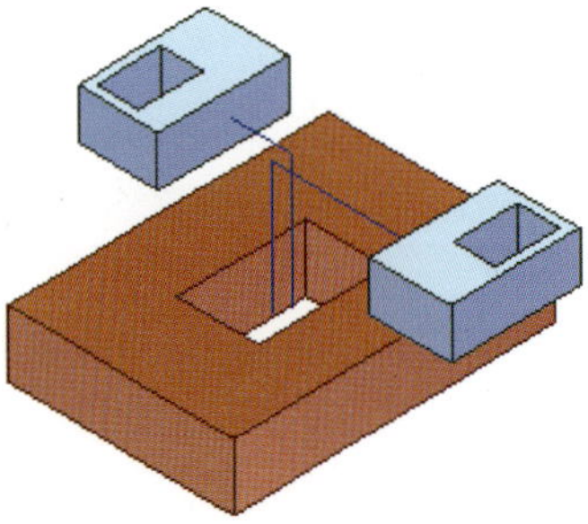

조립 좌우/상하 방향 확인

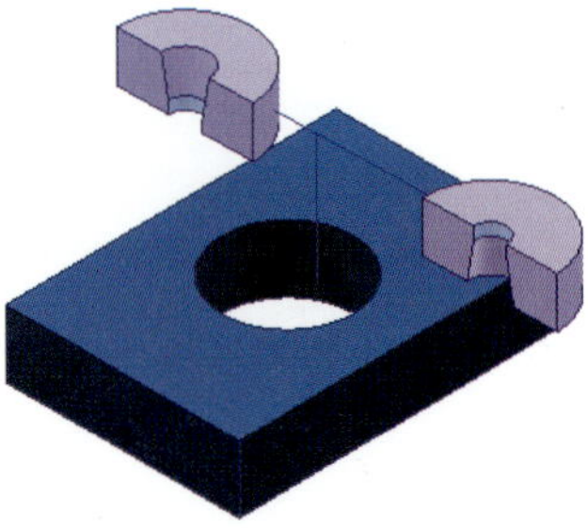

조립 상하방향 확인

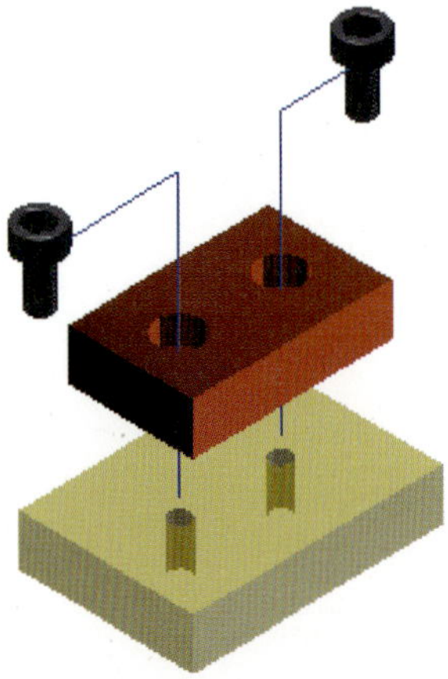

조립 위치정도 확인

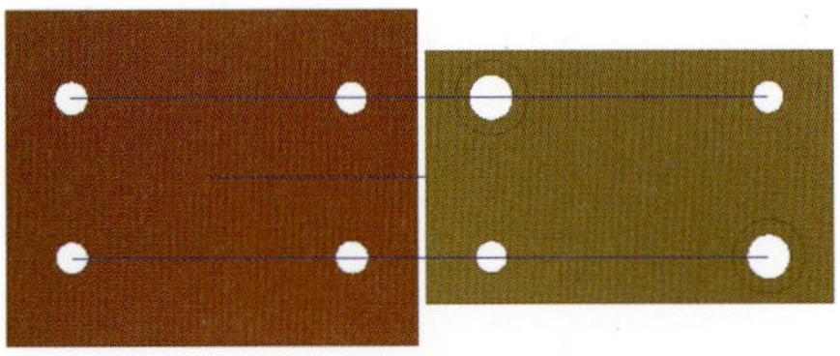

조립 평행도 확인

조립 시 확인 사항

단원보충과제 - 나사탁상바이스 B형

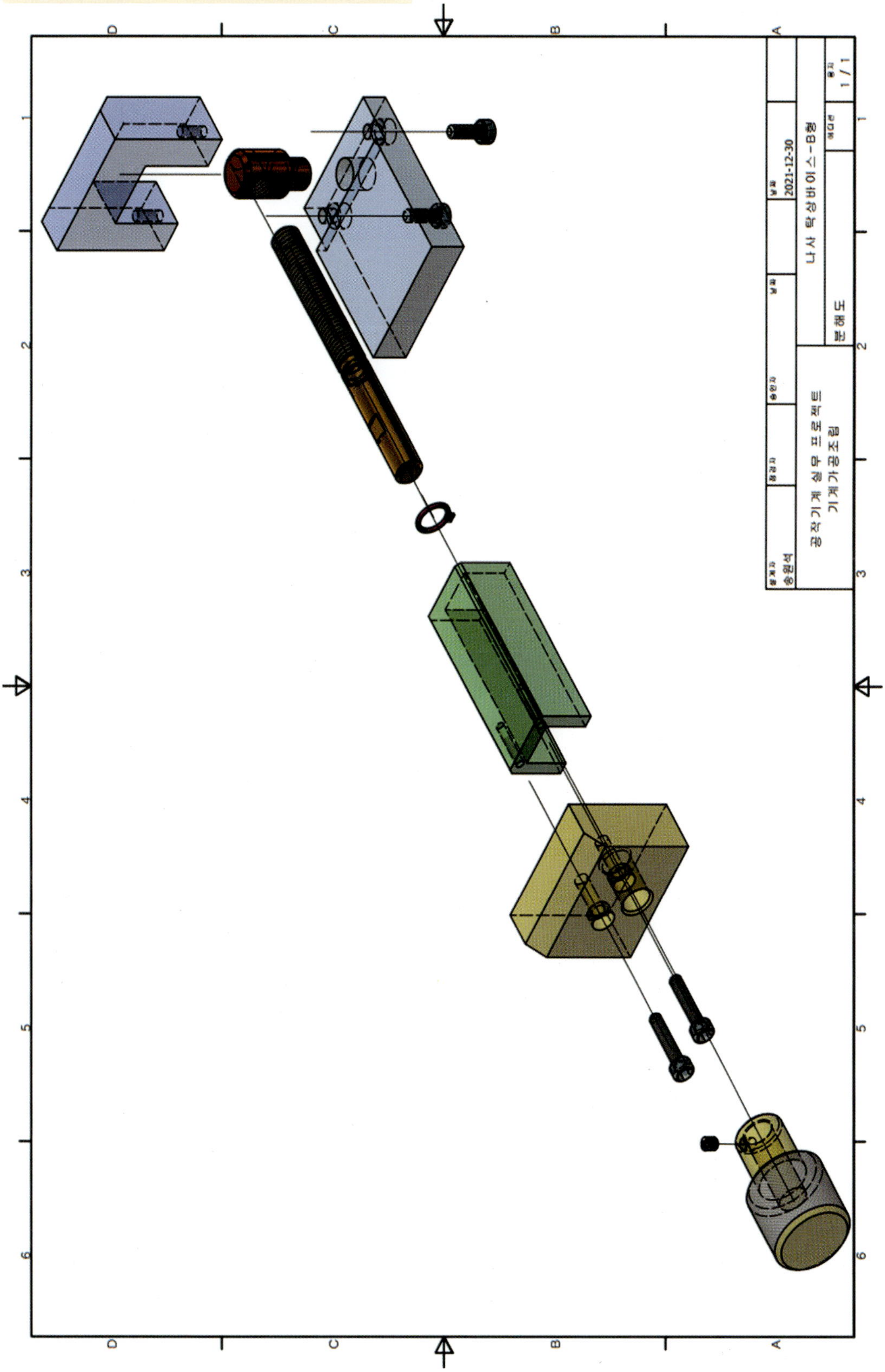

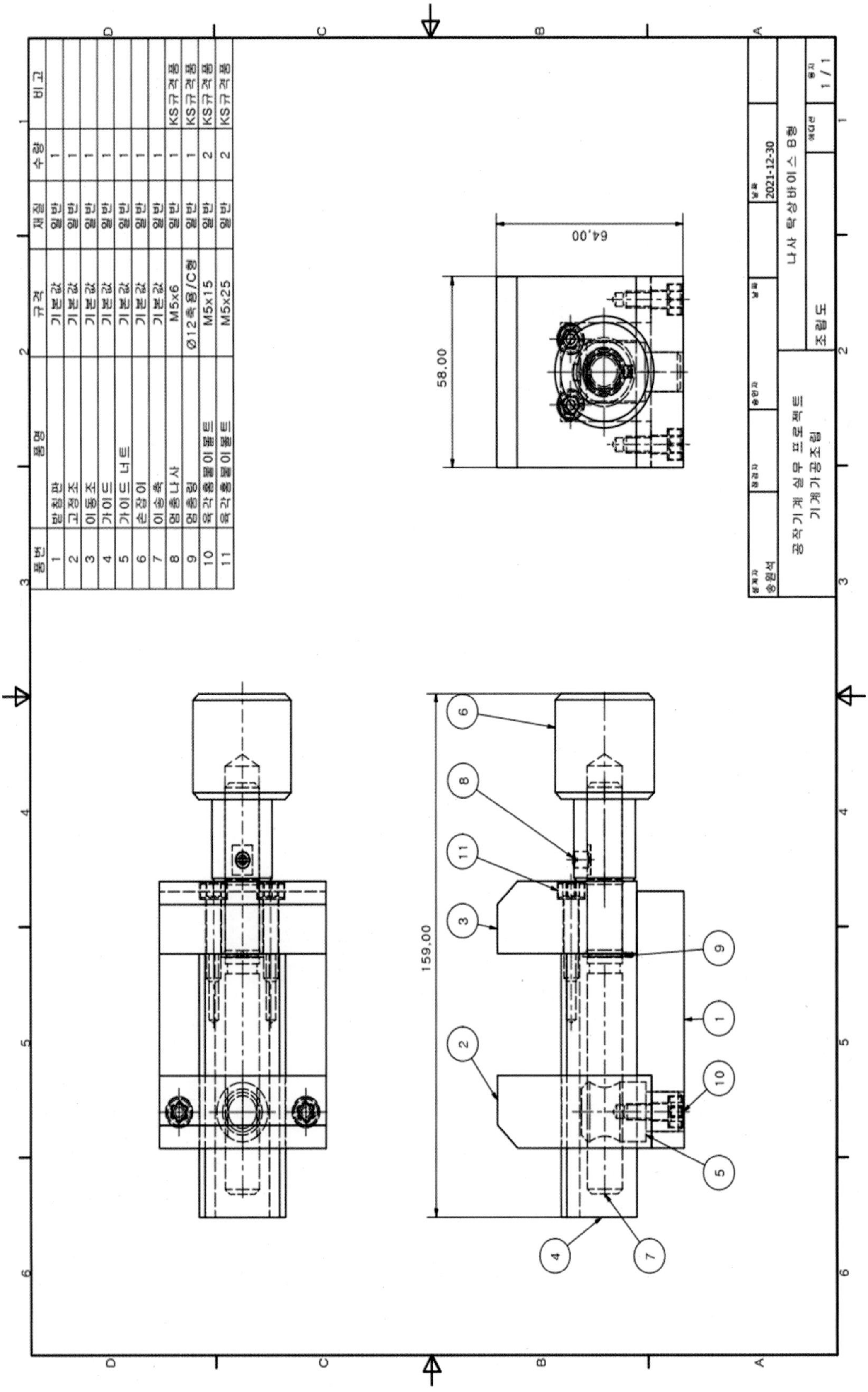

품번	품명	규격	재질	수량	비고
1	받침판	기본값	일반	1	
2	고정조	기본값	일반	1	
3	이동조	기본값	일반	1	
4	가이드	기본값	일반	1	
5	가이드 너트	기본값	일반	1	
6	손잡이	기본값	일반	1	
7	이송축	기본값	일반	1	
8	멈춤나사	M5x6	일반	1	KS규격품
9	멈춤링	Ø12축용/C형	일반	1	KS규격품
10	육각홈붙이볼트	M5x15	일반	2	KS규격품
11	육각홈붙이볼트	M5x25	일반	2	KS규격품

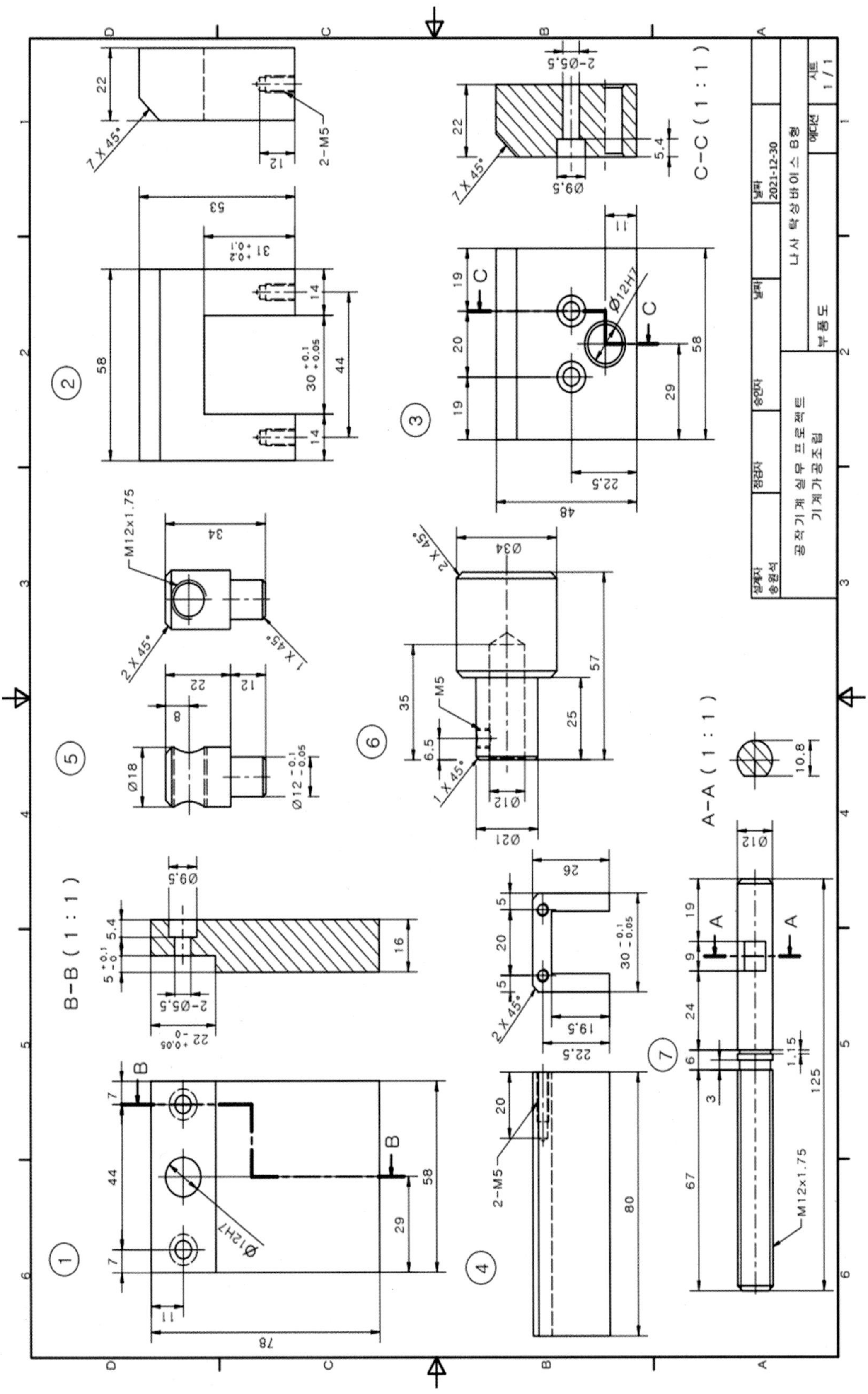
C-C (1 : 1)
B-B (1 : 1)
A-A (1 : 1)
나사 탁상 바이스 B형
부품도
공작기계 실무 프로젝트
기계가공조립
2021-12-30
송원석
1 / 1

CHAPTER 03 기계가공조립 / 단원평가 문제

다음 도면의 부품③, ④를 보고 물음에 답하시오.

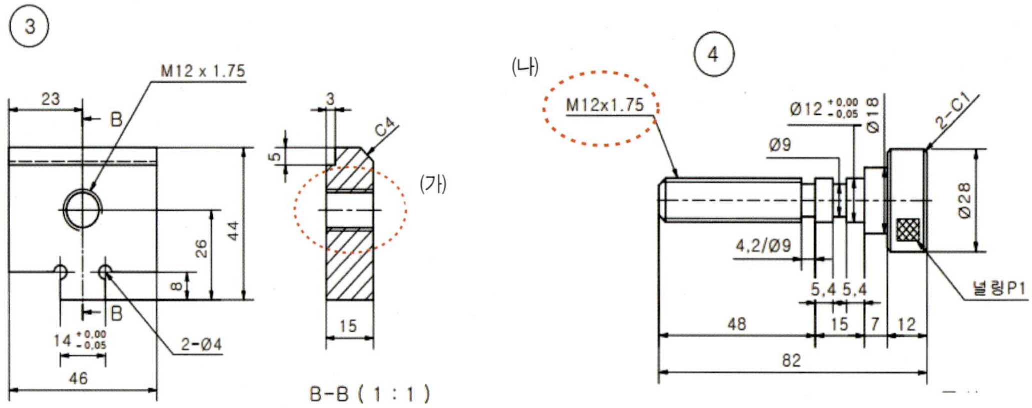

01 위 도면을 가공하기 위한 절삭공구가 아닌 것은?

① 바이트
② 정면커터
③ 엔드밀
④ 드릴
⑤ 손톱

02 위 도면에서 (가)를 가공할 때 작업순서로 옳은 것은?

① 도면치수확인→금긋기→센터펀치→드릴→카운터보어
② 금긋기→센터펀치→드릴→카운터보어→카운터싱크
③ 도면치수확인→금긋기→센터펀치→드릴→탭
④ 금긋기→센터펀치→드릴→리머→카운터싱크
⑤ 도면치수확인→금긋기→센터펀치→드릴

03 위 도면의 부품③을 가공할 때 필요한 공구를 〈보기〉에서 모두 고른 것은?

〈보기〉

ㄱ. 탭	ㄴ. 드릴	ㄷ. 다이스
ㄹ. 카운터싱크	ㅁ. 엔드밀	ㅂ. 널링툴

① ㄱ, ㄴ
② ㄴ, ㄷ, ㄹ
③ ㄱ, ㄴ, ㄹ, ㅁ
④ ㄱ, ㄴ, ㄹ, ㅁ, ㅂ
⑤ ㄱ, ㄴ, ㄷ, ㄹ, ㅁ, ㅂ

04 위 도면을 제작할 때 필요한 측정기를 〈보기〉에서 모두 고른 것은?

〈보기〉

ㄱ. 정반	ㄴ. V 블록	ㄷ. 다이얼게이지
ㄹ. 높이게이지	ㅁ. 버니어캘리퍼스	

① ㄱ, ㄴ
② ㄱ, ㄴ, ㄷ
③ ㄱ, ㄹ, ㅁ
④ ㄴ, ㄷ, ㄹ, ㅁ
⑤ ㄱ, ㄴ, ㄷ, ㄹ, ㅁ

05 위 도면에서 (가)를 가공할 때 필요한 드릴의 지름(㎜)은?

① 8.0
② 8.5
③ 9.0
④ 10.4
⑤ 12.0

06 위 도면에서 (나)의 모양으로 가공하는 절삭공구는?

① 탭
② 리머
③ 다이스
④ 카운터싱크
⑤ 카운터보어

07 위 도면의 M12 x 1.25 치수에 대한 설명으로 적절하지 않은 것은?

① 미터나사이다.
② 피치는 1.25mm이다.
③ 호칭지름은 12mm이다.
④ 유효지름은 10.75mm이다.
⑤ 나사산의 각도는 60°이다.

CHAPTER 04 복합가공조립

학습 목표

1) 치공구의 개념을 알고 설계할 수 있다.
2) 도면을 이해하고 정밀하게 가공할 수 있다.
3) 정밀하게 가공하여 원하는 동작으로 제작할 수 있다.

치공구를 설계하고 그 도면을 제작도면으로 실제로 공작기계를 이용하여 제작해보는 실습으로 선반, 밀링과 드릴 등의 기능향상과 품질분석능력을 향상시킨다.

주제 : 수평 공압프레스 A형 제작

1) 소요시간 : 20 시간

2) 도면

수평공압프레스 A형

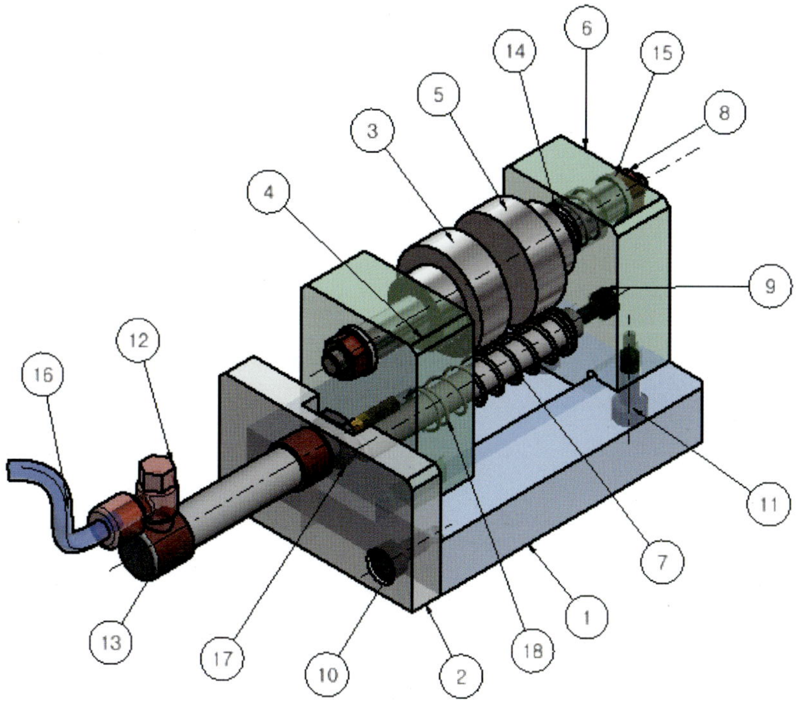

3) 보고서 내용

[표 - 1] 프로젝트 담당업무 및 참여 동기

[표 - 2] 도면(부품도) 검토 및 분석

[표 - 3] 소요 가공재료 및 KS규격품

[표 - 4] 기계 및 공구, 측정기

[표 - 5] 부품 가공 시 안전 및 유의사항 조사

[표 - 6] 조립품 및 부품 측정

[표 - 7] 4way 품질 분석

[표 - 8] 부품 가공 순서

프레스 이야기

재료에 힘을 가해서 소성 변형시켜 굽힘 · 전단 · 단면수축 등의 가공을 하는 기계이다. 프레스 가공을 간단히 프레스라고도 한다.

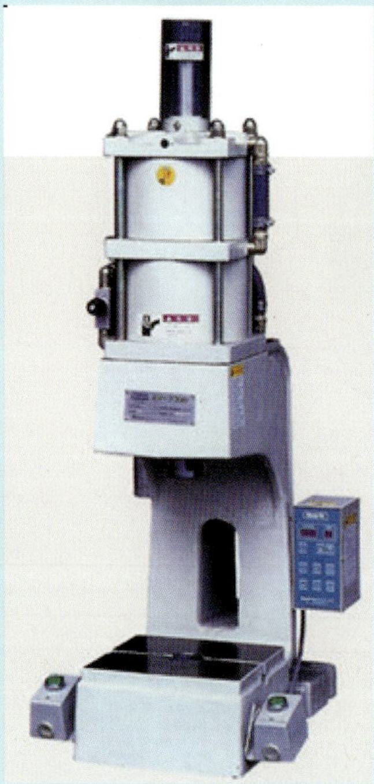

공압 프레스

주로 금속판에 압축력을 가하여 소성 변형시켜 여러 모양을 만들어내는 금가공이 프레스 가공의 대표적인 예이다. 시계 · 카메라의 정밀부품에서부터 자동차의 차체에 이르기까지 광범하게 이용된다. 재료로서 강판 · 동판(銅板) · 황동판 · 알루미늄판은 물론 플라스틱 · 섬유 등도 쓰인다. 특별히 가열하지 않고 가공할 수 있고, 짧은 시간에 정확한 치수 · 모양으로 가공할 수 있으며, 교환성이 있고 대량생산에 적합하다.

프레스 가공의 종류에는 커터(cutter)로 소정의 모양으로 절단하는 절단가공, 다이(die)와 펀치(punch)로 필요한 모양을 따내는 따내기 가공, 재료를 필요한 모양으로 구부리는 굽힘 가공, 원통 · 각통 등과 같은 바닥이 있고 이음매가 없는 용기를 만드는 드로잉 가공 등이 있다.

프레스 기계의 종류는 압축력을 발생시키는 구조에 따라 기계식 프레스와 유압식 프레스로 구별된다. 기계식 프레스는 전동기의 동력을 기어 · 크랭크 등의 기구로 압축력을 발생시켜 가공작업을 하는 것이며, 그 중에서 많이 사용되는 것은 크랭크 프레스이다. 이 프레스는 전동기로 큰 플라이휠을 회전시켜 회전 에너지의 일부를 이용해서 가공작업을 한다. 이 밖에 마찰 프레스 · 토글 프레스 등 많은 종류가 있다. 액압(液壓) 프레스는 유압을 이용해서 압축동작을 하는 것이다. 이 밖에도 수압식 · 유압식 · 기압식(氣壓式)이 있다.

출처 : http://terms.naver.com/

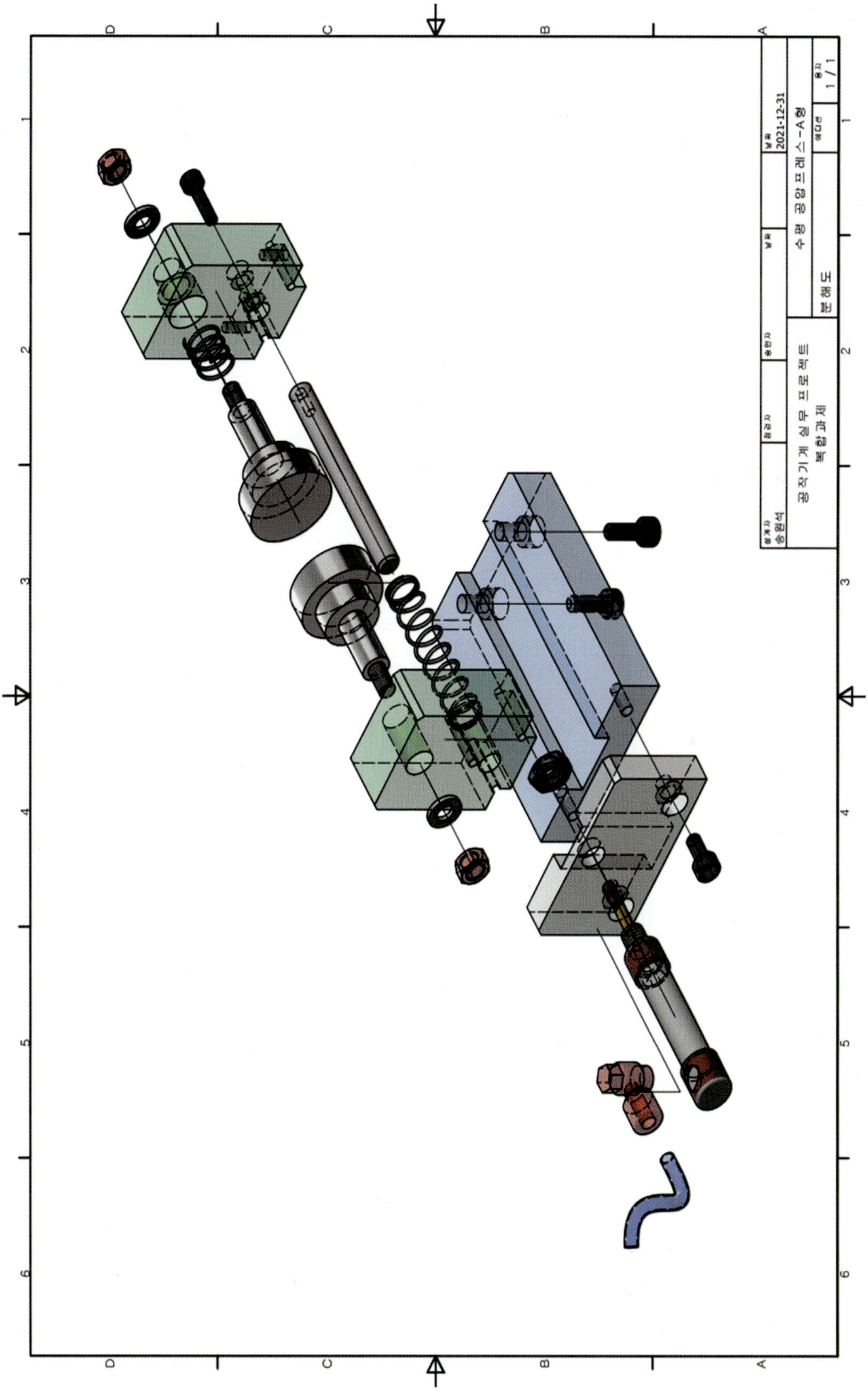
설계자 송원석
공작기계 실무 프로젝트
복합과제
수평 공압프레스-A형
2021-12-31
분해도
1 / 1

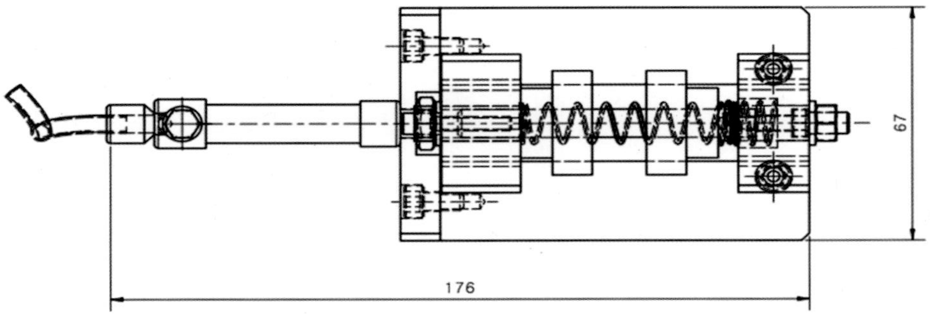

품번	품명	재질	규격	수량	비고
1	프레임	SM20C	기본값	1	
2	안내판	SM20C	기본값	1	
3	볼스터	SM20C	기본값	1	
4	램	SM20C	기본값	1	
5	슬라이드	SM20C	기본값	1	
6	지지대	SM20C	기본값	1	
7	가이드	SM20C	기본값	1	
8	육각너트	일반	M6	2	KS규격품
9	육각홈붙이볼트	일반	M4x15	1	KS규격품
10	육각홈붙이볼트	일반	M5x10	2	KS규격품
11	육각홈붙이볼트	일반	M5x15	2	KS규격품
12	고압미세조절밸브	일반	B10-S15/Ø4	1	KS규격품
13	단동공압실린더	일반	B10-S15	1	KS규격품
14	압축코일스프링	Steel	Ø12/Ø1.0-30	1	KS규격품
15	평와셔	일반	M6	2	KS규격품
16	고압호스	우레탄	Ø4-30	1	KS규격품
17	육각너트	일반	M8	1	실린더 부품
18	압축코일스프링1	Steel	Ø12/Ø1.0-90	1	KS규격품

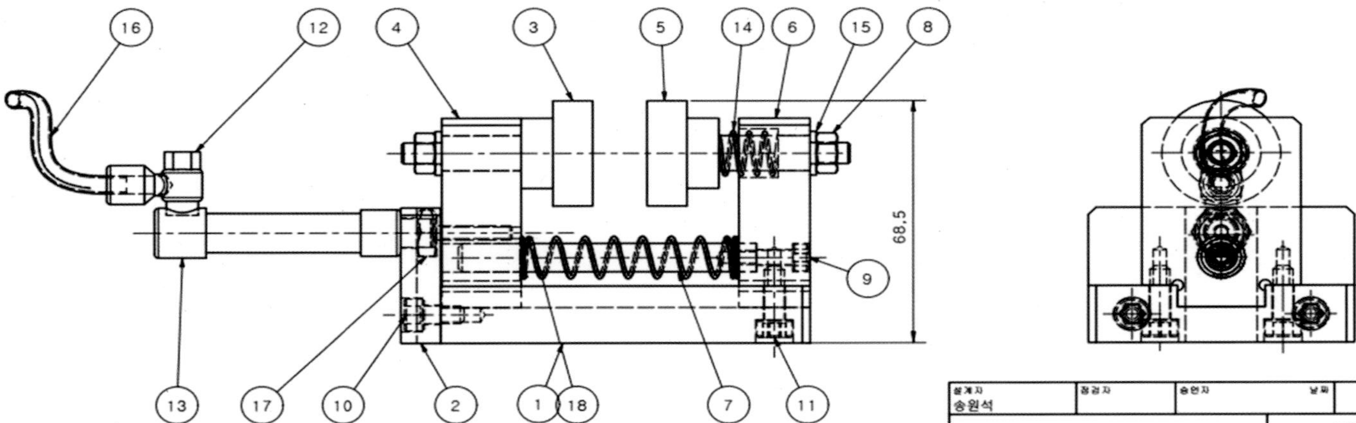

설계자	검사자	승인자	날짜		날짜
송원석					2021-12-31

공작기계 실무 프로젝트 복합과제	수평 공압프레스_A형
	조립도 / 에디션 / 용지 1 / 1

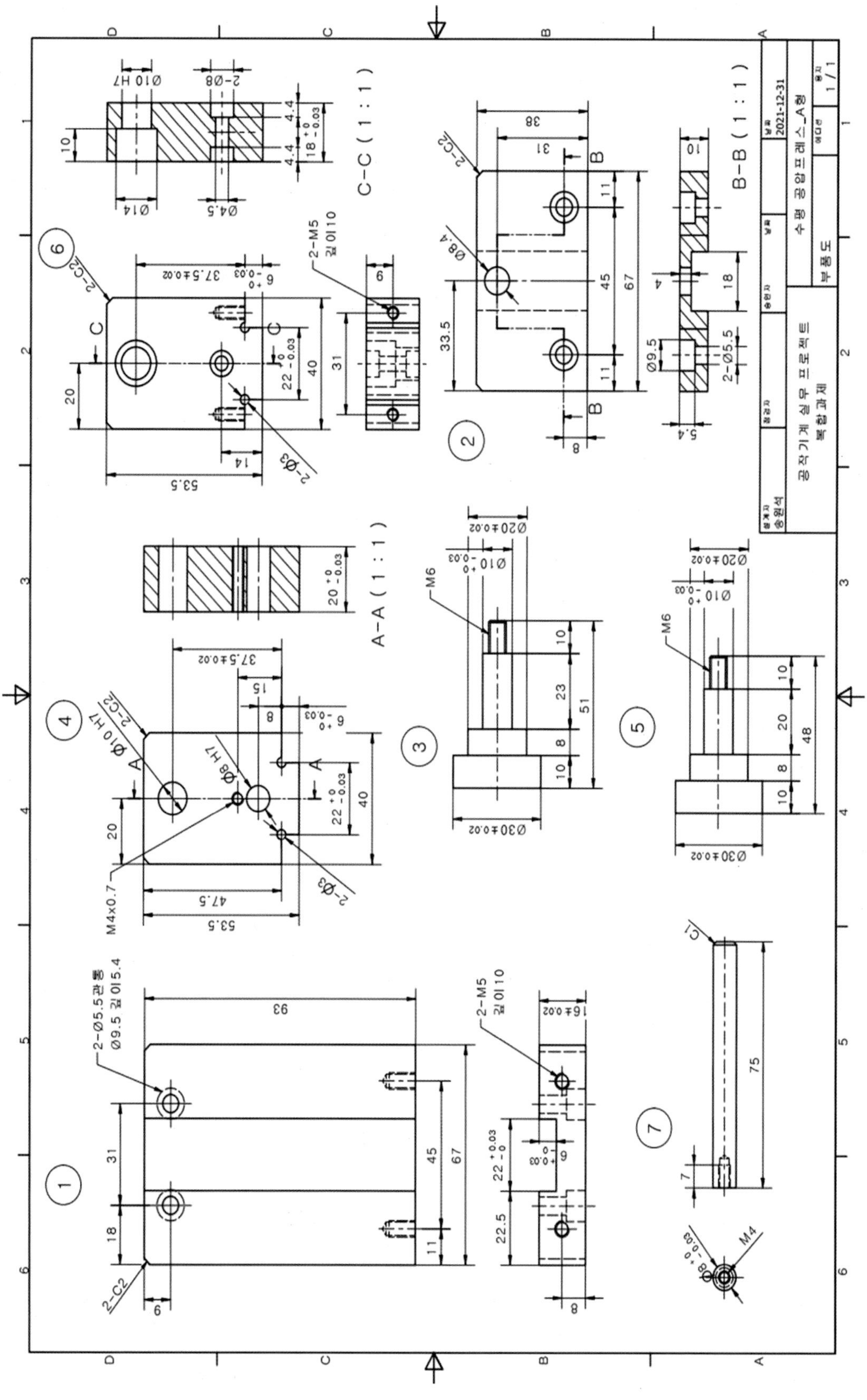
C-C (1 : 1)
A-A (1 : 1)
B-B (1 : 1)
송원석
2021-12-31
공작기계 실무 프로젝트
복합과제
수평 공압프레스_A형
부품도
1 / 1

A ::: 수행계획서 작성

수행계획서는 작품제작과정에 필요한 것들을 단계별로 작성한다. 조립도 및 부품도면 작성, 소요재료 목록 작성, 사용기계 및 공구 목록 작성, 측정기, 부품 가공 공정 작성, 가공부품 채점, 완성품 품질분석 등을 작성한다.**(연구 및 발명 프로젝트는 반드시 작품 제작 전에 계획서를 작성한다.)**

B ::: 도면 작성 및 도면분석

제시한 과제 분해도와 조립도, 부품도를 참고로 스케치하면서 과제의 특징을 파악하여 제작과정상 주의 할 점을 조사한다.

1. 부품 스케치하기

아래와 같이 도면의 각 부품을 프리핸드로 스케치하며 제품의 형상을 이해한다. 스케치도는 산업현장에서 기계부품 등의 현물을 측정하여 제도기 없이 프리핸드로 그리며 설계 또는 제작도를 작성하기 위해서 행해진다.

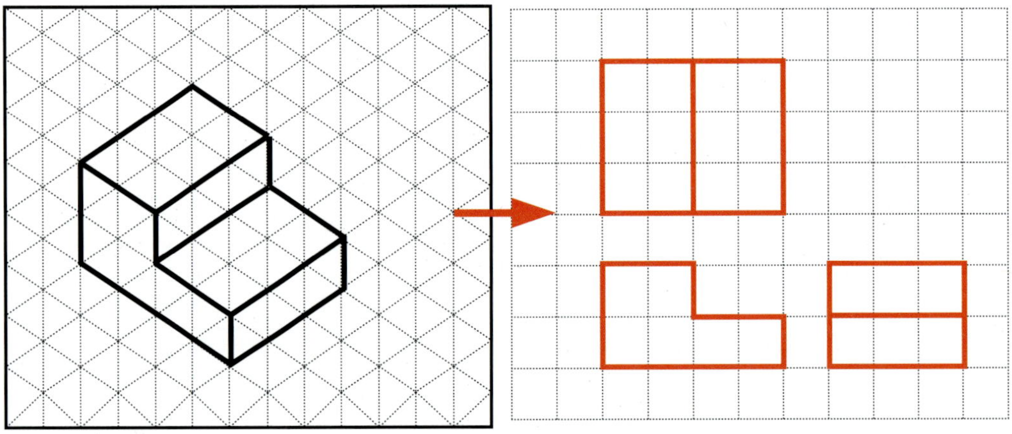

[그림 20] 부품 및 등각투상도 예

- 스케치도 그리기(A4용지, 척도:NS, 3각법으로 3면도 작성_정면도, 평면도, 측면도)
- 스케치도 작성 용지[부록]

2. 도면검토 및 분석하기

도면을 분석하여 설계자의 요구사항은 무엇인지를 확인한 후 설계목적, 운동, 마모, 부품 연결, 부품역할, 주유, 끼워 맞춤, 열처리, 도장, 가공, 고정, 조립, 사용한 재질의 절삭성 및 절삭유제의 사용여부 등을 분석한다.

- 제품의 요구 기능(운동)은?
- 정밀치수(일반치수 제외)는 몇 개소인가?
- 끼워 맞춤이나 기하공차 등 중요치수는?
- KS 규격품과 소재의 재질은?
- 표면의 거칠기와 마무리 가공방법은?
- 특수공구 또는 치공구는 필요하지 않은가?
- 제작에 필요한 측정기는?
- 보유한 공작기계 및 공구로 가공이 가능한가?

C ::: 부품 가공 준비

도면 내용을 분석 후 부품 가공에 필요한 공작기계, 절삭공구, 측정기 현황을 조사하여 필요 품목을 선정하고 소요재료를 구입한다.

1. 부품 가공에 필요한 기계 및 공구 선정하기

KS규격에 따라 품명에는 사용해야 할 공작기계, 절삭 및 비절삭 공구류를 적으며, 규격과 수량을 적는다. 활용내역에는 기계 기구를 사용할 가공 부품번호와 작업내용을 적는다.

2. 부품 가공에 필요한 측정기 선정하기

도면 내용을 분석한 다음 보유한 측정 기구를 조사하고 부품 가공에 필요한 측정 기구를 선정하여 준비한다.

3. 제작에 필요한 재료 선정하기

부품 가공에 필요한 재료 치수를 뽑고 다음 표를 작성하여 구매 신청을 할 수 있도록 준비한다. 규격품은 KS규격에 따라 품명과 재질, 규격, 수량을 적고, 비고란에는 KS규격분류 기호와 번호, 열처리 여부를 기록한다. 단, 재료는 가공이 수월한 연강(SM20C), 황동, 알루미늄 등을 사용해도 되며 규격은 가공여유(+3~5)를 포함한 치수를 적는다.

4. 부품 가공 시 안전 및 유의 사항 조사하기

부품 가공 시에 필요한 유의사항을 조사하고 이를 근거로 실제 가공에 있어 안전사고가 발생하지 않도록 철저히 준비한다.

D ⁝⁝⁝ 부품 가공

치공구는 여러 개의 부품으로 조합되어 있으며, 각 부품들은 상대적인 상관관계를 가지고 있다. 따라서 각각의 부품가공에 정밀도가 요구되며, 밀링 및 선반으로 1차 가공한 후 다듬질로 마무리한다.

1. 부품⑦ 가공

- 지급재료 : ∅8 × 80(연마핀 손톱절단 사용)

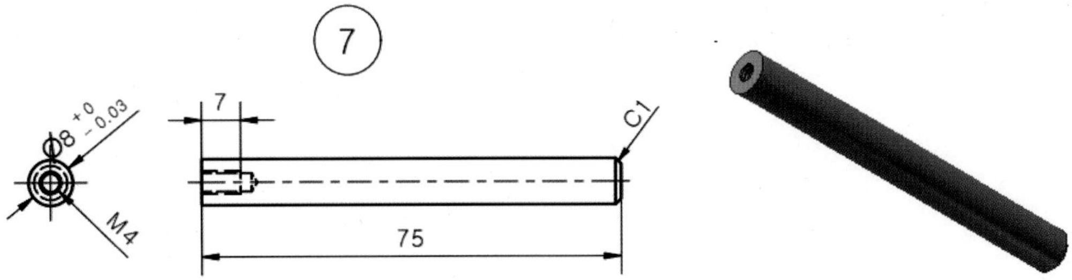

1) 도면 검토 및 수정하기

치수, 끼워 맞춤, 기하공차[9], 표면 거칠기, 제품의 기능, 요구사항 등을 확인한다. 제작상의 문제점이 있으면 수정하고 변경도면을 제작도면으로 사용한다.

---

9) 치수공차로 규제된 제품은 치수가 맞아도 형상에 따라 결합이 안 되는 경우가 있으나, 기하공차로 규제된 제품은 치수가 조금 틀리는 최악의 경우에도 결합이 가능하다. 따라서 기하공차는 제품의 기능 및 결함 부품들 간의 상호 호환성을 규제하는 것으로 고 정밀한 제품에는 필히 적용되고 있다.

2) 부품 가공순서 정하기

부품 가공공정을 결정하는 작업은 제작 시간단축 및 조립상태 확인, 가공불량 등을 줄일 수 있다. 따라서 부품도를 분석하여 각 부품을 어떤 순서로 어떻게 가공할 것인가를 가공 전에 생각하여 가공 순서를 정하고 이를 토대로 실제 가공에 이용 한다.

3) 부품 가공하기

① 선반에서 가공한다.(소재 ∅8 × 80 연마핀)

② 단면가공 → 센터드릴 → 드릴링(∅3.4 깊이 7) → 모따기(C0.1) → 돌려 물려서 → 길이 맞춤 → 모따기(C1)한다.

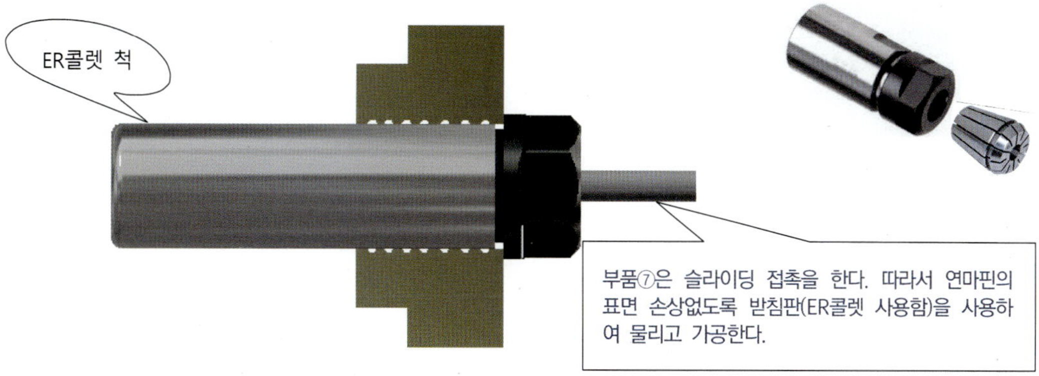

2. 부품③, ⑤ 가공

- 지급재료 : ∅35 × 60

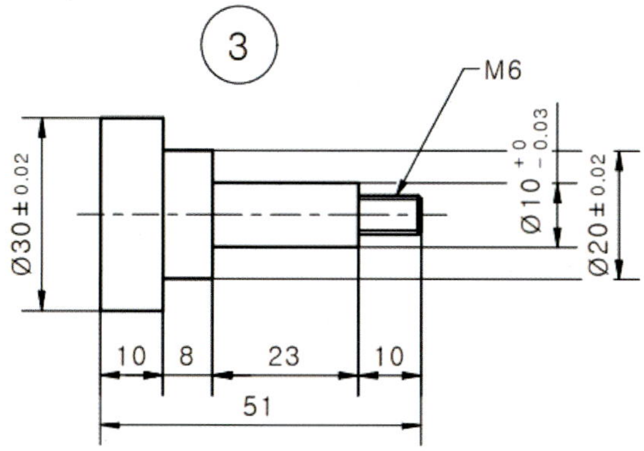

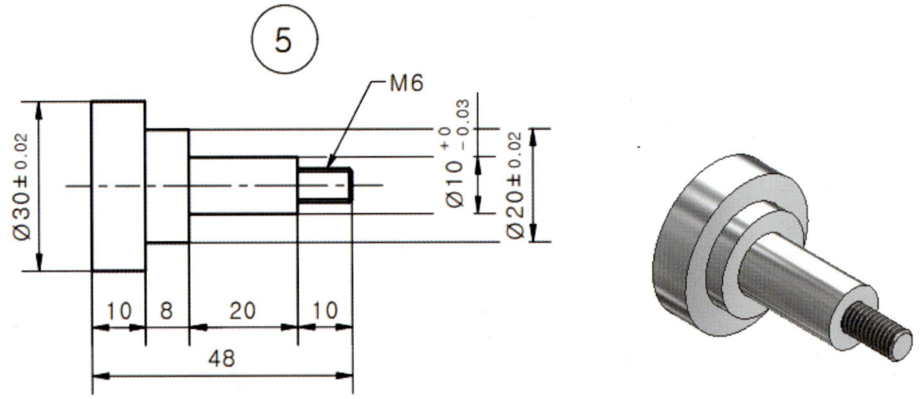

1) 도면 검토 및 수정하기

치수, 끼워 맞춤, 기하공차[10], 표면 거칠기, 제품의 기능, 요구사항 등을 확인한다. 제작상의 문제점이 있으면 수정하고 수정된 도면을 제작도면으로 사용한다.

2) 부품 가공순서 정하기

부품 가공공정을 결정하는 작업은 제작 시간단축 및 조립상태 확인, 가공불량 등을 줄일 수 있다. 따라서 부품도를 분석하여 각 부품을 어떤 순서로 어떻게 가공할 것인가를 가공 전에 생각하여 가공 순서를 정하고 이를 토대로 실제 가공에 이용 한다.

3) 부품 가공하기

① 선반에서 돌려 물림 가공한다.(소재 ∅35 × 60)

② 전체길이 가공할 부분을 남기고 물려서→∅30/10→∅20/8→∅10/23→∅6/10순으로 가공한다.

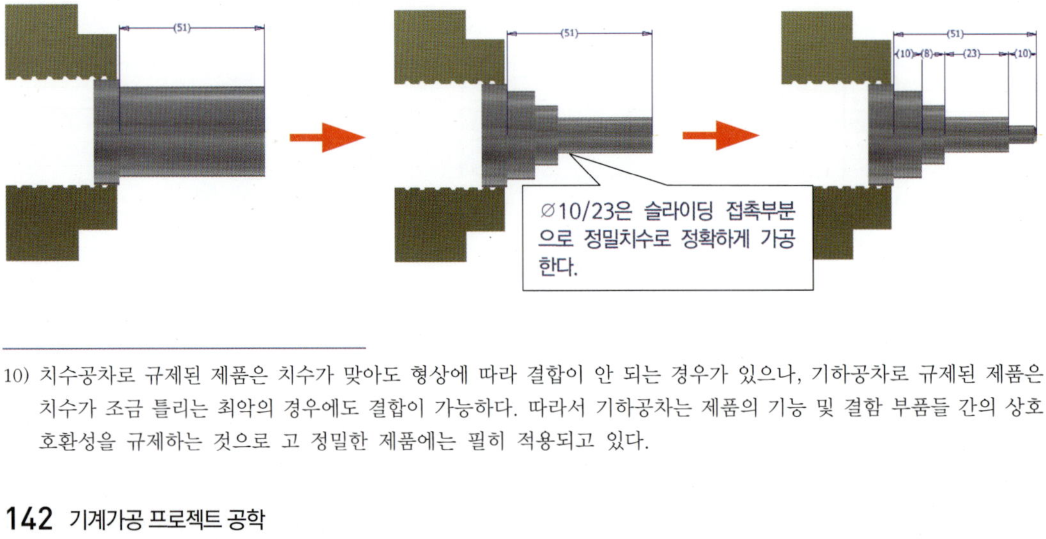

10) 치수공차로 규제된 제품은 치수가 맞아도 형상에 따라 결합이 안 되는 경우가 있으나, 기하공차로 규제된 제품은 치수가 조금 틀리는 최악의 경우에도 결합이 가능하다. 따라서 기하공차는 제품의 기능 및 결함 부품들 간의 상호 호환성을 규제하는 것으로 고 정밀한 제품에는 필히 적용되고 있다.

③ 돌려 물린다. 슬라이딩 접촉부 ∅10/23부분을 보호구(ER콜렛 척)를 사용하여 고정하고 ∅30/10mm으로 가공한다.

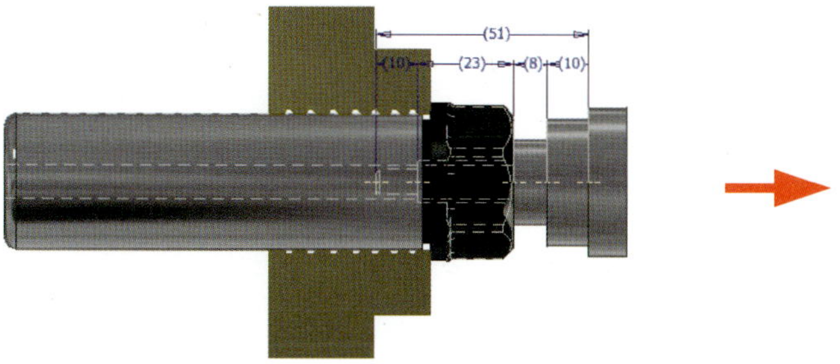

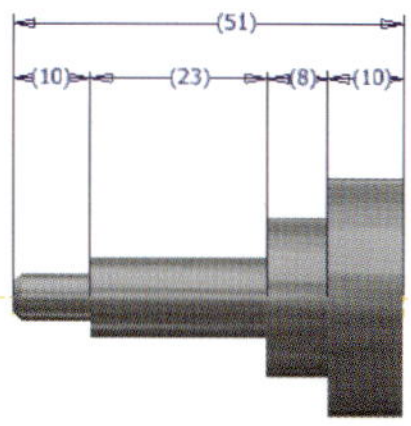

3. 부품④, ⑥ 가공

• 지급재료 : 24 × 50 × 60

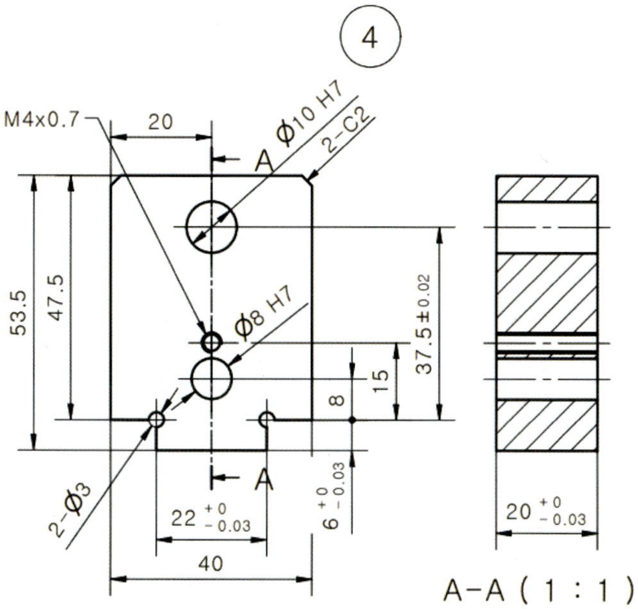

• 지급재료 : 24 × 50 × 60

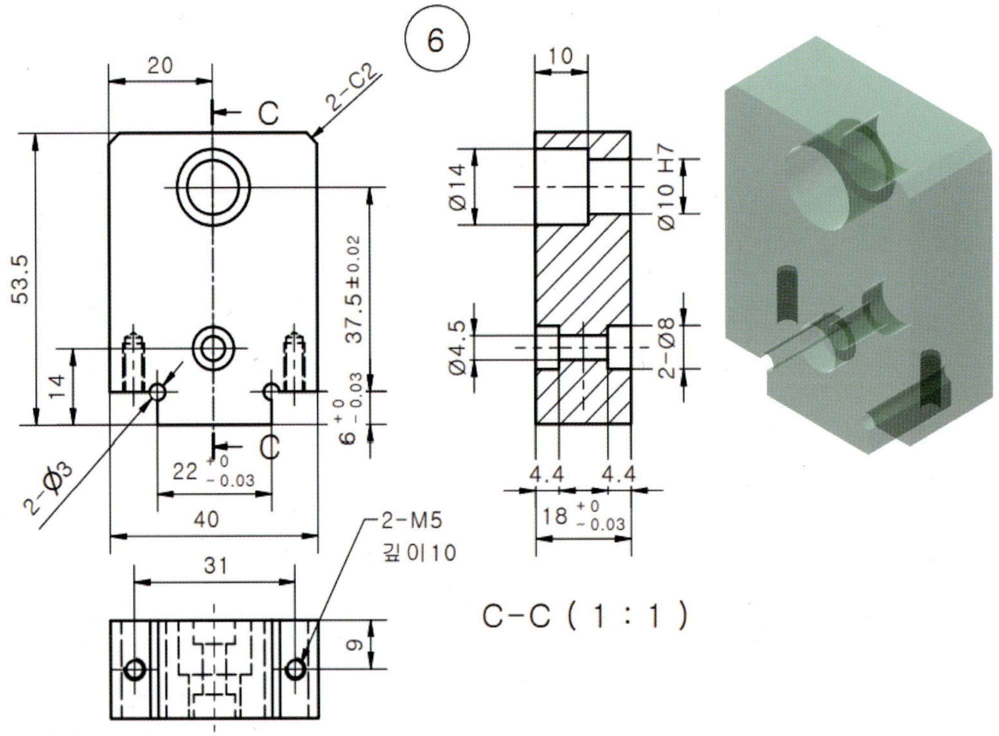

1) 도면 검토 및 수정하기

치수, 끼워 맞춤, 기하공차[11], 표면 거칠기, 제품의 기능, 요구사항 등을 확인한다. 제작상의 문제점이 있으면 수정하고 변경 도면을 제작도면으로 사용한다.

2) 부품 가공순서 정하기

부품 가공공정을 결정하는 작업은 제작 시간단축 및 조립상태 확인, 가공불량 등을 줄일 수 있다. 따라서 부품도를 분석하여 각 부품을 어떤 순서로 어떻게 가공할 것인가를 가공 전에 생각하여 가공 순서를 정하고 이를 토대로 실제 가공에 이용 한다.

11) 치수공차로 규제된 제품은 치수가 맞아도 형상에 따라 결합이 안 되는 경우가 있으나, 기하공차로 규제된 제품은 치수가 조금 틀리는 최악의 경우에도 결합이 가능하다. 따라서 기하공차는 제품의 기능 및 결합 부품들 간의 상호 호환성을 규제하는 것으로 고 정밀한 제품에는 필히 적용되고 있다.

3) 부품 가공하기

① 밀링에서 3직각을 가공한다.(소재 24 × 50 × 60_2개)

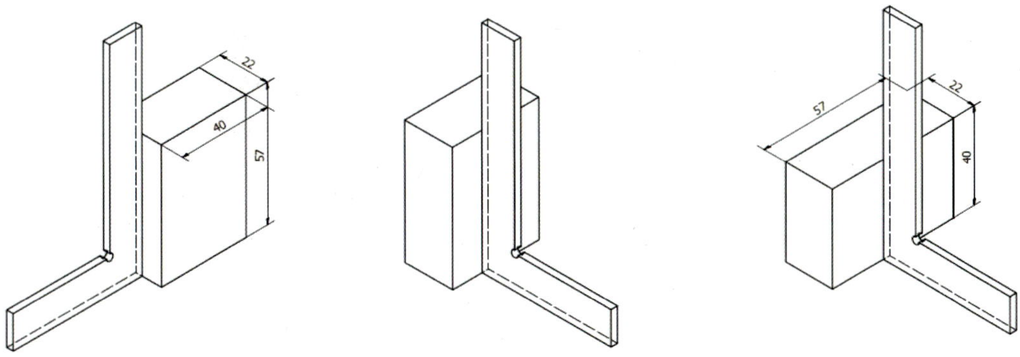

② 엔드밀 작업부분 금긋기 및 가공한다.

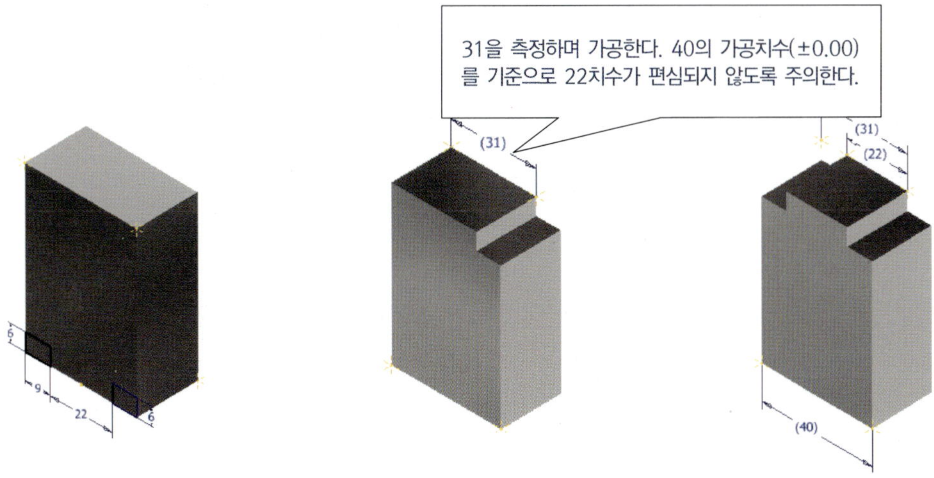

③ 45° V블록을 사용하여 모따기(C2)를 가공한다.

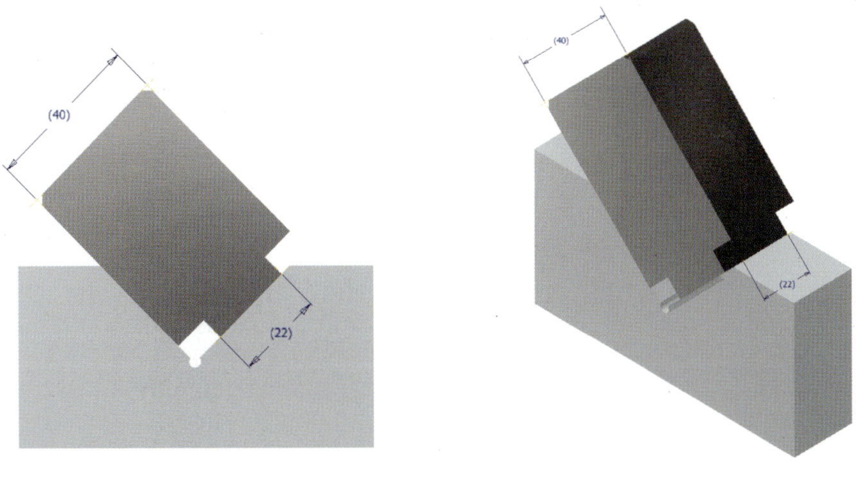

4. 부품②, ① 가공

• 지급재료 : 12 × 44 × 72

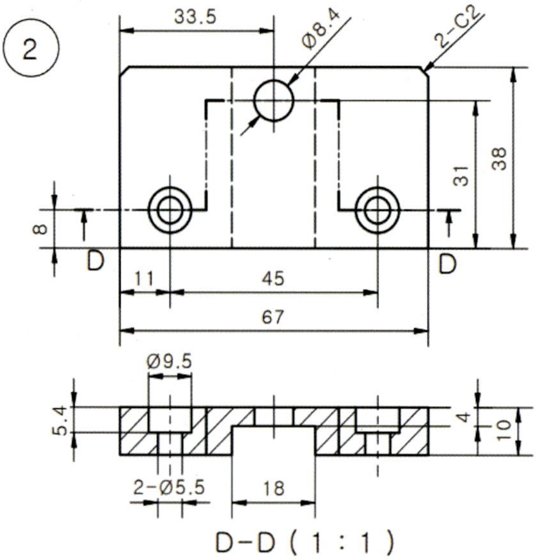

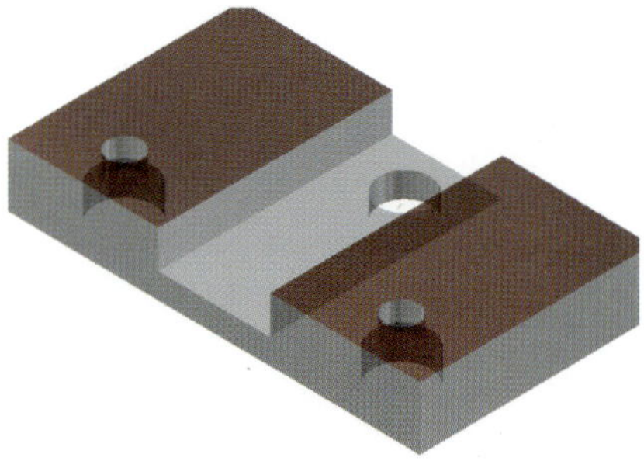

부품④와 동일한 방법으로 가공한다.

• **지급재료 : 18 × 80 × 95**

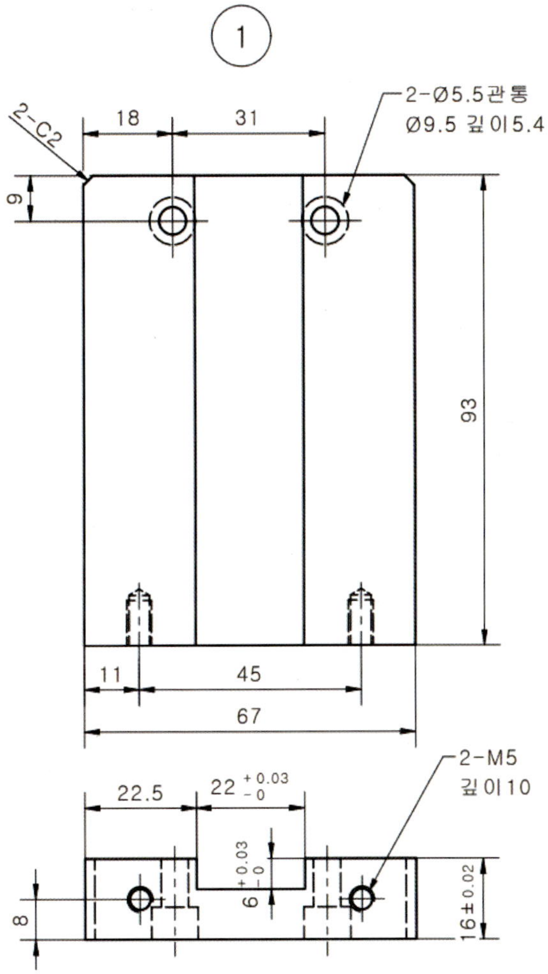

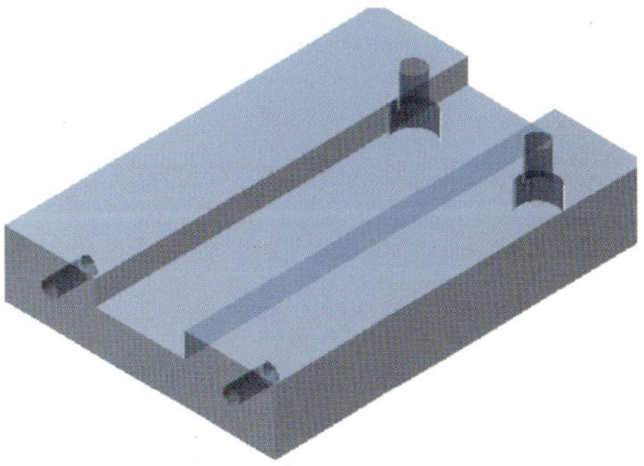

부품④와 동일한 방법으로 가공한다.

홈(22x6)의 엔드밀 가공은 조립부품(부품④, ⑥)을 끼워보면서 가공한다.

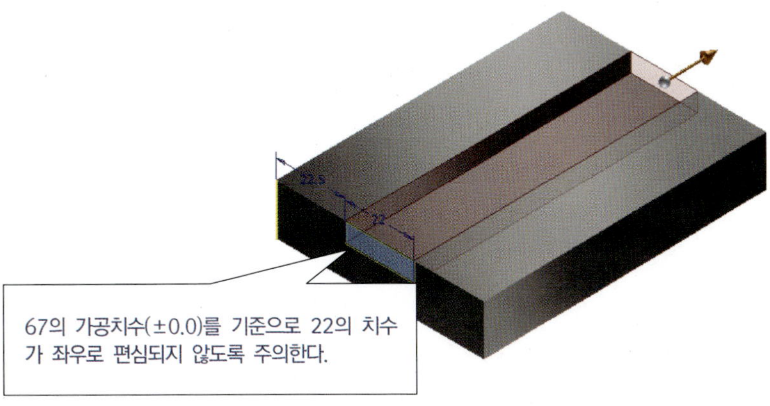

E ::: 조립가공 및 부품조립

제작 과정에서 가장 중요한 것은 마무리 및 조립이다. 그 것은 제품의 기능 요구 조건에 맞게 만들어가는 과정이 마무리 및 조립과정이기 때문이다. 각 부품을 고 정밀도로 기계가공을 할 수는 있지만 요구하는 조립 정밀도로 맞추기는 어렵다. 왜냐하면 기계 및 절석공구의 정밀도외에 가공중의 진동, 먼지, 온도 등에 의해 치수가 커지거나 작아지는 변화가 있기 때문이다.

1. 부품 금긋기

부품의 기준면 및 치수를 확인하여 구멍위치에 하이트게이지로 금 긋기 한다. 조립하기 위한 구멍 위치의 금 긋기는 조립되었을 때의 상태, 즉 가공할 때의 기준면을 정반에 밀착시킨 상태로 금 긋기 한다.

1) 부품④, ⑥의 거리(14)는 가이드로 슬라이딩 조립된다. 특히 조심하며 동시 금긋기 한다.

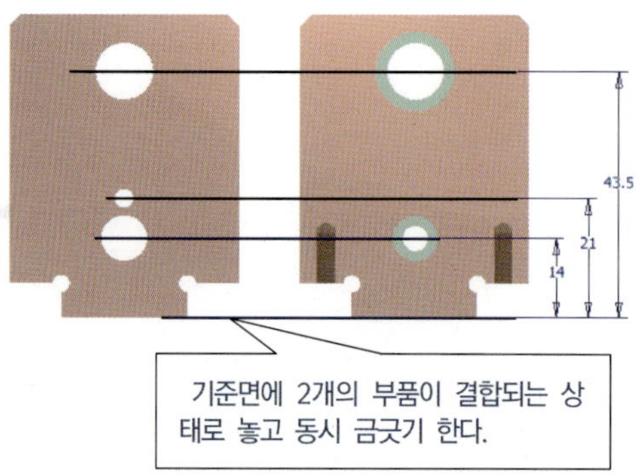

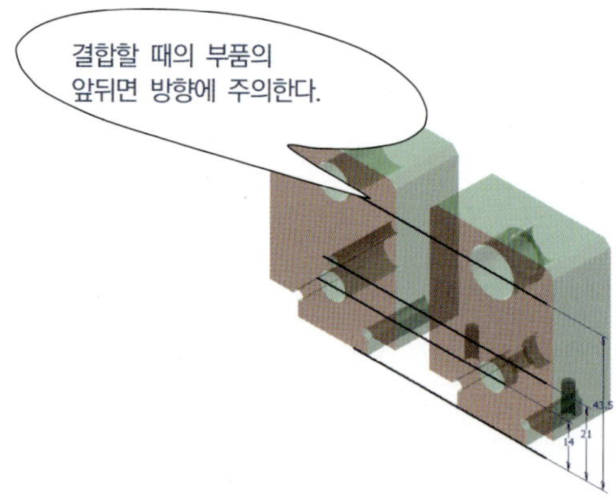

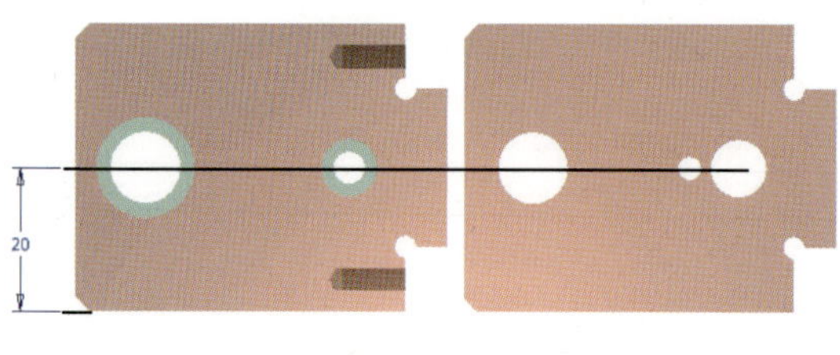

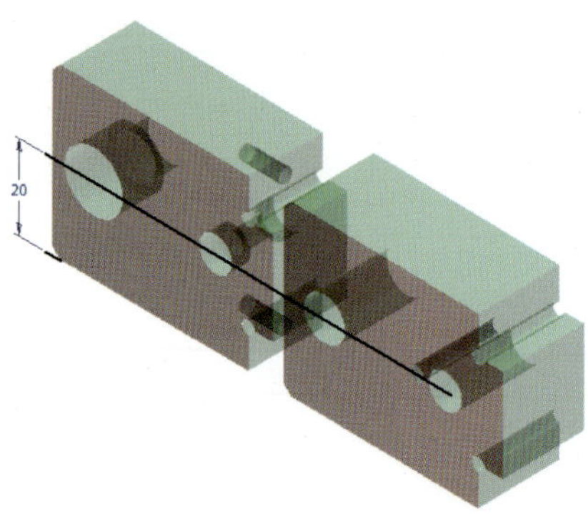

2) 부품②, ① 볼트 체결 구멍을 동시 금긋기 한다.

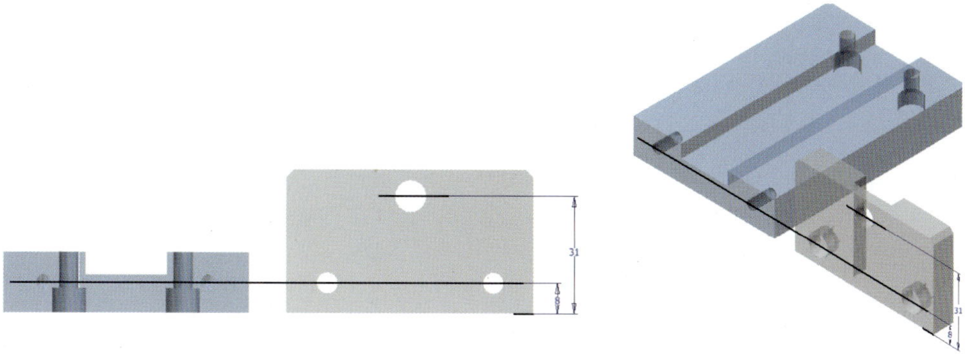

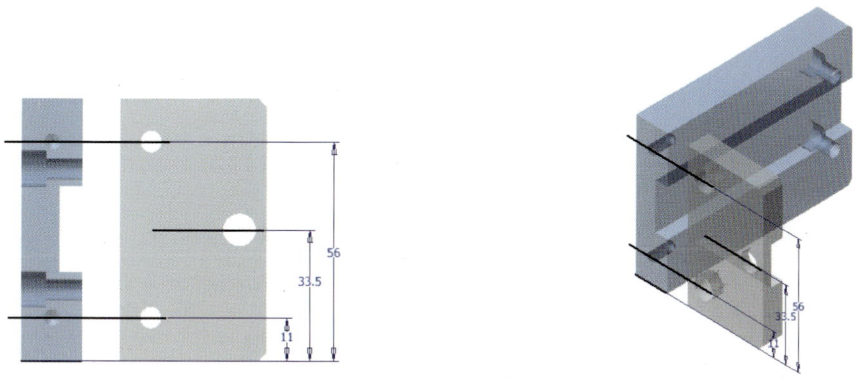

3) 부품①, ⑥ 볼트 체결 구멍을 동시 금긋기 한다.

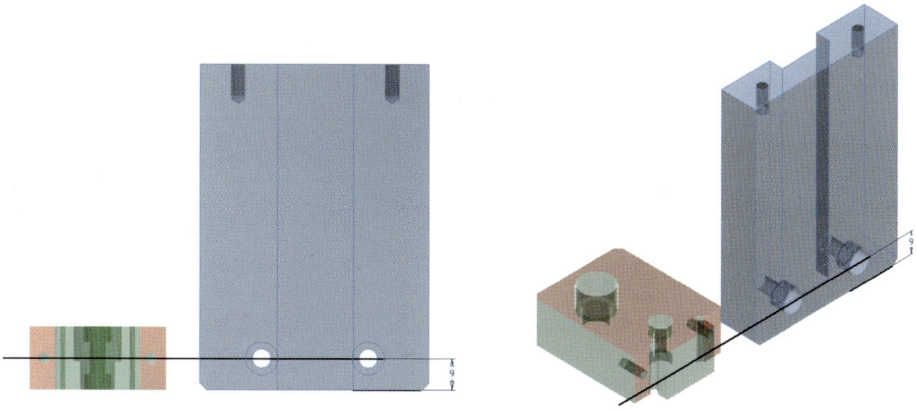

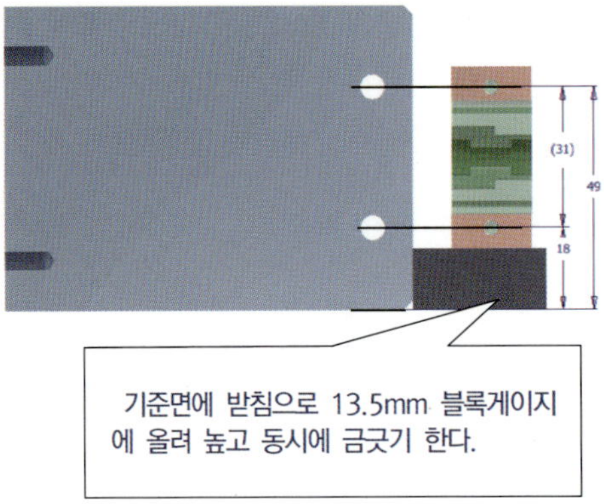

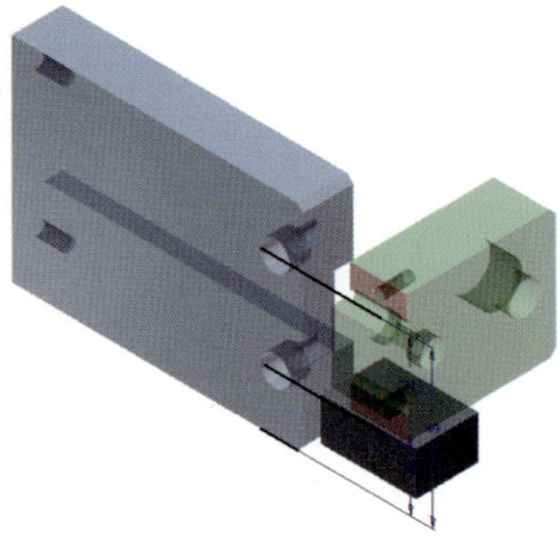

2. 조립 가공하기

하이트게이지로 금긋기 선의 치수를 도면치수와 비교하며 버니어캘리퍼스로 다시 확인한다. 가공순서는 센터펀치 → 기초드릴 → 최종드릴 → 리머 → 카운터보어 → 카운터싱크 → 핸드탭 순서로 작업한다.

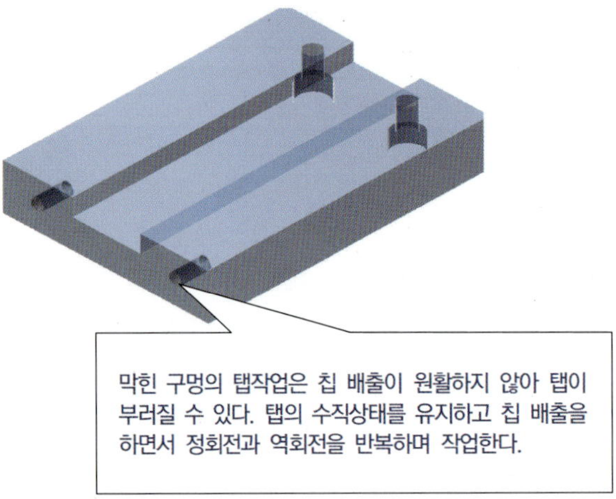

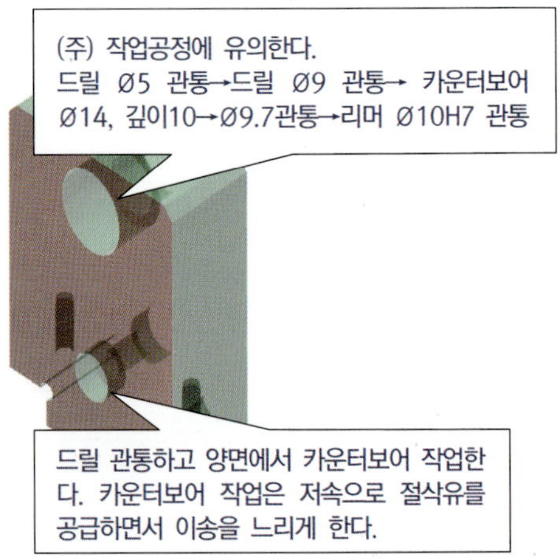

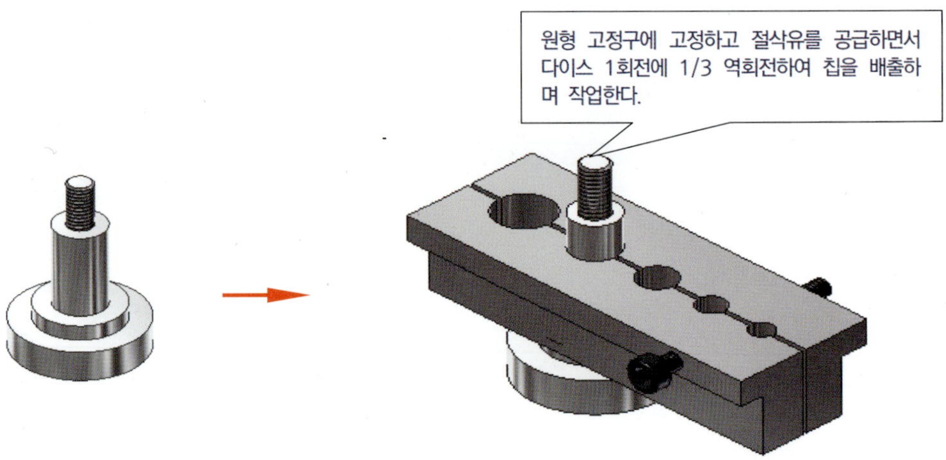

고정구 사용 원기둥 고정방법
(고정구 제작도면 : 부록)

3. 부품 조립하기

제작물의 전체적인 구조를 이해하고 조립되는 순서와 방법을 결정한다. 부품조립은 좌우방향과 상하방향이 바뀌지 않도록 주의하며 부품의 위치정도 및 평행도를 확인하여 가공상태 그대로 조립되도록 한다. 볼트 체결은 하나씩 대각선으로 느슨하게 조인 후 위치가 맞으면 강하게 조인다.

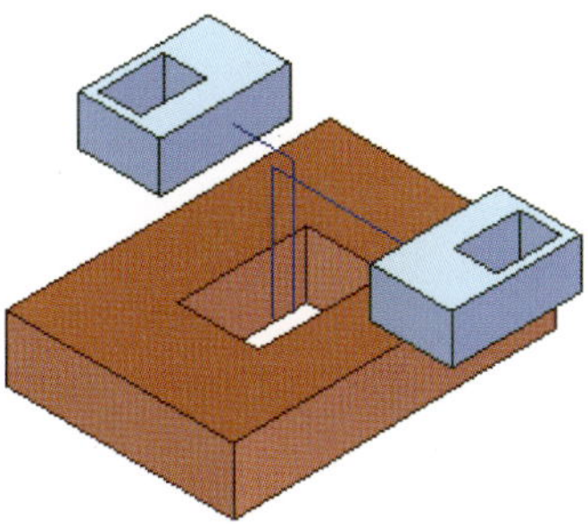

조립 좌우/상하 방향 확인

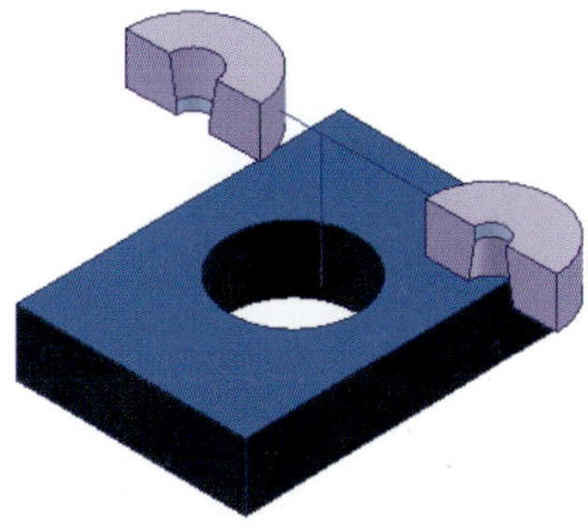

조립 상하방향 확인

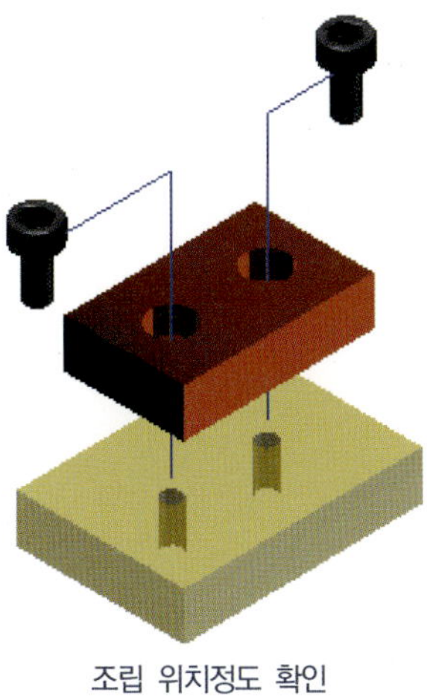

조립 위치정도 확인

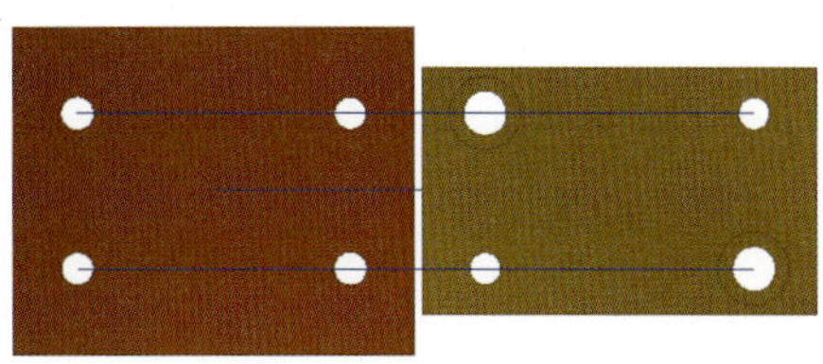

조립 평행도 확인

조립 시 확인 사항

F ⁝⁝⁝ 검사 및 품질 분석

원하는 품질의 제품을 얻기 위해서는 품질관리는 매우 중요하다. 품질관리의 과정에는 기술 부문의 필수적인 성능과 기능을 분명하게 결정하는 기획설계 과정의 품질과 제작 과정에서 현장의 기술 수준에 따라 달라질 수 있으므로 제작과정의 품질이 중요하다.

- 4 WAY 품질분석법

G ⁝⁝⁝ 프로젝트 수행과정 발표

1. 전시 자료 제작

프로젝트 과제 수행 과정을 사진으로 촬영하여 프레젠테이션 및 전시회 자료 제작을 위한 자료를 모아 보관하고 이를 이용하여 관람하는 사람들이 제품에 대하여 한눈에 보고 이해할 수 있도록 전시회 자료를 만들어 제품과 함께 전시회를 한다.

- 주제
- 목적
- 제작기간
- 팀원 및 참여단계
- 수행과정 및 문제해결방법
- 제작 후 느낀 점

2. 프레젠테이션 자료 제작

위 자료를 중심으로 파워포인트로 제작하고 발표는 큰 그림을 먼저 이야기 하도록 하고 차트나 그림(사진)을 많이 활용한 내용으로 하며 가장 좋은 것을 마지막에 보여주면서 간결하면서 감동적인 마무리가 되도록 준비한다.

- 무엇을 전하고 싶은가?
- 어떻게 전하려 하는가?
- 왜 그 방법이 필요한 것인가?
- 어떤 성과를 얻고 싶은가?

단원보충과제 – 수직공압프레스 A형

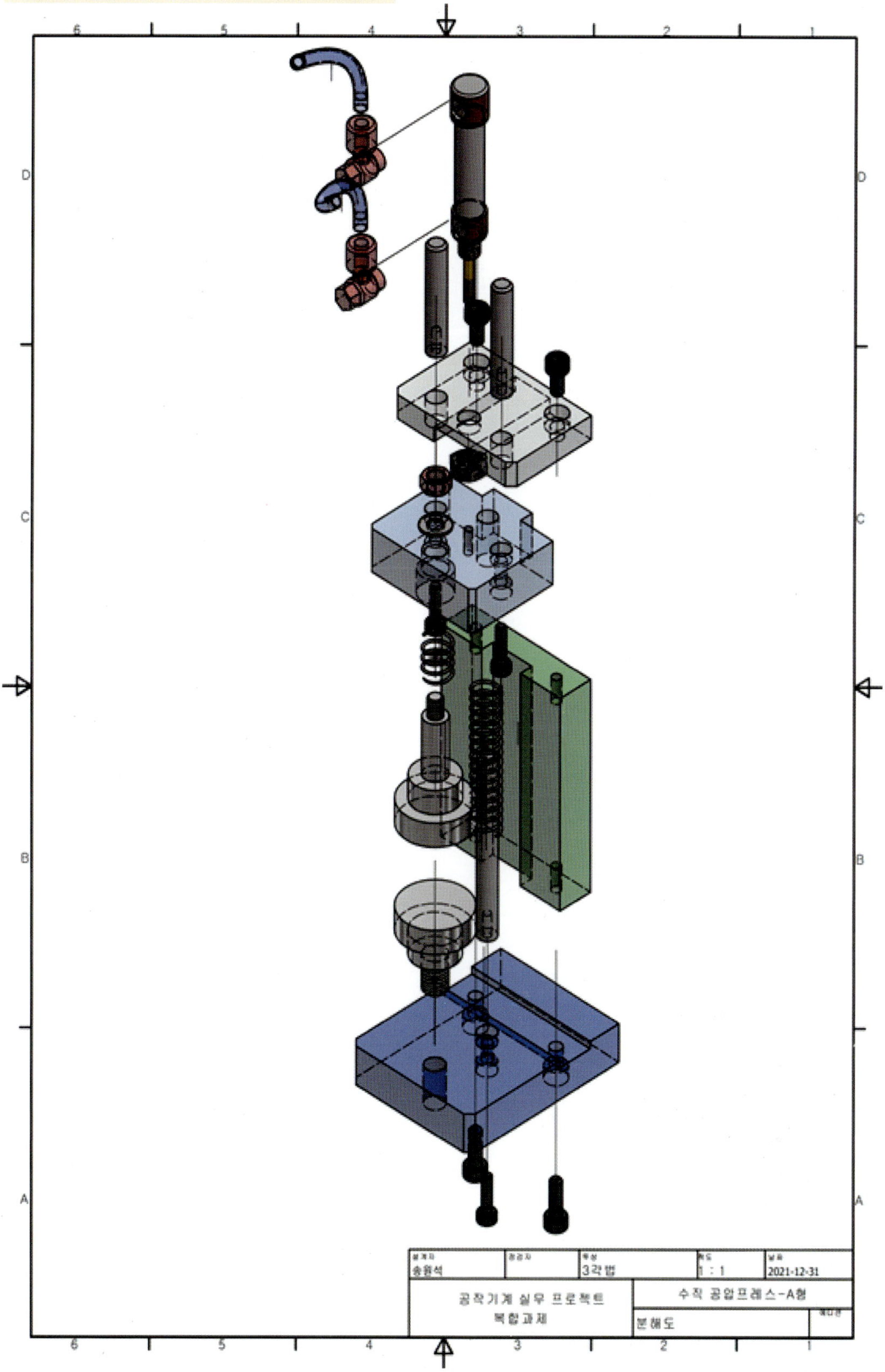

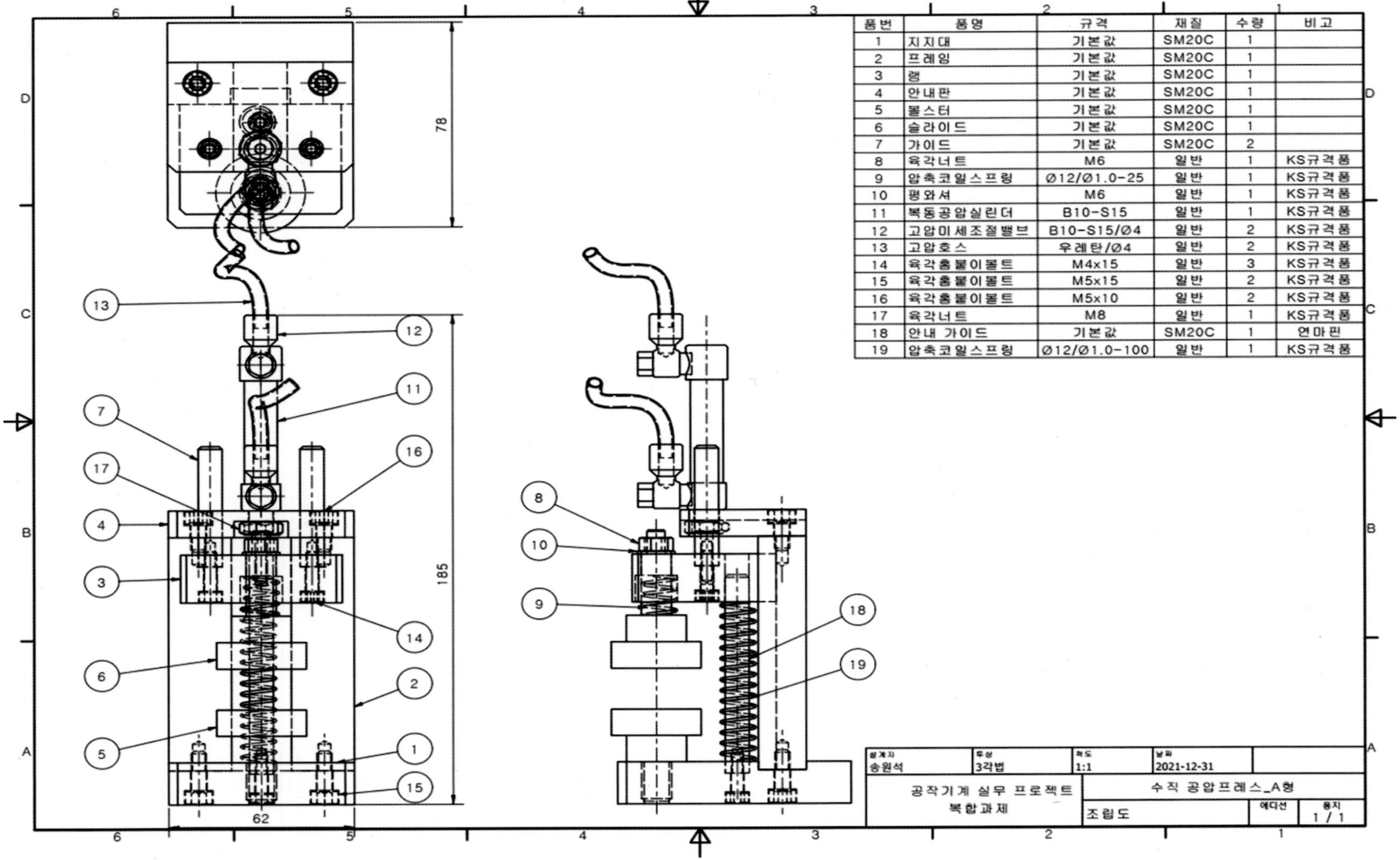

품번	품명	규격	재질	수량	비고
1	지지대	기본값	SM20C	1	
2	프레임	기본값	SM20C	1	
3	램	기본값	SM20C	1	
4	안내판	기본값	SM20C	1	
5	볼스터	기본값	SM20C	1	
6	슬라이드	기본값	SM20C	1	
7	가이드	기본값	SM20C	2	
8	육각너트	M6	일반	1	KS규격품
9	압축코일스프링	Ø12/Ø1.0-25	일반	1	KS규격품
10	평와셔	M6	일반	1	KS규격품
11	복동공압실린더	B10-S15	일반	1	KS규격품
12	고압미세조절밸브	B10-S15/Ø4	일반	2	KS규격품
13	고압호스	우레탄/Ø4	일반	2	KS규격품
14	육각홈붙이볼트	M4x15	일반	3	KS규격품
15	육각홈붙이볼트	M5x15	일반	2	KS규격품
16	육각홈붙이볼트	M5x10	일반	2	KS규격품
17	육각너트	M8	일반	1	KS규격품
18	안내 가이드	기본값	SM20C	1	연마핀
19	압축코일스프링	Ø12/Ø1.0-100	일반	1	KS규격품

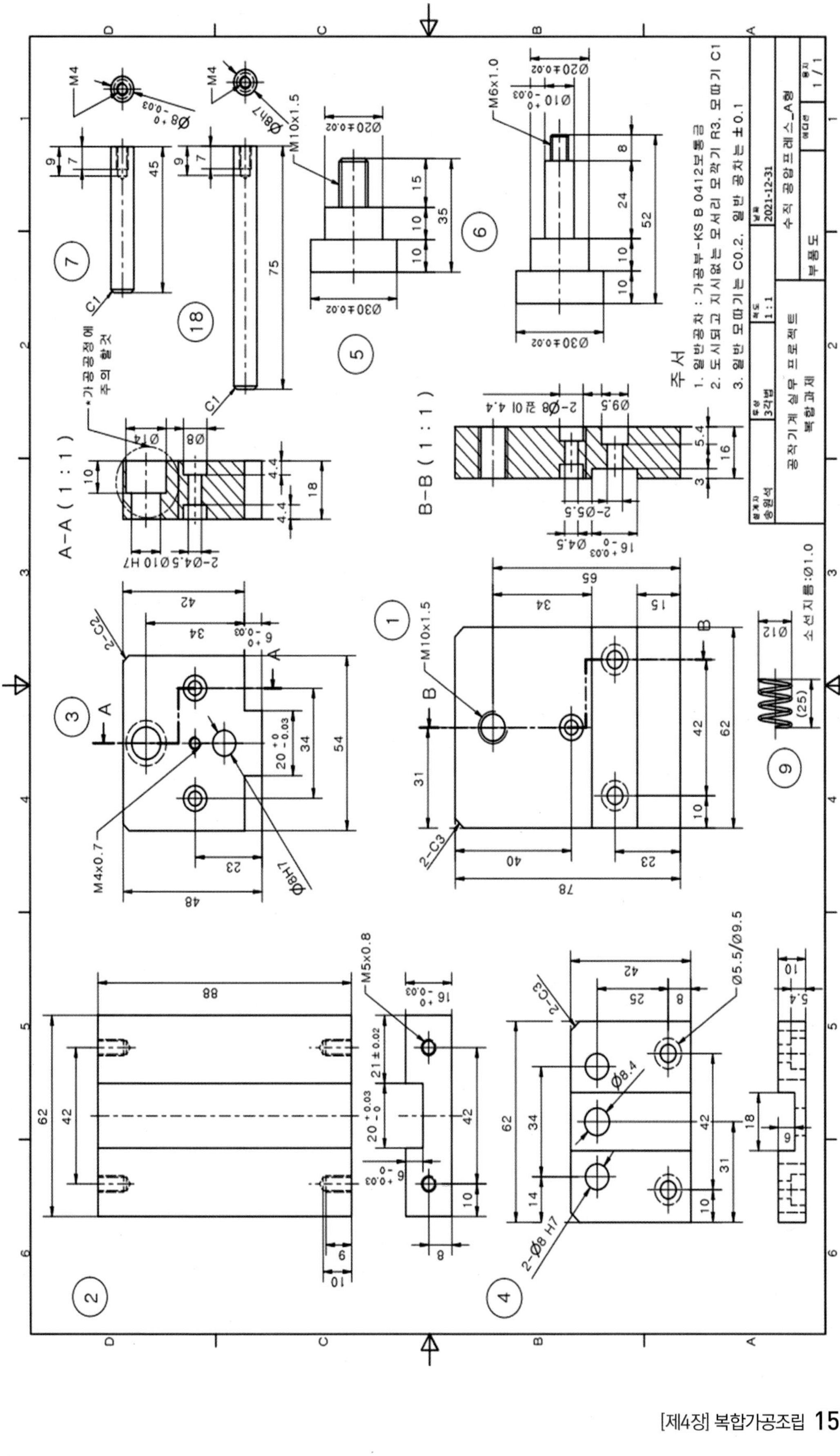
주 서
1. 일반공차 : 가공부-KS B 0412보통급
2. 도시되고 지시없는 모서리 모깍기 R3, 모따기 C1
3. 일반 모따기는 C0.2, 일반 공차는 ±0.1
공작기계 실무 프로젝트 복합과제
수직 공압프레스_A형
부품도
2021-12-31
1:1
3각법
송원석
A-A (1 : 1)
B-B (1 : 1)

CHAPTER 04 복합가공조립 / 단원평가 문제

[1~4] 아래 그림은 공압 실린더⑬에 의해 ④번 부품이 좌우로 작동되는 수평 공압 프레스의 조립도와 등각투상도이다. 물음에 답하시오.

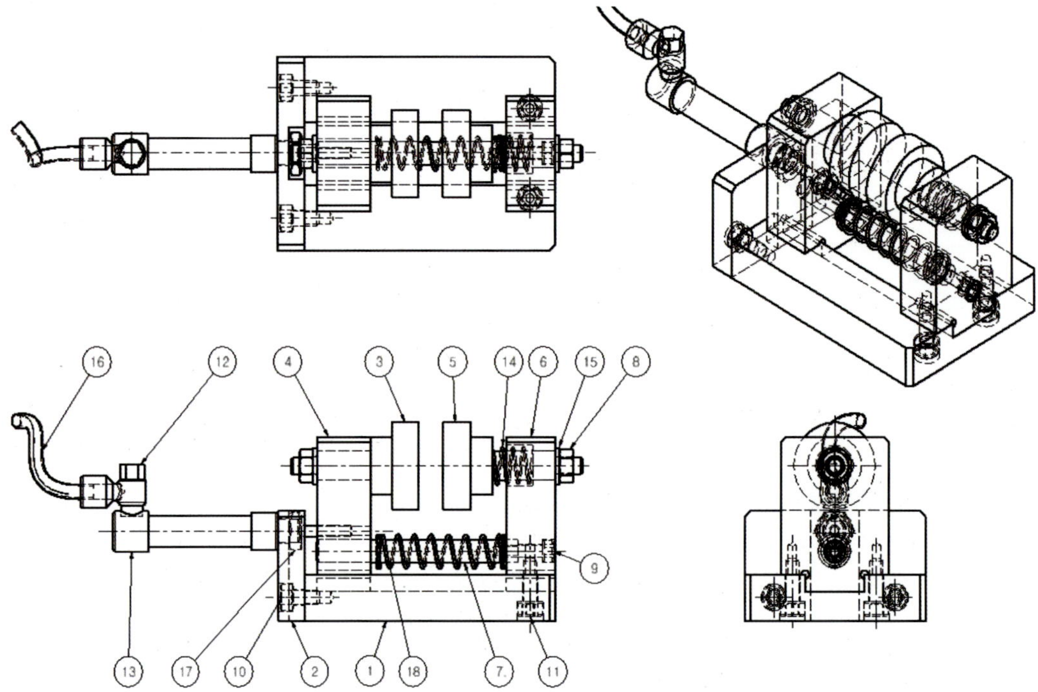

01 위 그림에서 각 부품을 조립하기 위한 육각 홈붙이 볼트는 총 몇 개인가?

① 2개
② 4개
③ 6개
④ 8개
⑤ 10개

02 위 그림에서 탭 및 다이스 작업을 해야 하는 부분은 총 몇 곳인가?

① 4개
② 6개
③ 8개
④ 10개
⑤ 12개

03 위 그림에서 부품을 밀링으로 가공할 때 필요한 공구를 〈보기〉에서 고른 것은?

〈보기〉

ㄱ. 망치　　ㄴ. 엔드밀　　ㄷ. 바이트
ㄹ. 정면커터　　ㅁ. 평행블록

① ㄱ, ㄴ, ㄷ, ㄹ
② ㄴ, ㄷ, ㄹ, ㅁ
③ ㄱ, ㄷ, ㄹ, ㅁ
④ ㄱ, ㄴ, ㄹ, ㅁ
⑤ ㄱ, ㄴ, ㄷ, ㅁ

04 위 그림에서 부품을 가공할 때 필요한 기계를 〈보기〉에서 모두 고른 것은?

〈보기〉

ㄱ. 선반　　ㄴ. 밀링　　ㄷ. 벤치드릴
ㄹ. 다이스　　ㅁ. 하이트게이지

① ㄱ, ㄴ
② ㄱ, ㄴ, ㄷ
③ ㄱ, ㄴ, ㄹ
④ ㄱ, ㄴ, ㄹ, ㅁ
⑤ ㄱ, ㄴ, ㄷ, ㄹ, ㅁ

[5～11] 그림은 수평 공압프레스의 부품도이다. 물음에 답하시오. (앞의 조립도를 참고 하시오.)

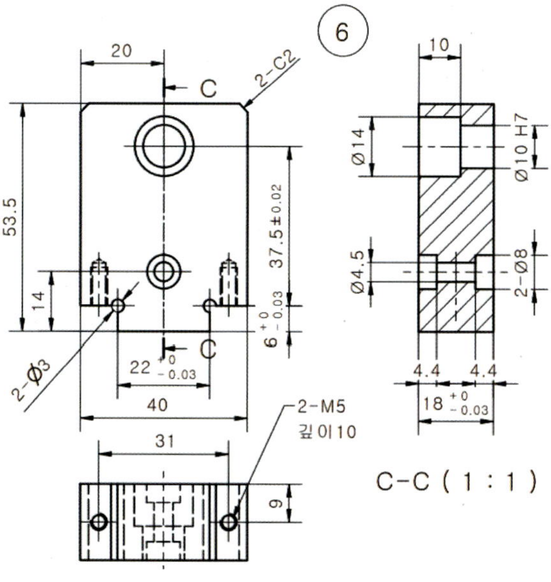

05 위 그림에서 정밀공차로 가공해야 하는 부분은 몇 개소인가?

① 1개
② 2개
③ 3개
④ 4개
⑤ 5개

06 위 그림에서 치수 Ø10H7을 가공하고자 할 때의 설명으로 틀린 것은?

① 구멍기준으로 가공해야 한다.
② 틈새가 있도록 가공해야 한다.
③ 끼워 맞춤 공차로 가공해야 한다.
④ Ø10드릴로 가공 완성해야 한다.
⑤ Ø10리머로 마무리 가공해야 한다.

07 위 그림에서 M5를 가공하기 위한 적당한 드릴은?

① Ø3.0
② Ø3.3
③ Ø4.3
④ Ø5.0
⑤ Ø5.5

08 위 그림을 가공할 때 작업공정으로 옳은 것은?

① 외곽가공→단가공→드릴링→카운터보어→카운터싱킹
② 외곽가공→단가공→카운터싱킹→드릴링→카운터보어
③ 외곽가공→단가공→카운터보어→드릴링→카운터싱킹
④ 외곽가공→카운터보어→드릴링→카운터싱킹→단가공
⑤ 외곽가공→카운터싱킹→드릴링→카운터보어→단가공

09 위 그림에서 카운터보어 작업 개소는?

① 1
② 2
③ 3
④ 4
⑤ 5

10 위 그림의 구멍 중 가장 정밀하게 가공해야 하는 치수는?

① Ø4.0 ② Ø4.5
③ Ø8.0 ④ Ø10.0
⑤ Ø14.0

11 위 그림에서 끼워 맞춤 후 미끄럼운동이 되는 부분으로 정밀하게 가공해야 하는 치수는?

① 14 ② 18
③ 22 ④ 40
⑤ 54

CHAPTER 05

융합가공조립

학습목표

1) 전기 자동차의 구조를 알고 설계할 수 있다.
2) 도면을 이해하고 정밀하게 가공하여 조립할 수 있다.
3) 적용된 KS부품의 규격과 용도를 설명할 수 있다.

전기 자동차를 설계하고 출력하여 그 도면을 제작도면으로 실제로 공작기계를 이용하여 제작해보는 실습으로 설계와 가공기술 및 전기 회로이해 및 배선능력을 향상시킨다.

주제 : 전기자동차 A형 제작

1) 소요시간 : 25 시간

2) 도면

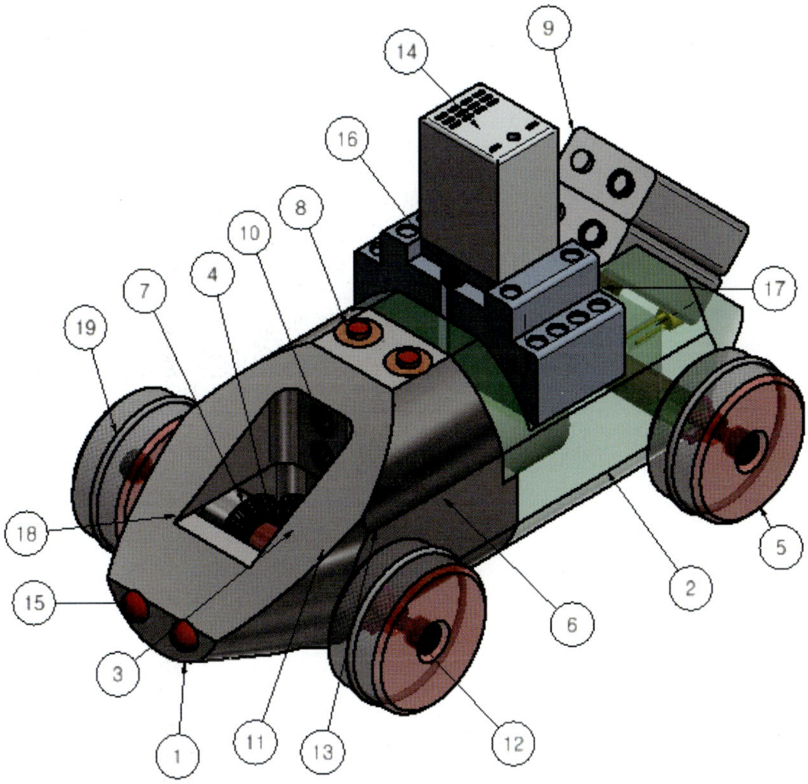

3) 보고서 내용

[표 - 1] 프로젝트 담당업무 및 참여 동기

[표 - 2] 도면(부품도) 검토 및 분석

[표 - 3] 소요 가공재료 및 KS규격품

[표 - 4] 기계 및 공구, 측정기

[표 - 5] 부품 가공 시 안전 및 유의사항 조사

[표 - 7] 4way 품질 분석

[표 - 8] 부품 가공 순서

전기자동차 이야기

현대자동차 아이오닉5 -https://namu.wiki/w

전기자동차(電氣自動車, 영어: all-electric car, battery electric car, electric car, electric automobile) 통칭 전기차(電氣車) 또는 PEV(영어: Plug-in Electric Vehicle)는 전기를 동력원으로 삼아 운행하는 자동차를 일컫는다.

석유 연료와 엔진[1]을 사용하지 않고, 전기 배터리와 전기 모터를 사용한다. 배터리에 축적된 전기로 모터를 회전시켜서 자동차를 구동시킨다. 연료전지, 태양전지와 같은 열이나 화학반응을 통해 전기를 직접 발생시키는 경우도 있다.

1873년에 가솔린 자동차보다 먼저 제작되었으나, 배터리의 중량이 무겁고 충전 시간이 너무 긴 문제 때문에 실용화되지 못했다. 그래도 구조가 간단하고 내구성(耐久性)이 크며 운전하기가 쉬운 점 등이 있어 주로 여성용으로 미국에서 1920년대 중반까지 소량 생산되었다. 최근 공해문제가 심각해지면서 1990년대부터 다시 개발되고 있다.

자동차에서의 배기가스가 전혀 없으며, 소음이 아주 작은 장점이 있다.

출처 : https://ko.wikipedia.org/wiki/전기자동차

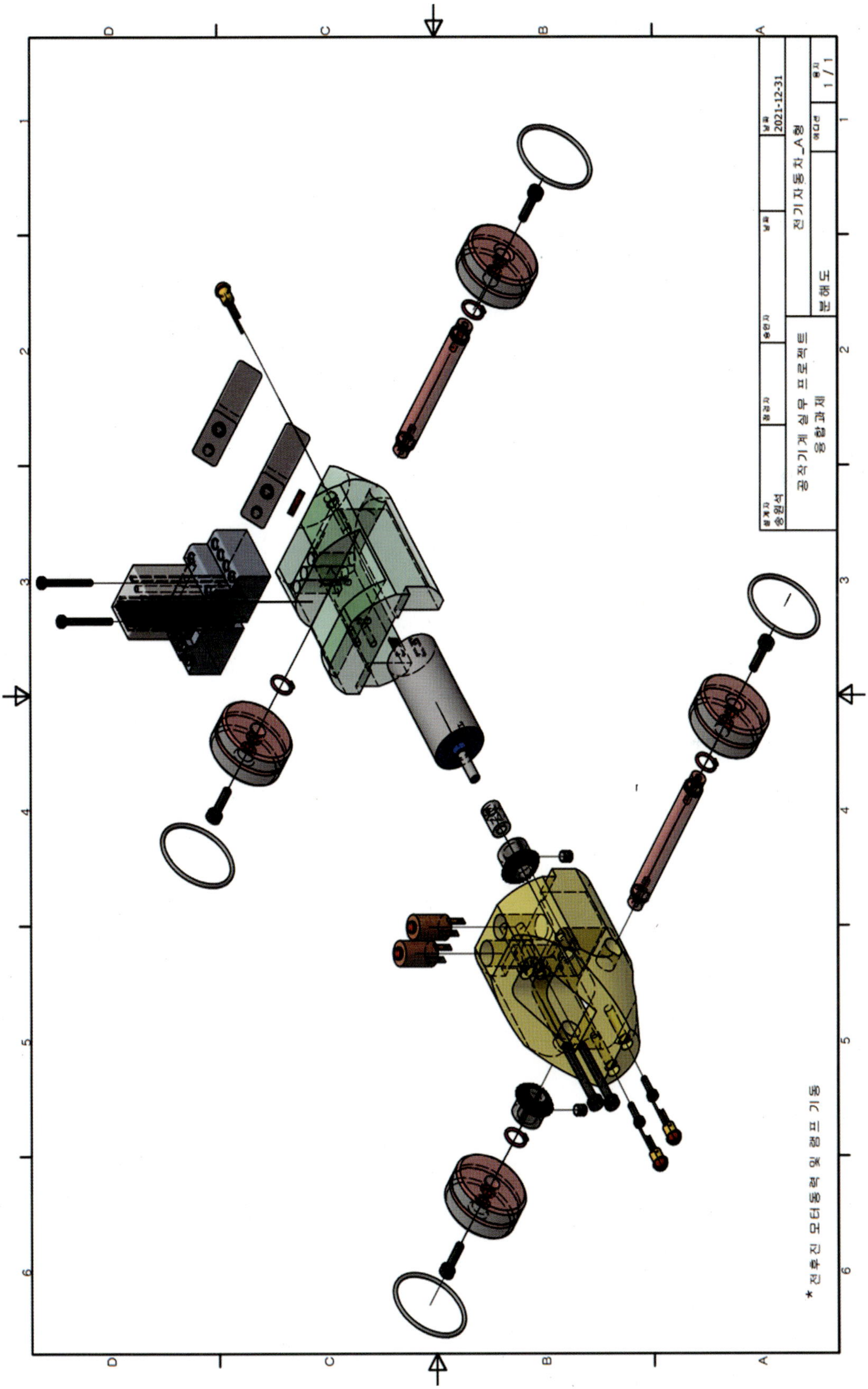
송원석
공작기계 실무 프로젝트
융합과제
전기자동차_A형
분해도
2021-12-31
1 / 1
* 전후진 모터동력 및 램프 기동

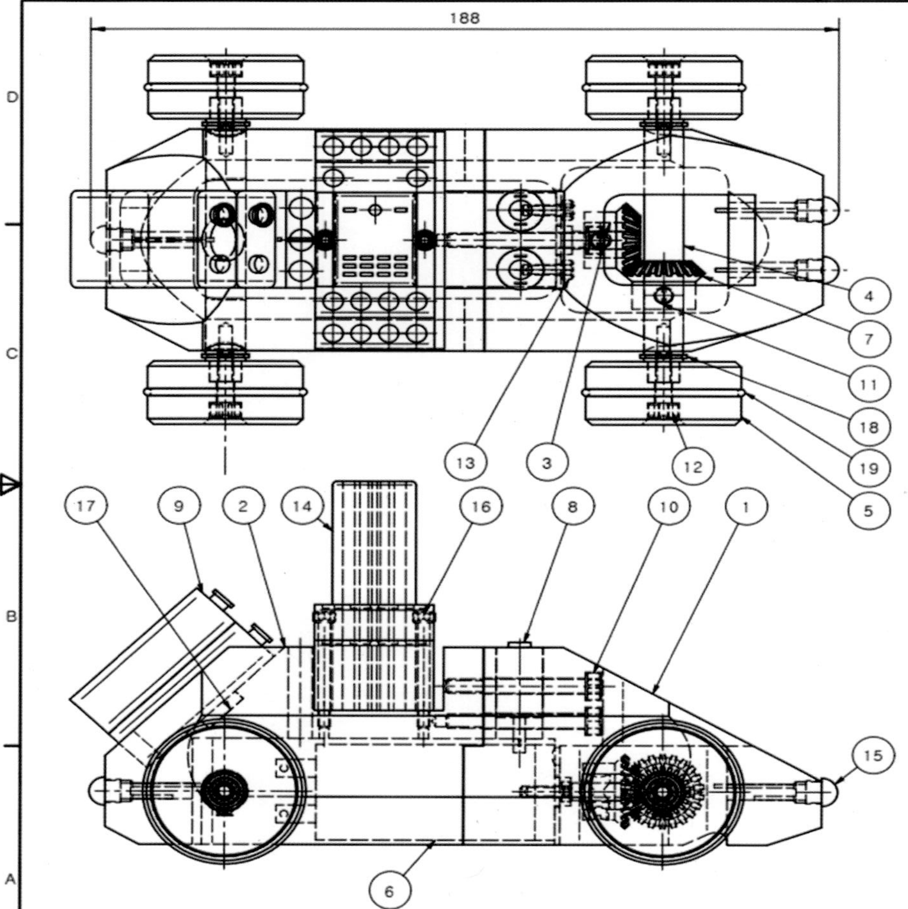

품번	품명	규격	수량	재질	비고
1	앞바디	기본값	1	일반	
2	뒤바디	기본값	1	일반	
3	부시	기본값	1	연마봉	비열처리
4	차축	기본값	2	연마봉	비열처리
5	바퀴	기본값	4	일반	
6	DC모터	24V K26, 1/450	1	일반	KS규격품
7	베벨기어	m1-20TB	2	일반	규격품 or 3D프린터
8	푸시버튼 스위치	W12N-A-RD	2	일반	KS규격품
9	건전지(케이블포함)	9V	2	일반	KS규격품
10	육각홈붙이볼트	M4x35	2	일반	KS규격품
11	멈춤나사	M5x6	2	일반	KS규격품
12	육각홈붙이볼트	M4x15	4	일반	KS규격품
13	육각홈붙이볼트	M3x10	2	일반	KS규격품
14	릴레이(소켓포함)	24V-14P	1	일반	KS규격품
15	발광다이오드(저항1kΩ포함)	LED 5mm_R	3	일반	KS규격품
16	육각홈붙이볼트	M3x30	2	일반	KS규격품
17	원형 자석	네오디움 Ø12x3	1	일반	KS규격품
18	멈춤링	Ø10/축용 C형	4	일반	KS규격품
19	오일링	Ø35x2	4	일반	KS규격품

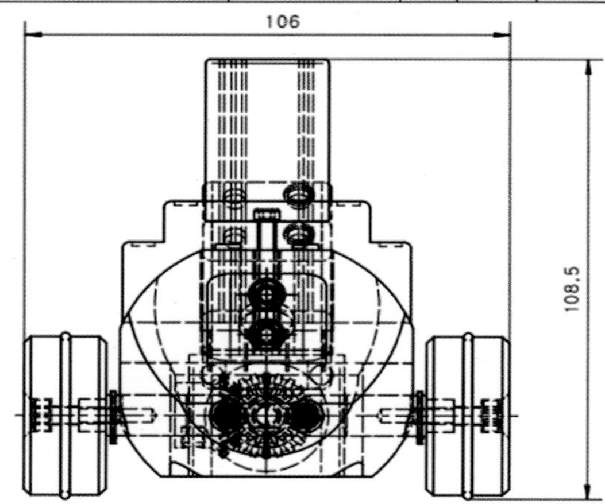

설계자	검토자	승인자	날짜	날짜
송원석				2021-12-31

공작기계 실무 프로젝트 융합과제

전기자동차_A형

조립도 1 / 1

* 전후진 모터동력 및 램프 기동

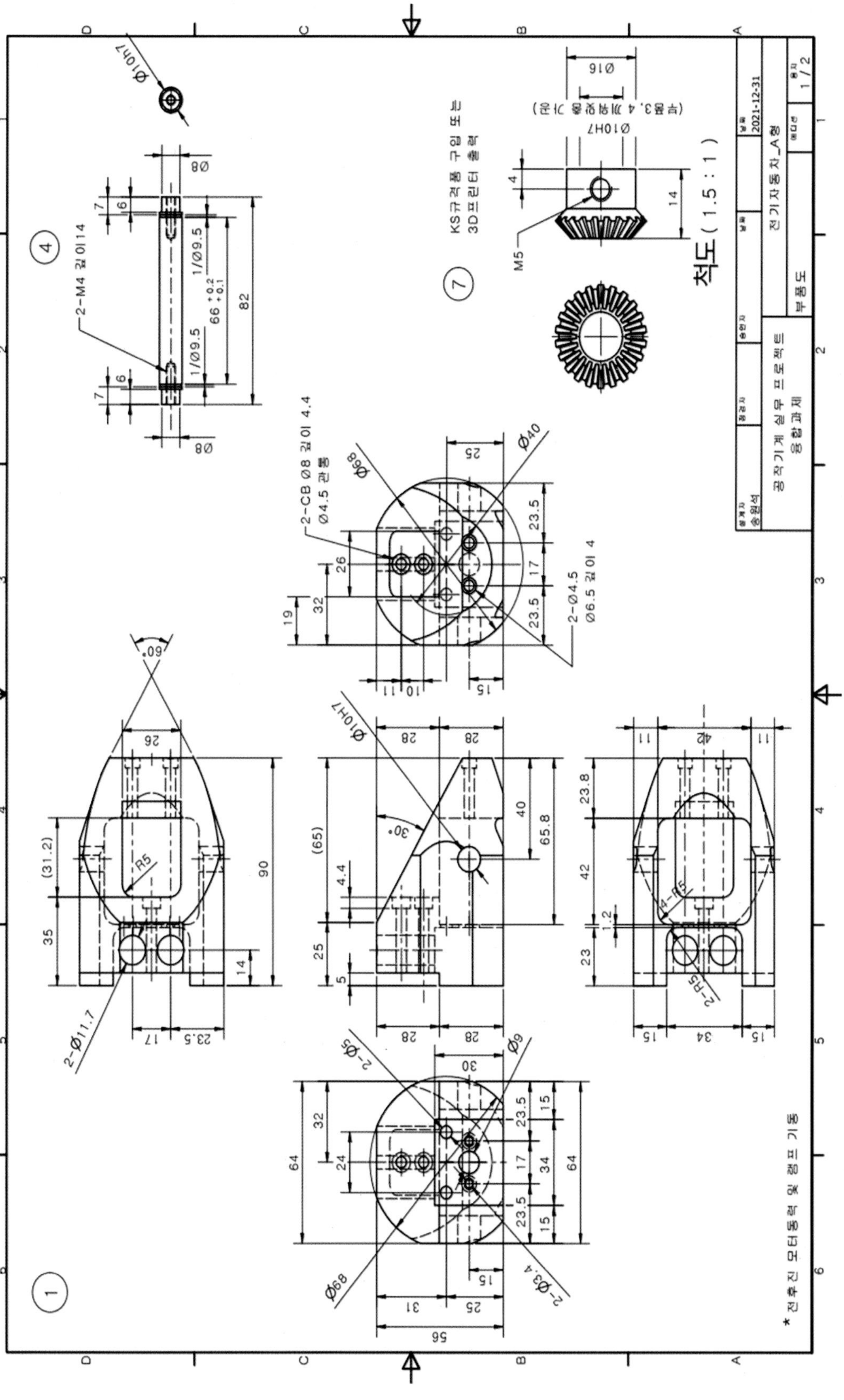
공작기계 실무 프로젝트 융합과제
전기자동차_A형
부품도
송원석
2021-12-31
1/2
척도 (1.5 : 1)
KS규격품 구입 또는 3D프린터 출력
* 전후진 모터동력 및 점프 기능

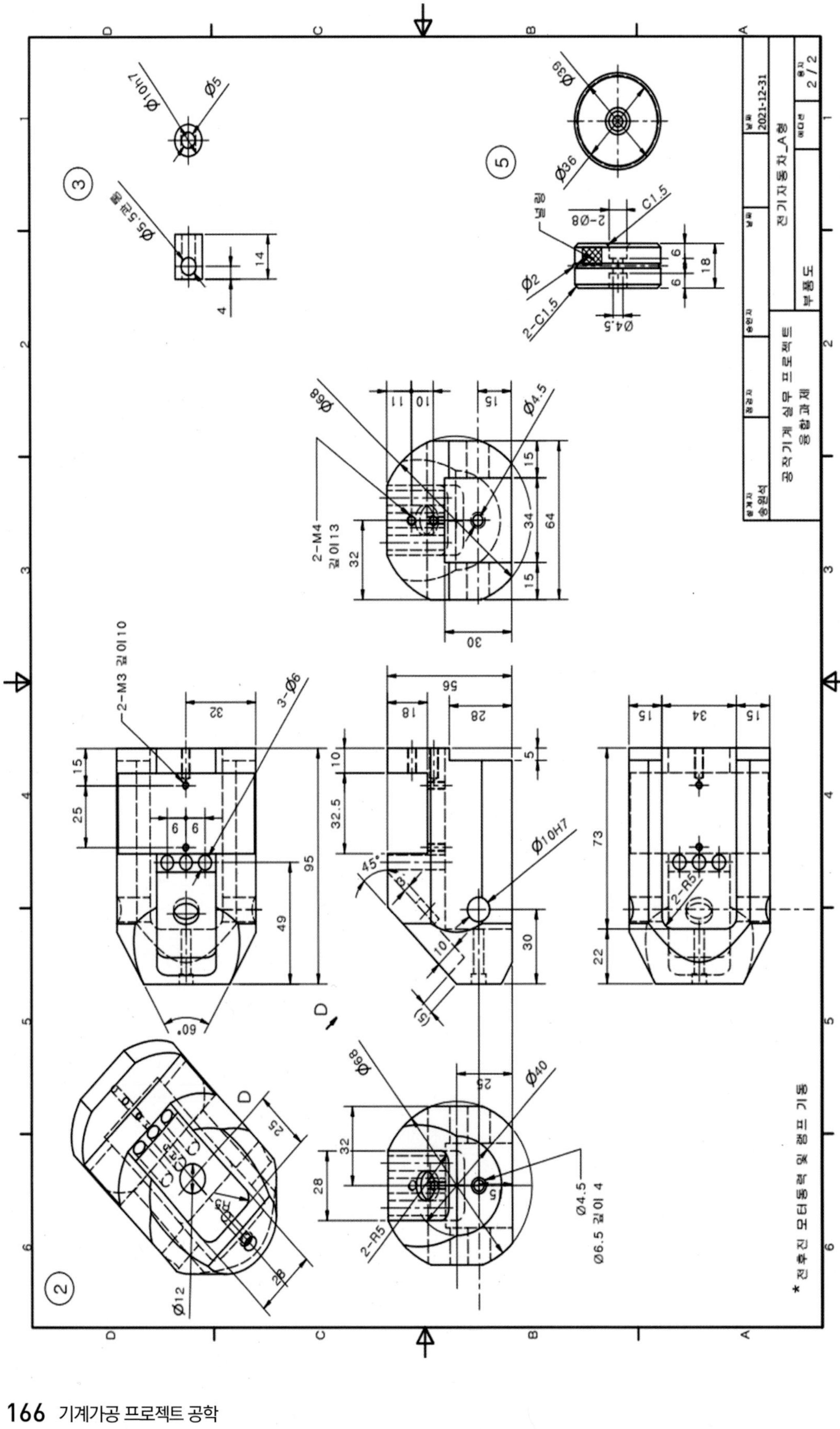
공작기계 실무 프로젝트 응용과제
전기자동차_A형
부품도
2021-12-31
송원석
2 / 2
* 전후진 모터동력 및 램프 기동

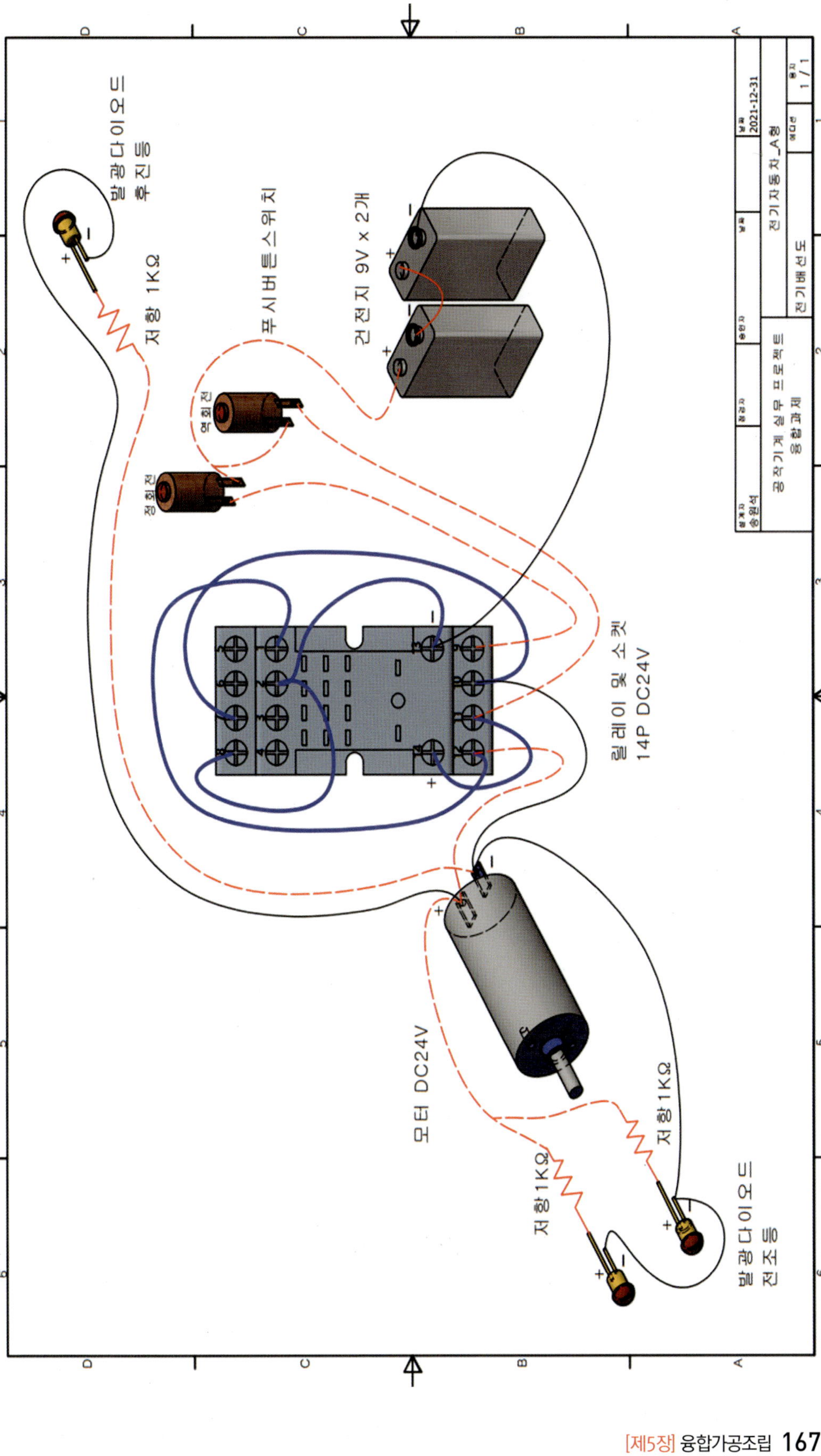
발광다이오드
후진등
저항 1KΩ
푸시버튼스위치
역회전
정회전
건전지 9V x 2개
릴레이 및 소켓
14P DC24V
모터 DC24V
저항1KΩ
저항1KΩ
발광다이오드
전조등
공작기계 실무 프로젝트
융합과제
전기자동차_A형
2021-12-31
전기배선도
1 / 1

A ∷ 수행계획서 작성

수행계획서는 작품제작과정에 필요한 것들을 단계별로 작성한다. 조립도 및 부품도면 작성, 소요재료 목록 작성, 사용기계 및 공구 목록 작성, 측정기, 부품 가공 공정 작성, 가공부품 채점, 완성품 품질분석 등울 작성한다.

B ∷ 도면 작성 및 도면 분석

제시한 과제 분해도와 조립도, 부품도를 참고로 스케치하면서 과제의 특징을 파악하여 제작과정상 주의 할 점을 조사한다.

1. 부품 스케치하기

도면의 각 부품을 프리핸드로 투상하면서 제품의 형상을 이해한다. 스케치는 산업현장에서 기계부품 등의 현물을 측정하여 제도기 없이 프리핸드로 그리며 설계 또는 제작도를 작성하기 위해서 행해진다.

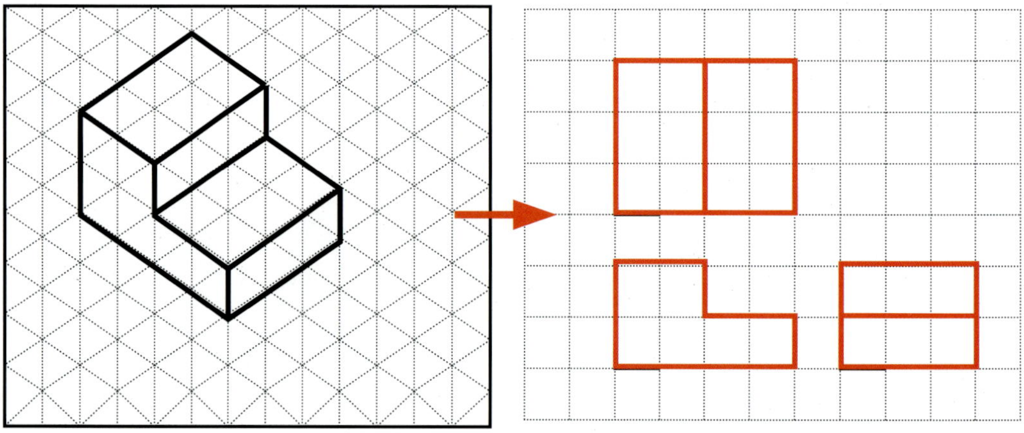

부품도

- 스케치도 그리기(A4용지, 척도:NS, 3각법으로 3면도 작성_정면도, 평면도, 측면도)
- 스케치도 작성 용지[부록]

2. 도면 검토 및 분석하기

도면을 분석하여 설계자의 요구사항은 무엇인지를 확인한 후 설계목적, 운동, 마모, 부품연결, 부품역할, 주유, 끼워 맞춤, 열처리, 도장, 가공, 고정, 조립, 사용한 재질의 절삭성 및 절삭유제의 사용여부 등을 분석한다.

- 제품의 기능(운동)은?
- 정밀치수(일반치수 제외)는 몇 개소인가?
- 끼워 맞춤이나 기하공차 등 중요치수는?
- KS 규격품과 소재의 재질은?
- 표면의 거칠기와 마무리 가공방법은?
- 특수공구 또는 치공구는 필요하지 않은가?
- 제작에 필요한 측정기는?
- 보유한 공작기계 및 공구로 가공이 가능한가?

C ⁝⁝⁝ 부품 가공 준비

도면 내용을 분석 후 부품 가공에 필요한 공작기계, 절삭공구, 측정기 현황을 조사하여 필요 품목을 선정하고 소요재료를 구입한다.

1. 부품 가공에 필요한 기계 및 공구 선정하기

KS규격에 따라 품명에는 사용해야 할 공작기계, 절삭 및 비절삭 공구류를 적으며, 규격과 수량을 적는다. 활용내역에는 기계 기구를 사용할 가공 부품번호와 작업내용을 적는다.

2. 부품 가공에 필요한 측정기 선정하기

도면 내용을 분석한 다음 보유한 측정 기구를 조사하고 부품 가공에 필요한 측정 기구를 선정하여 준비한다.

3. 제작에 필요한 재료 선정하기

부품 가공에 필요한 재료 치수를 뽑고 다음 표를 작성하여 구매 신청을 할 수 있도록 준비한다. 규격품은 KS규격에 따라 품명과 재질, 규격, 수량을 적고, 비고란에는 KS규격분류기호와 번호, 열처리 여부를 기록한다. 단, 재료는 가공이 수월한 연강(SM20C), 황동, 알루미늄 등을 사용해도 되며 규격은 가공여유(+3~5)를 포함한 치수를 적는다.

4. 부품 가공 시 안전 및 유의 사항 조사하기

부품 가공 시에 필요한 유의사항을 조사하고 이를 근거로 실제 가공에 있어 안전사고가 발생하지 않도록 철저히 준비한다.

D 부품 가공

모든 기구들은 여러 개의 부품으로 조합되어 있으며 각 부품들은 상대적인 상관관계를 가지고 있다. 따라서 구동되는 조립 부의 치수는 정밀도가 요구되므로 1차 가공한 후 다듬질로 마무리한다.

1. 부품① 가공

• 지급재료 : ∅70× 100

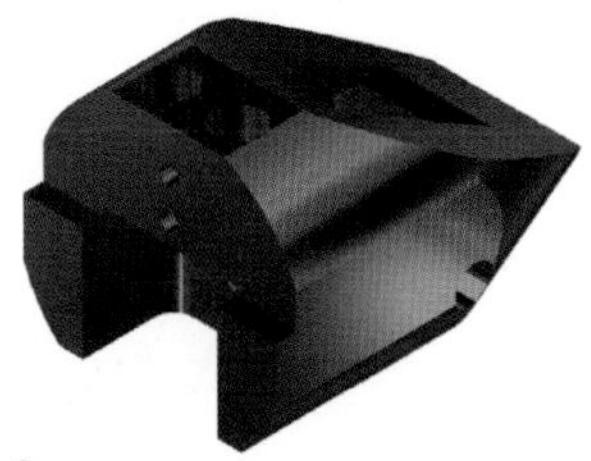

①

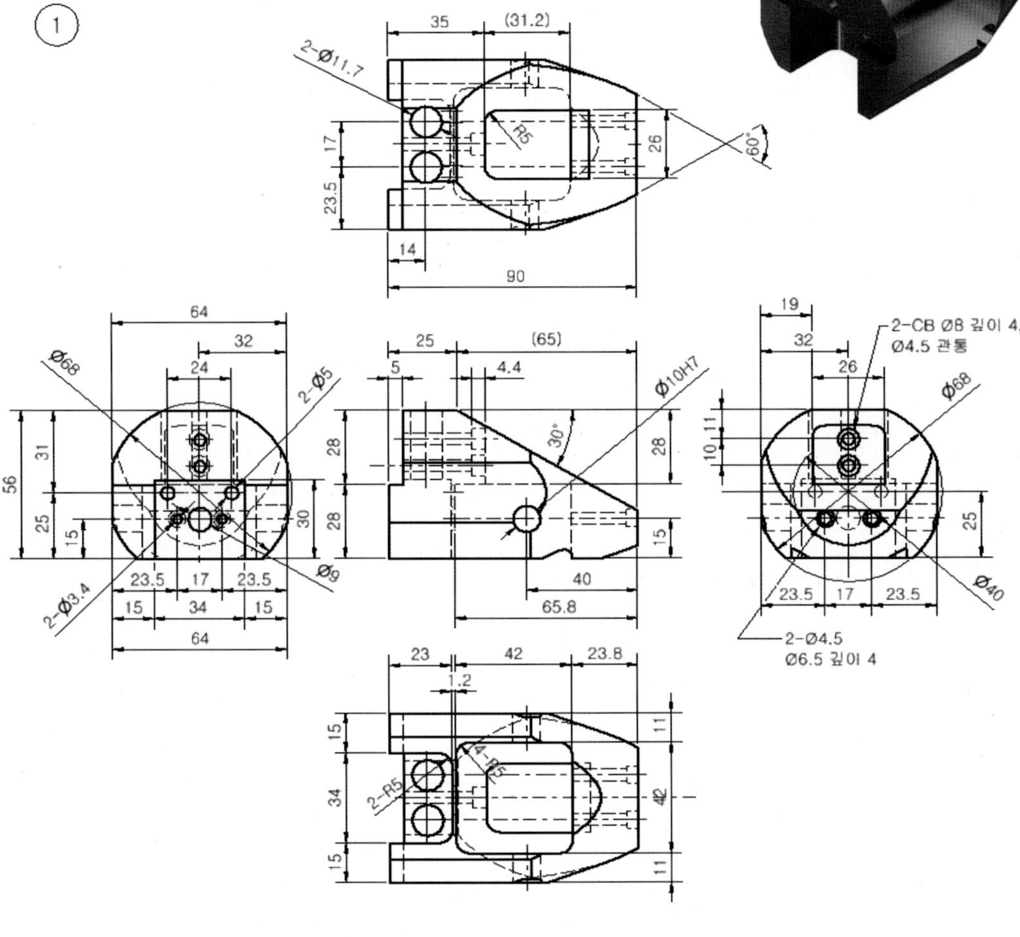

1) 도면 검토 및 수정하기

치수, 끼워 맞춤, 기하공차[12], 표면 거칠기, 제품의 기능, 요구사항 등을 확인한다. 제작상의 문제점이 있으면 수정하고 수정된 도면을 제작도면으로 사용한다.

2) 부품 가공순서 정하기

부품 가공공정을 결정하는 작업은 제작 시간단축 및 조립상태 확인, 가공불량 등을 줄일 수 있다. 따라서 부품도를 분석하여 각 부품을 어떤 순서로 어떻게 가공할 것인가를 가공 전에 생각하여 가공 순서를 정하고 이를 토대로 실제 가공에 이용 한다.

3) 부품 가공하기

① 선반에서 돌려 물림 가공한다.(소재 ∅70 × 100)

② 단면 및 외경(∅68) 가공후 길이 맞추고 테이퍼(60°)를 가공한다.

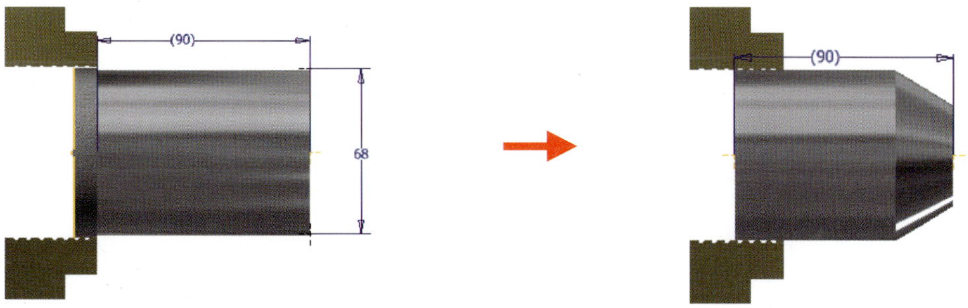

③ 밀링 정면커터 작업으로 원기둥을 사각기둥으로 만든다.

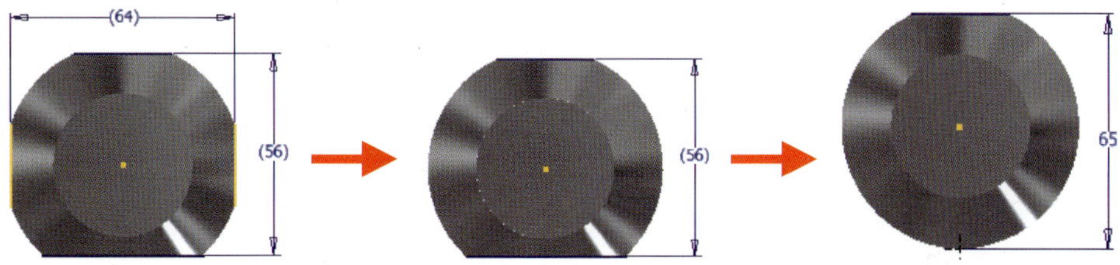

12) 치수공차로 규제된 제품은 치수가 맞아도 형상에 따라 결합이 안 되는 경우가 있으나, 기하공차로 규제된 제품은 치수가 조금 틀리는 최악의 경우에도 결합이 가능하다. 따라서 기하공차는 제품의 기능 및 결함 부품들 간의 상호 호환성을 규제하는 것으로 고 정밀한 제품에는 필히 적용되고 있다.

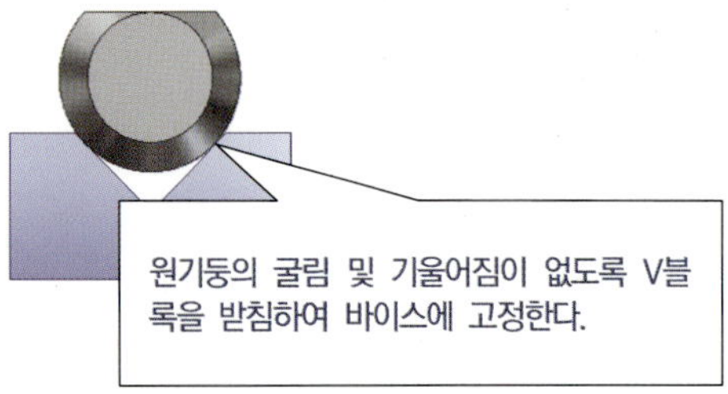

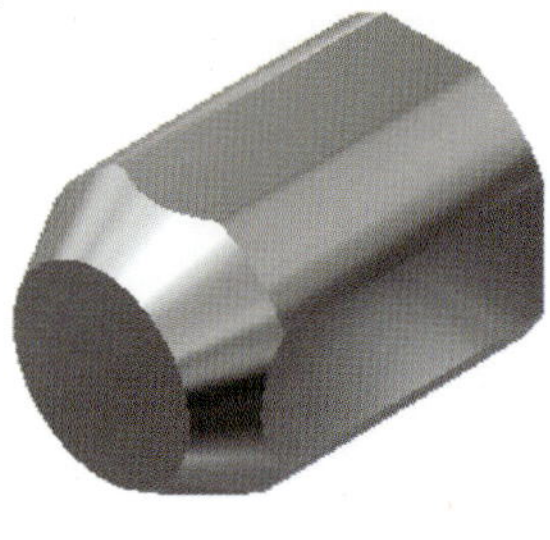

④ 밀링 정면커터 작업으로 각 30° 를 가공한다.

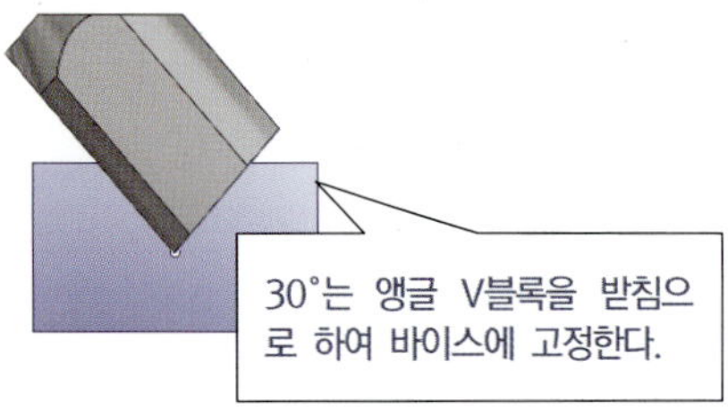

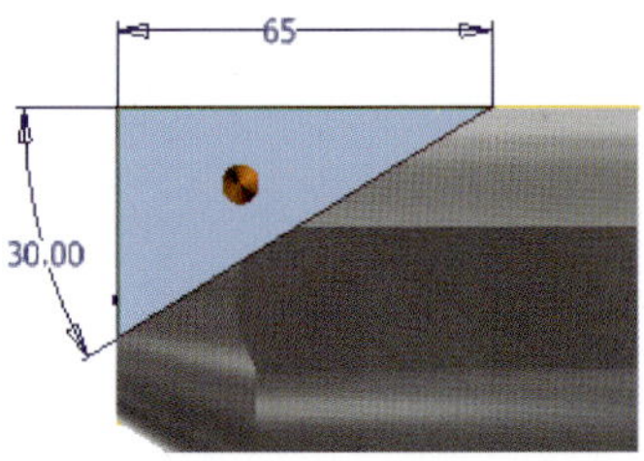

⑤ 엔드밀(∅10)로 홈 가공한다.

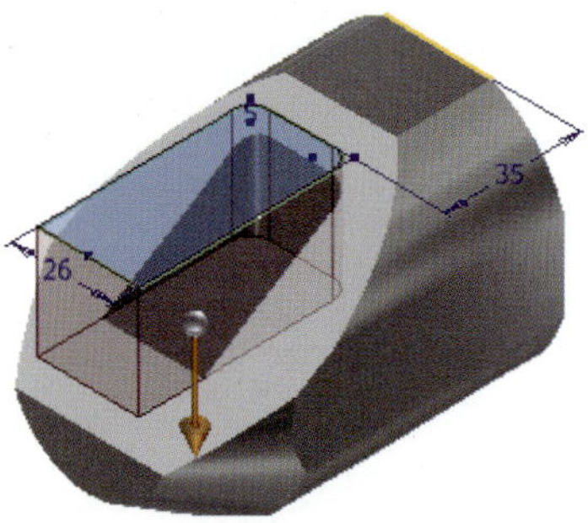

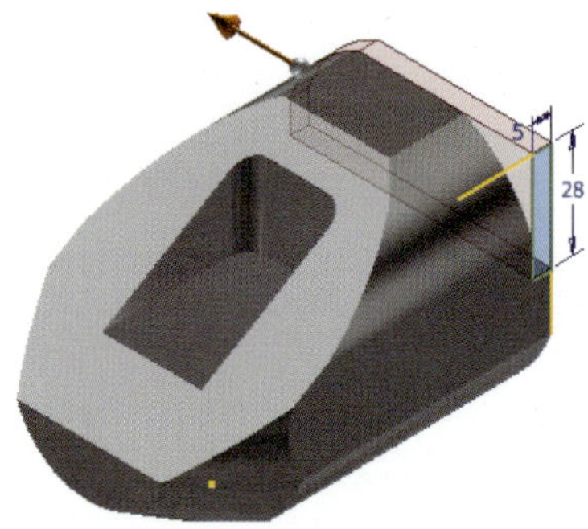

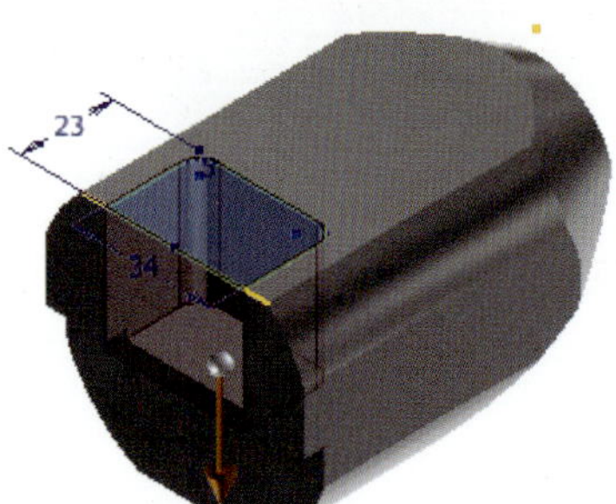

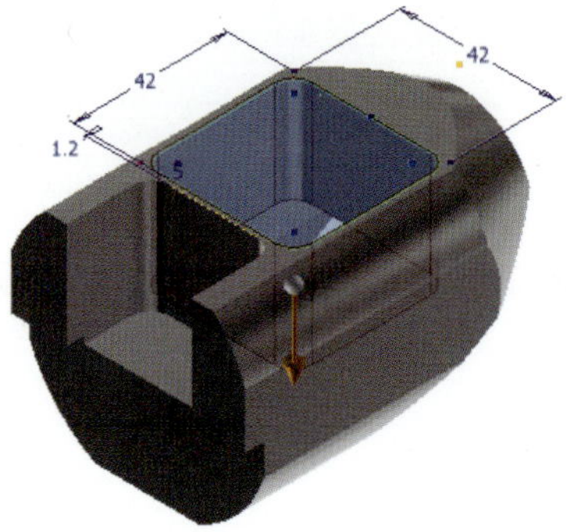

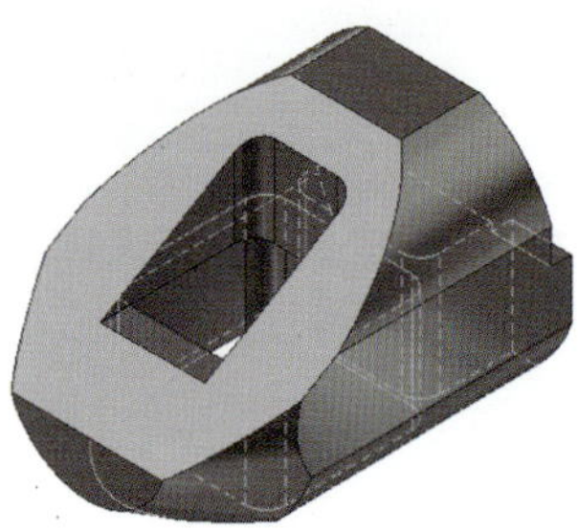

2. 부품② 가공

• **지급재료 :** ∅70 × 100

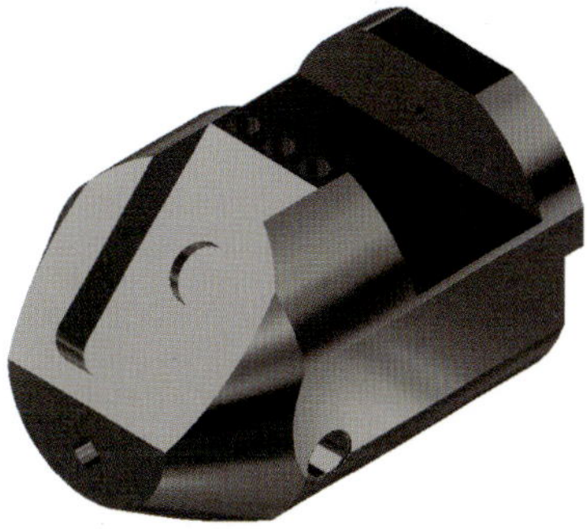

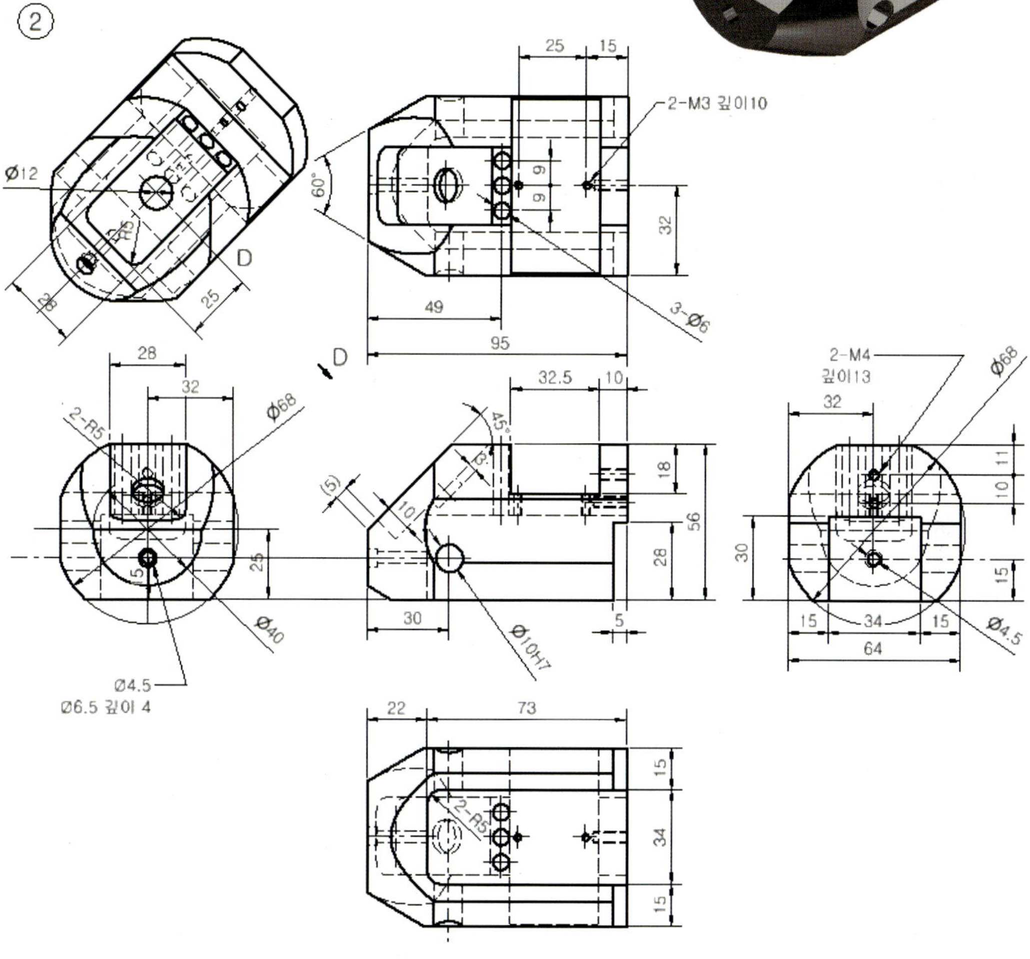

1) 도면 검토 및 수정하기

치수, 끼워 맞춤, 기하공차, 표면 거칠기, 제품의 기능, 요구사항 등을 확인한다. 제작상의 문제점이 있으면 수정하고 수정된 도면을 제작도면으로 사용한다.

2) 부품 가공순서 정하기

부품 가공공정을 결정하는 작업은 제작 시간단축 및 조립상태 확인, 가공불량 등을 줄일 수 있다. 따라서 부품도를 분석하여 각 부품을 어떤 순서로 어떻게 가공할 것인가를 가공 전에 생각하여 가공 순서를 정하고 이를 토대로 실제 가공에 이용 한다.

3) 부품 가공하기

위 부품①과 같은 방법으로 가공한다.

3. 부품③, ④ 가공

• 지급재료 : ∅10 연마핀 • 지급재료 : ∅10 연마핀

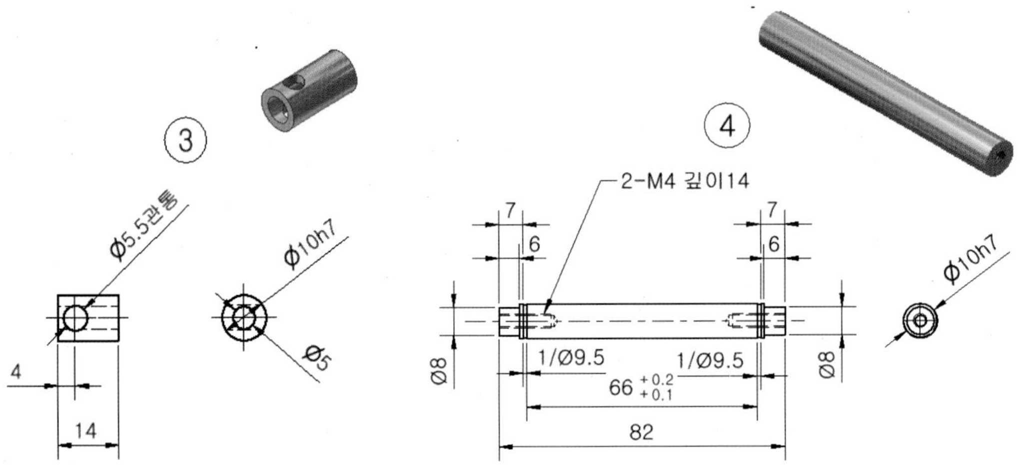

1) 도면 검토 및 수정하기

치수, 끼워 맞춤, 기하공차, 표면 거칠기, 제품의 기능, 요구사항 등을 확인한다. 제작상의 문제점이 있으면 수정하고 수정된 도면을 제작도면으로 사용한다.

2) 부품 가공순서 정하기

부품 가공공정을 결정하는 작업은 제작 시간단축 및 조립상태 확인, 가공불량 등을 줄일 수 있다. 따라서 부품도를 분석하여 각 부품을 어떤 순서로 어떻게 가공할 것인가를 가공 전에 생각하여 가공 순서를 정하고 이를 토대로 실제 가공에 이용 한다.

3) 부품 가공하기

① 돌려 물림 가공한다. (소재 ∅10 연마핀)

② 소재가 연마핀으로 표면의 찌그러짐을 방지하고 공작물 중심이 정확하게 가공되도록 연동척과 ER콜렛척(∅10)을 사용하여 고정한다.

연동척

ER콜렛척 및 콜렛

③ 부품③은 단면가공→센터드릴→드릴(부품③은 ∅5 관통)→길이 절단 가공한다.

④ 부품④는 계단가공→센터드릴→드릴(부품④는 ∅3.3 × 깊이14)작업 후 절단한다.

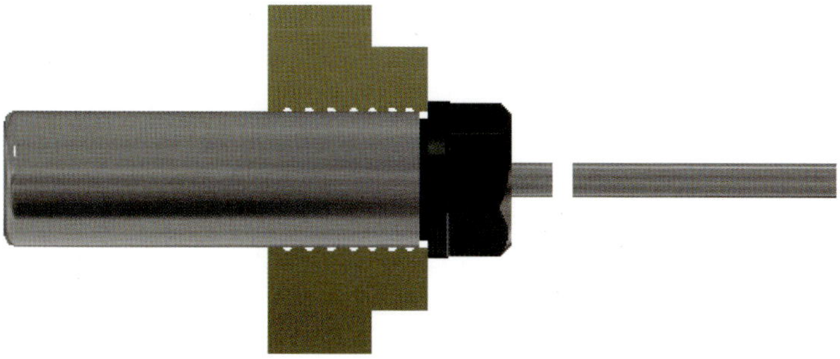

4. 부품⑤ 가공

- 지급재료 : ∅40 × 100

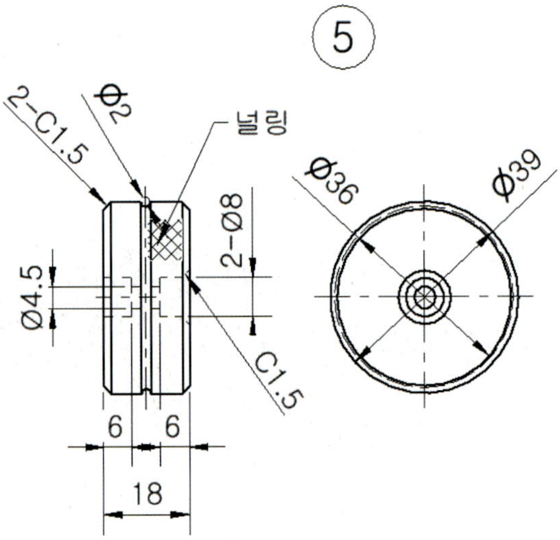

1) 도면 검토 및 수정하기

치수, 끼워 맞춤, 기하공차[13], 표면 거칠기, 제품의 기능, 요구사항 등을 확인한다. 제작상의 문제점이 있으면 수정하고 수정된 도면을 제작도면으로 사용한다.

2) 부품 가공순서 정하기

부품 가공공정을 결정하는 작업은 제작 시간단축 및 조립상태 확인, 가공불량 등을 줄일 수 있다. 따라서 부품도를 분석하여 각 부품을 어떤 순서로 어떻게 가공할 것인가를 가공 전에 생각하여 가공 순서를 정하고 이를 토대로 실제 가공에 이용 한다.

3) 부품 가공하기

① 널링[14] 외경부를 ∅39.7 × 길이 17~20으로 가공 후 널링→ 드릴(∅4.5 깊이 25)→카운터보어(∅8 깊이6)→모따기(C1.5) 및 절단한다.

---

13) 치수공차로 규제된 제품은 치수가 맞아도 형상에 따라 결합이 안 되는 경우가 있으나, 기하공차로 규제된 제품은 치수가 조금 틀리는 최악의 경우에도 결합이 가능하다. 따라서 기하공차는 제품의 기능 및 결합 부품들 간의 상호 호환성을 규제하는 것으로 고 정밀한 제품에는 필히 적용되고 있다.
14) 주로 원통 형상의 공작물의 외면에 미끄럼을 방지하기 위한 목적으로 만들어지는 깔쭉깔쭉한 모양을 가리킨다.

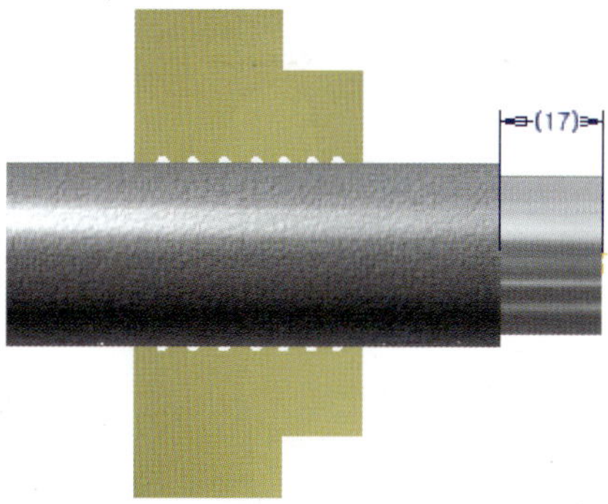

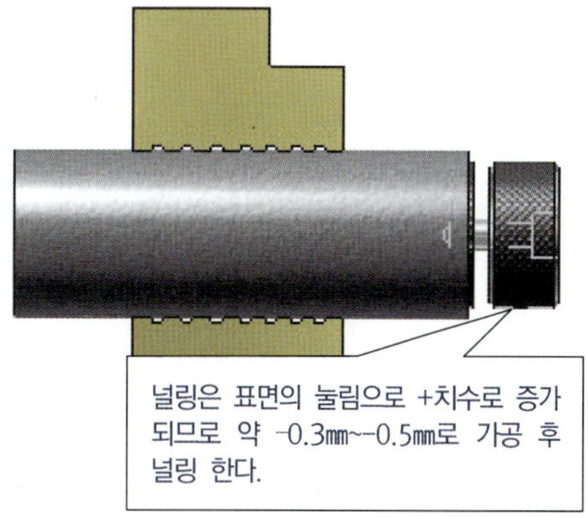

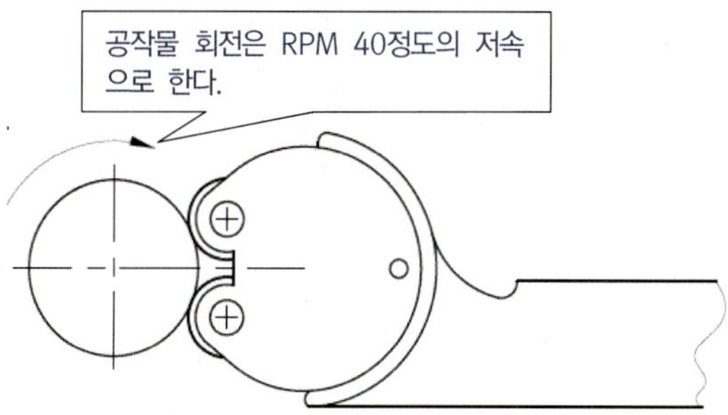

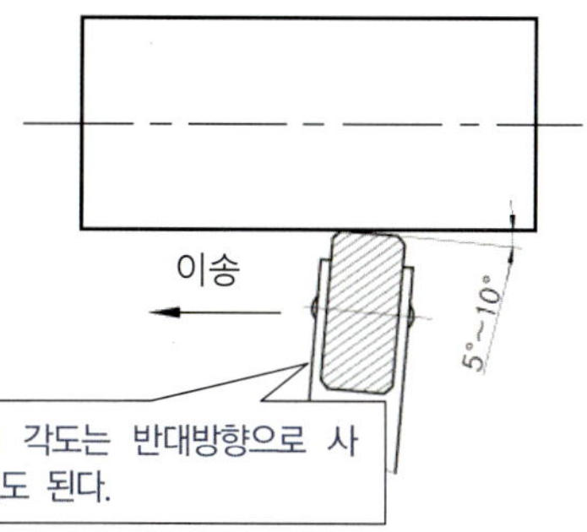

② 재료를 내어 물리면서 동일하게 필요 수량으로 가공한다. 반대쪽은 돌려 물려서 단면 가공 및 카운터보어(∅8 깊이6)작업한다.

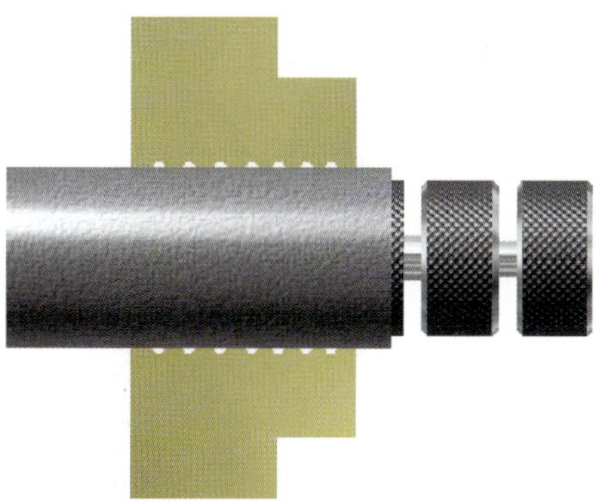

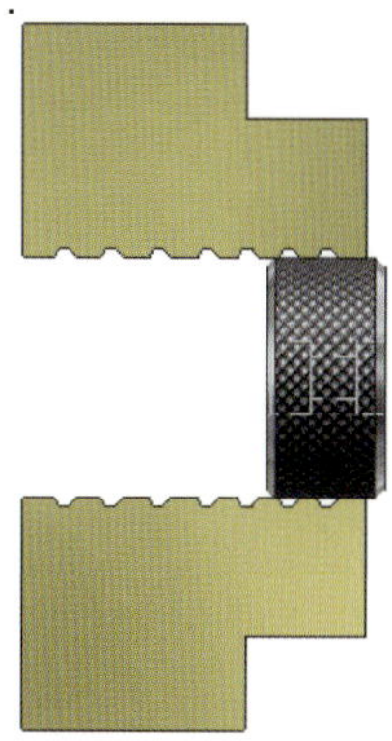

5. 부품⑦ 가공

• 지급재료 : KS규격품 구입

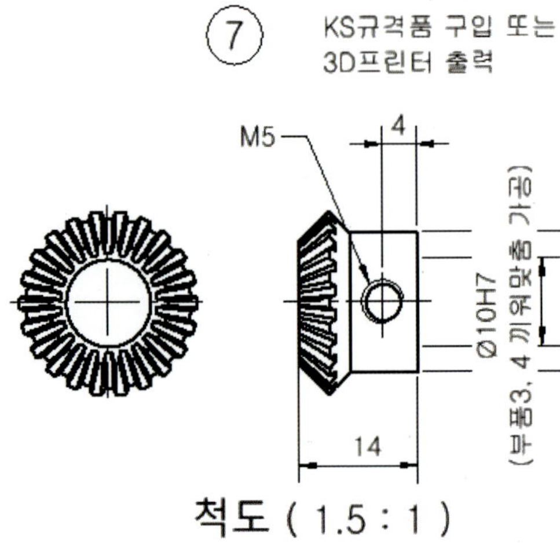

① 2개를 가공한다. (부품④ 차축에 결합용 구멍 및 모터축의 부품③부시에 결합용)
② 나사 부를 드릴 및 탭 작업한다.

E 조립가공 및 부품조립

제작 과정에서 가장 중요한 것은 마무리 및 조립이다. 그 것은 제품의 기능 요구 조건에 맞게 만들어가는 과정이 마무리 및 조립과정이기 때문이다. 각 부품을 고 정밀도로 기계가공을 할 수는 있지만 요구하는 조립 정밀도로 맞추기는 어렵다. 왜냐하면 기계 및 절삭공구의 정밀도외에 가공중의 진동, 먼지, 온도 등에 의해 치수가 커지거나 작아지는 변화가 있기 때문이다.

1. 조립 가공하기

모든 부품의 기준면 및 치수를 확인하여 구멍위치에 하이트게이지로 금 긋기 한다. 조립하기 위한 구멍 위치의 금 긋기는 가공할 때의 기준면을 정반에 밀착시킨 상태로 금 긋기 한다. 이 때 체결되는 부품과 부품은 조립되었을 때의 상태로 놓고 하이트게이지로 동시에 금 긋기한다.

① 조립 구멍위치 금긋기 → 센터펀치 → 드릴 작업한다.

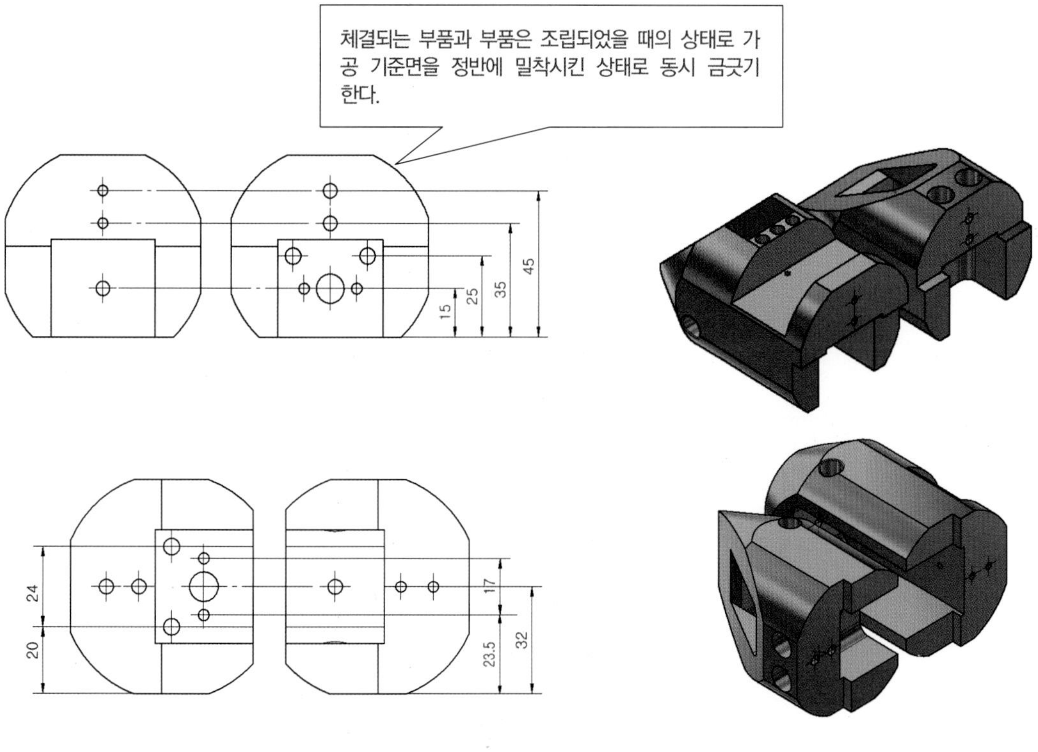

② 금긋기 → 센터펀치 → 드릴 → 리머 → 카운터보어 → 카운터싱크 → 핸드탭 작업한다. 탭은 나사의 바깥지름, 유효 지름, 골 지름의 치수가 1, 2, 3번 탭의 순으로 증가한다. 절삭 율에 따라 초기 자리 잡기 작업은 1번 탭(55%), 이어서 2번 탭(25%), 마무리는 3번 탭(20%)으로 완성한다.

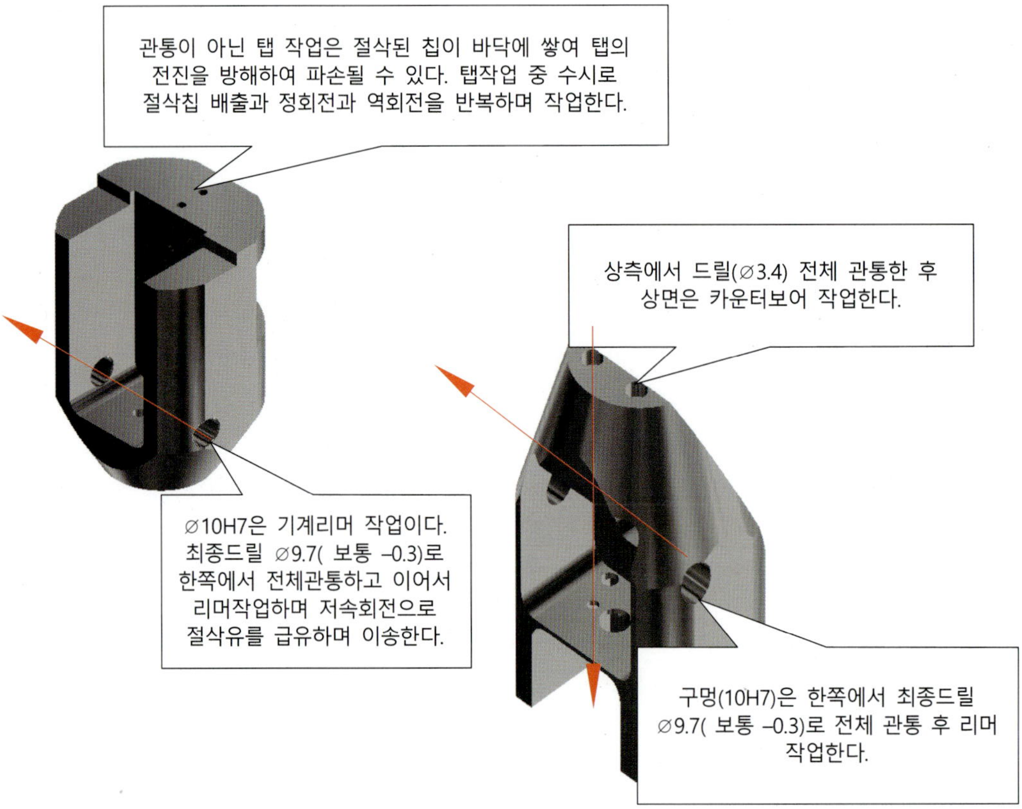

원기둥 고정방법
고정구 도면(부록)

2. 부품 조립하기

제작물의 전체적인 구조를 이해하고 조립되는 순서와 방법을 결정한다. 부품조립은 좌우 방향과 상하방향이 바뀌지 않도록 주의하며 부품의 위치정도를 확인하여 가공 상태 그대로 조립되도록 한다. 볼트 체결은 하나씩 대각선으로 느슨하게 조인 후 위치가 맞으면 강하게 조인다.

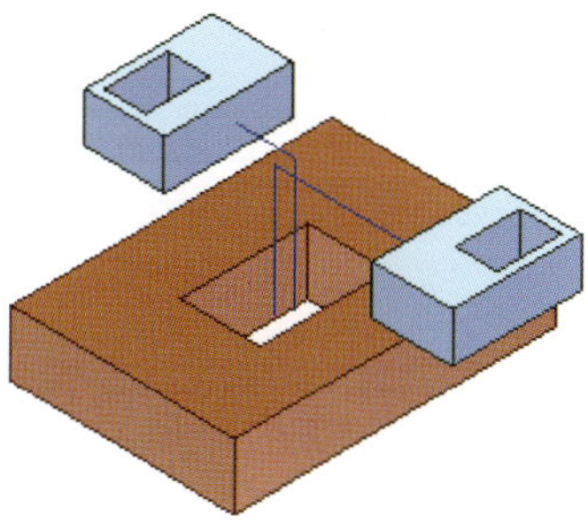
조립 좌우/상하 방향 확인

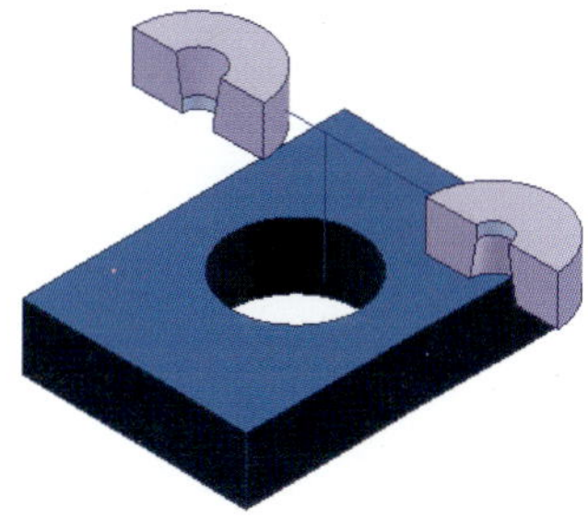
조립 상하방향 확인

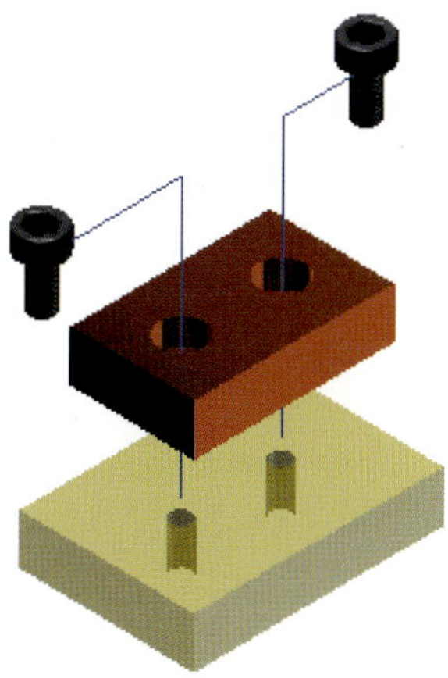
조립 위치정도 확인

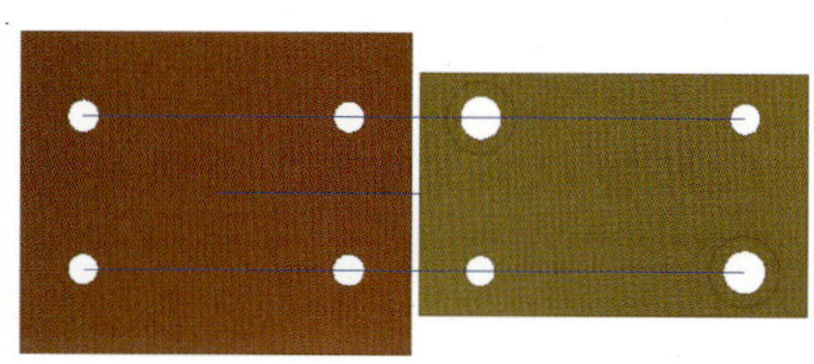
조립 평행도 확인

조립 시 확인 사항

F ::: 측정 및 품질 분석

원하는 품질의 제품을 얻기 위해서는 품질관리는 매우 중요하다. 품질관리의 과정에는 기술 부문의 필수적인 성능과 기능을 분명하게 결정하는 기획설계 과정의 품질과 제작 과정에서 현장의 기술 수준에 따라 달라질 수 있으므로 제작과정의 품질이 중요하다.

- 4 WAY 품질 분석표 작성

G ::: 프로젝트 수행과정 발표

1. 전시회 자료 제작

프로젝트 과제 수행 과정을 사진으로 촬영하여 프레젠테이션 및 전시회 자료 제작을 위한 자료를 모아 보관하고 이를 이용하여 관람하는 사람들이 제품에 대하여 한눈에 보고 이해할 수 있도록 전시회 자료를 만들어 제품과 함께 전시회를 한다.

- 주제
- 목적
- 제작기간
- 팀원 및 참여단계
- 수행과정 및 문제해결방법
- 제작 후 느낀 점

2. 프레젠테이션 자료 제작

위 자료를 중심으로 파워포인트로 제작하고 발표는 큰 그림을 먼저 이야기 하도록 하고 차트나 그림(사진)을 많이 활용한 내용으로 하며 가장 좋은 것을 마지막에 보여주면서 간결하면서 감동적인 마무리가 되도록 준비한다.

- 무엇을 전하고 싶은가?
- 어떻게 전하려 하는가?
- 왜 그 방법이 필요한 것인가?
- 어떤 성과를 얻고 싶은가?

단원보충과제 – 전기자동차 B형

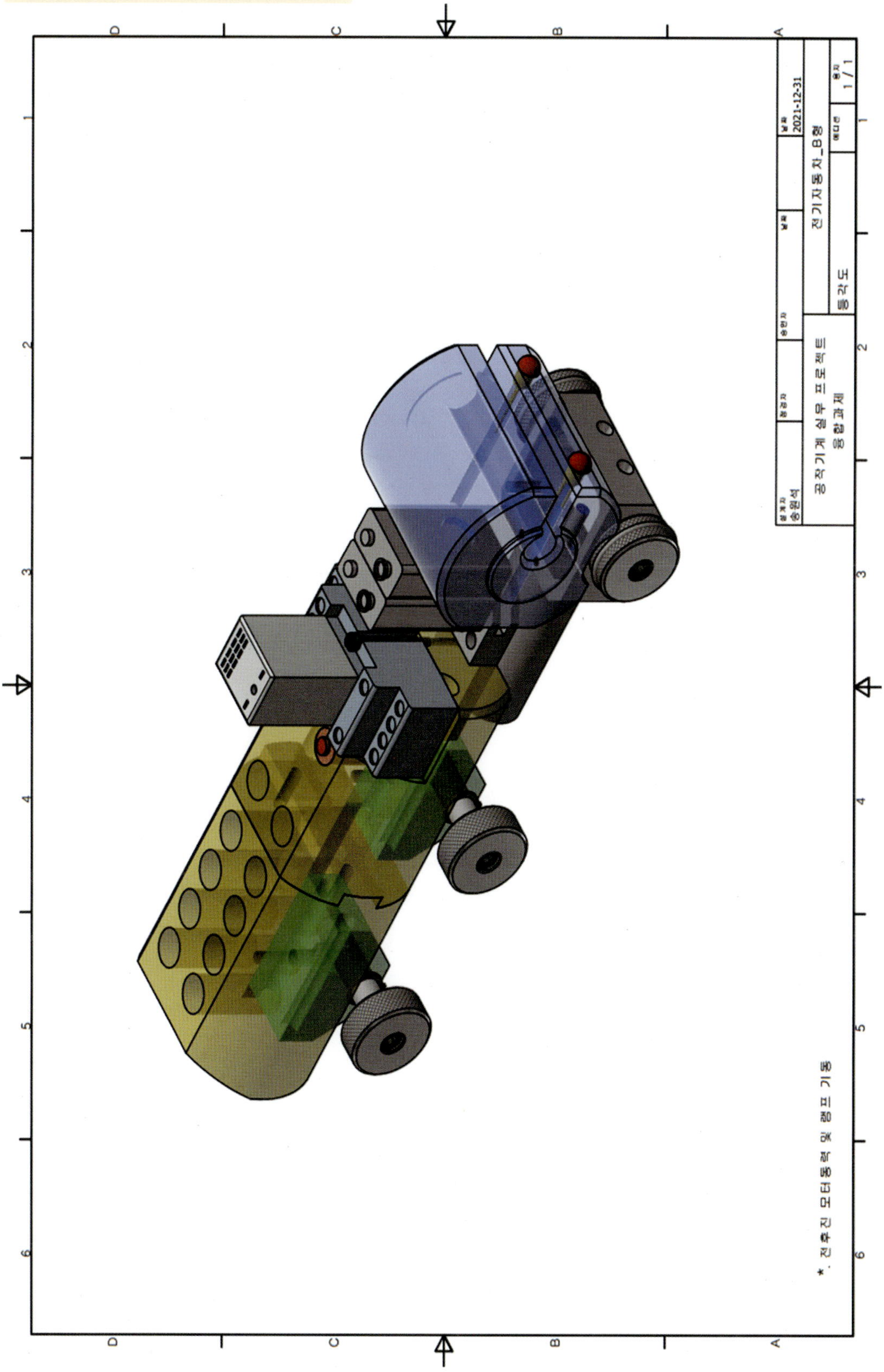

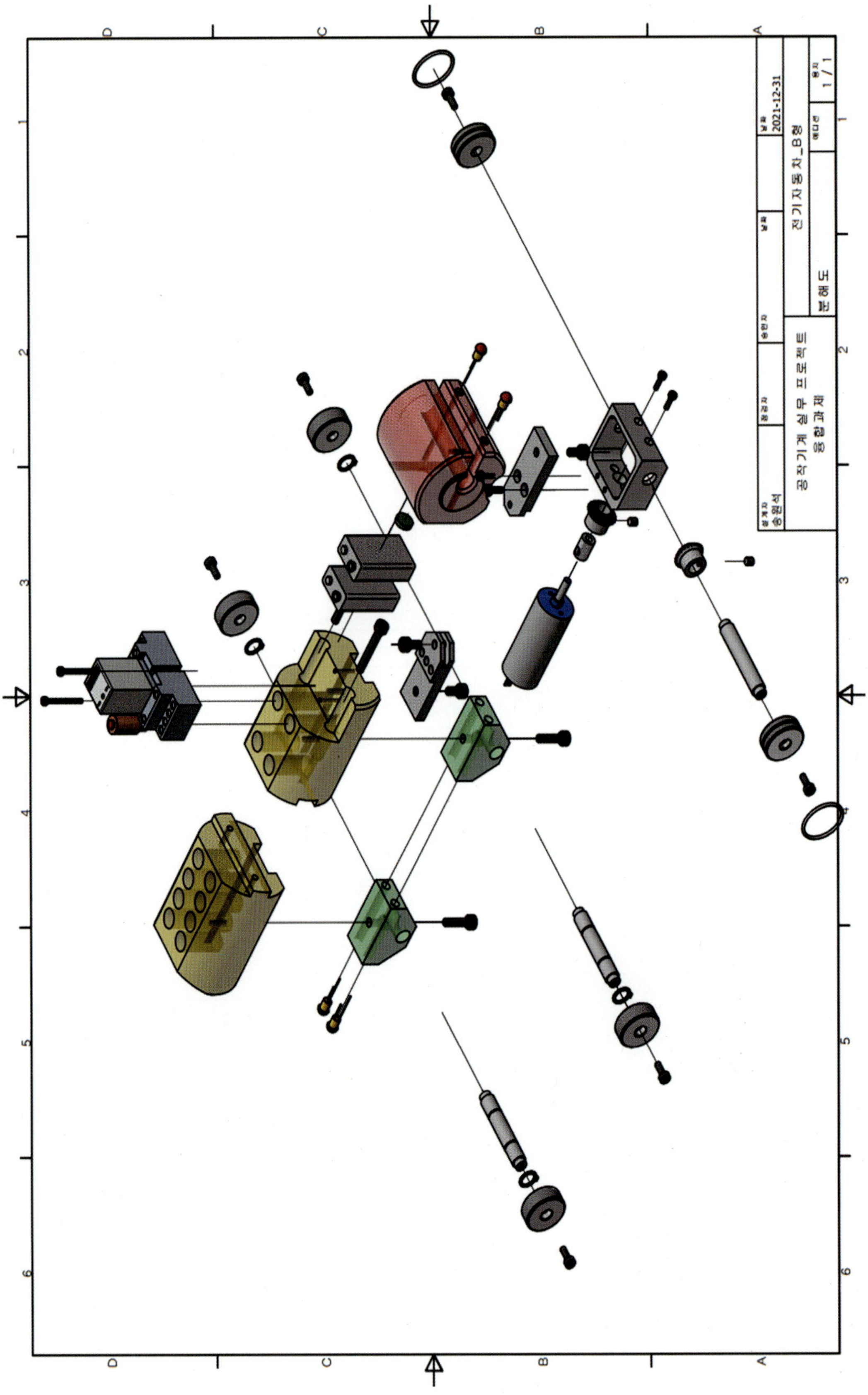

송원석
2021-12-31
공작기계 실무 프로젝트
종합과제
전기자동차_B형
분해도
1 / 1

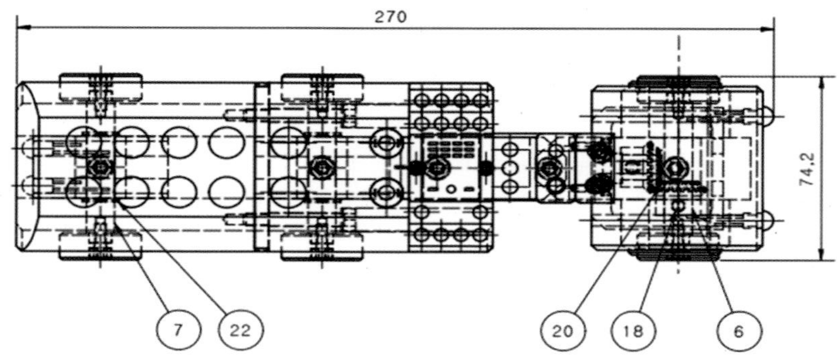

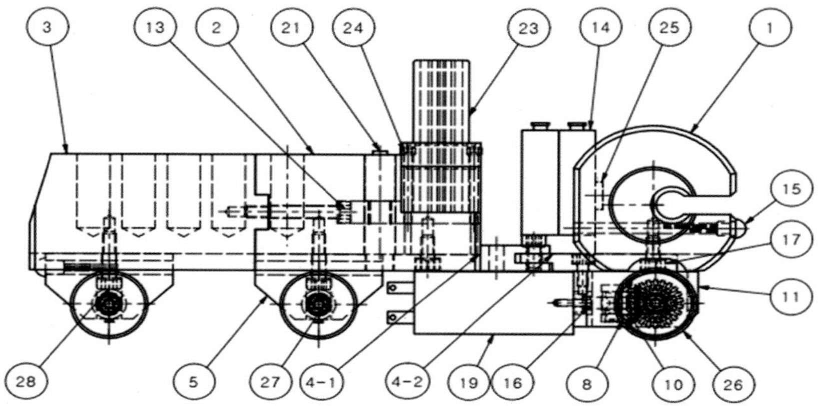

품번	품명	규격	재질	수량	비고
1	프런트 오버행	기본값	알루미늄	1	
2	화물적재함_1	기본값	알루미늄	1	
3	화물적재함_2	기본값	알루미늄	1	
4	커플러_1_2	기본값	알루미늄	2	
5	크로스멤버	기본값	알루미늄	2	
6	전륜차축	기본값	연마봉	1	비열처리
7	후륜차축	기본값	연마봉	2	비열처리
8	전륜	기본값	알루미늄	2	
9	후륜	기본값	알루미늄	4	
10	부시	기본값	연마봉	1	비열처리
11	기어박스	기본값	알루미늄	1	
13	육각홈붙이볼트	M5x35	일반	2	규격품
14	건전지(케이블포함)	9V	일반	2	규격품
15	발광다이오드(저항1kΩ포함)	LED 5mm_R	일반	4	규격품
16	육각홈붙이볼트	M3x10	일반	2	규격품
17	육각홈붙이볼트	M5x10	일반	3	규격품
18	무두볼트	M5x6	일반	2	규격품
19	DC모터	K26 2W 26Ø DC24V 기어비 1/200	일반	1	규격품
20	베벨기어	m1-20TB	일반	2	규격품
21	푸시버튼 스위치	W12N-A-RD	일반	2	규격품
22	멈춤링_축용	Ø10_C형	일반	4	규격품
23	릴레이(소켓포함)	24V-24P	일반	2	규격품
24	육각홈붙이볼트	M3x30	일반	2	규격품
25	원형 자석	네오디움Ø12X3	일반	1	규격품
26	오일링	Ø24X2	일반	2	규격품
27	육각홈붙이볼트	M4x10	일반	12	규격품
28	육각홈붙이볼트	M5x20	일반	2	규격품

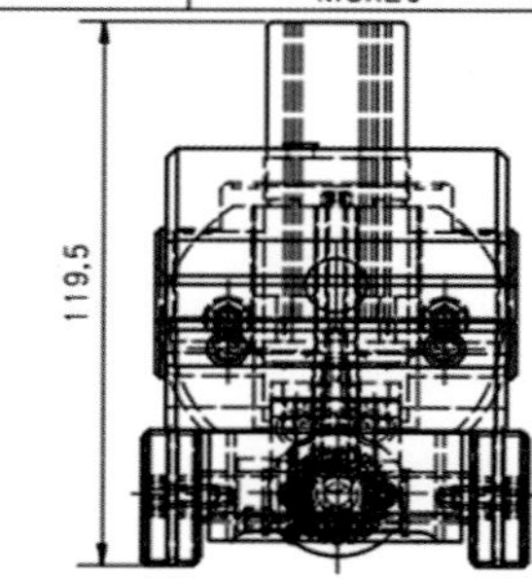

설계자	검도자	승인자	날짜	날짜
송원석				2021-12-31

공작기계 실무 프로젝트 융합과제	전기자동차_B형		
	조립도	에디션	용지 1 / 1

* 전후진 모터동력 및 램프 기동

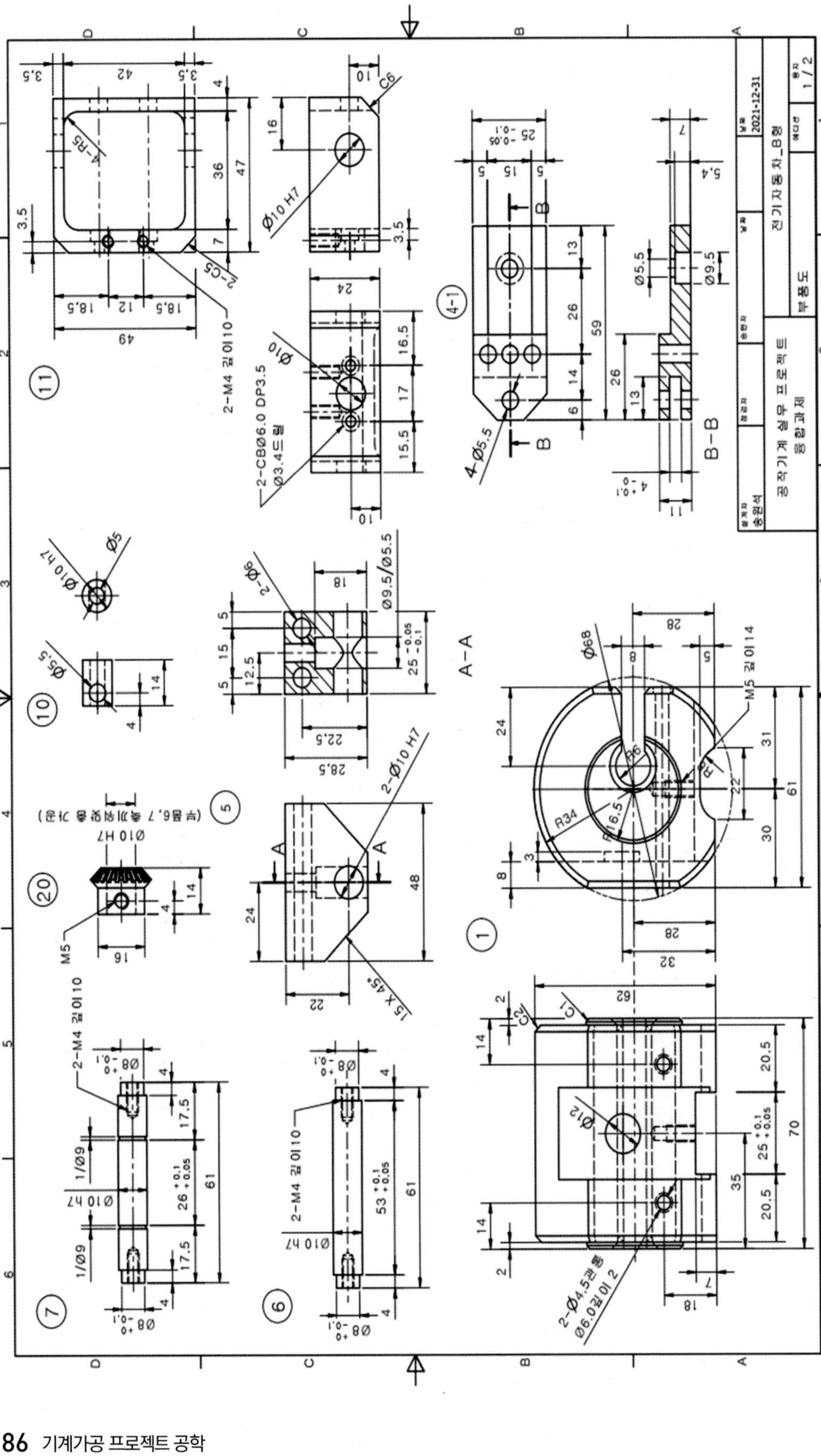

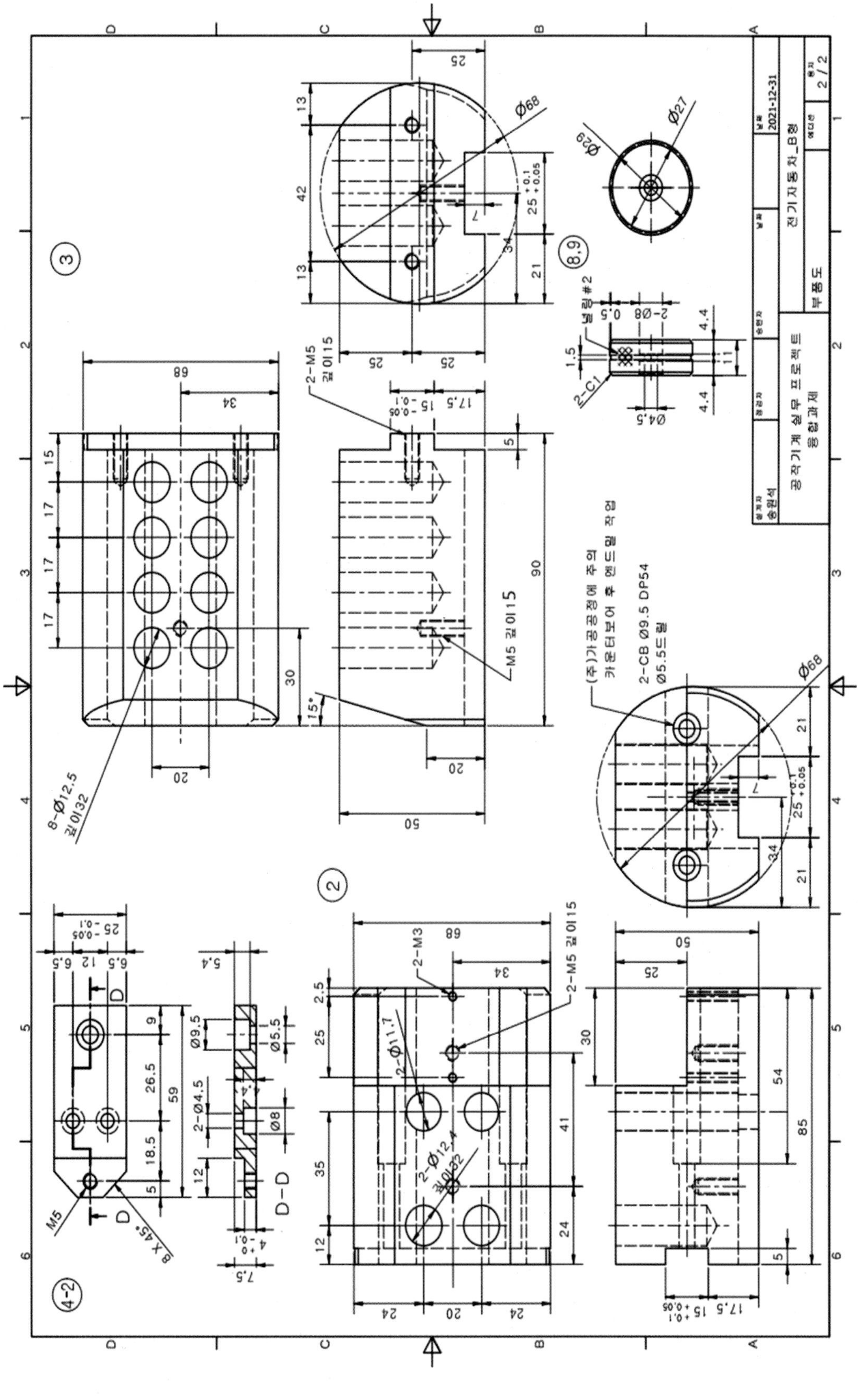
(주)가공공정에 주의
카운터보어 후 엔드밀 작업
공작기계 실무 프로젝트
융합과제
전기자동차_B형
2021-12-31
부품도
2/2
송원석

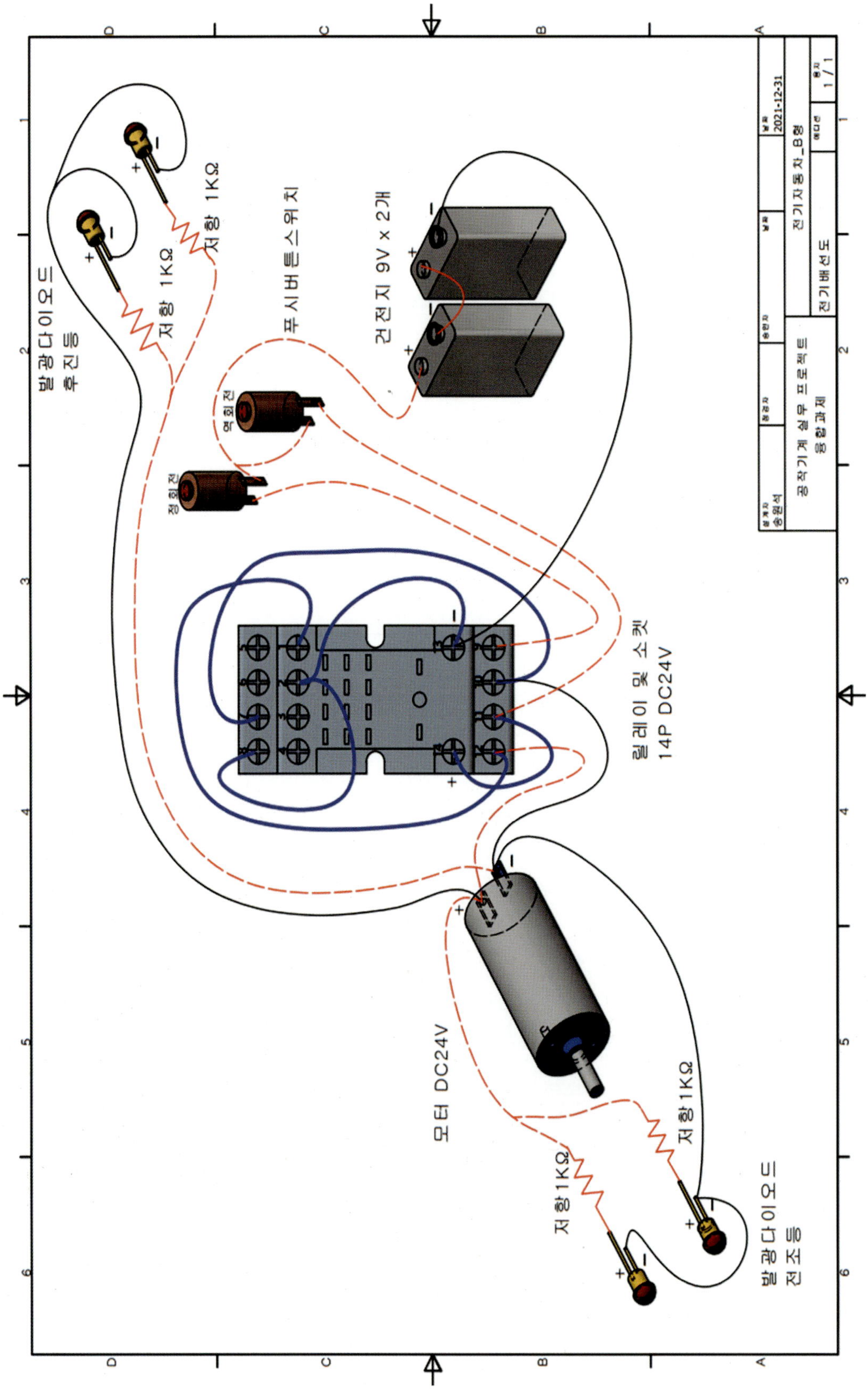
발광다이오드
후진등
저항 1KΩ
저항 1KΩ
푸시버튼스위치
건전지 9V x 2개
역회전
정회전
릴레이 및 소켓
14P DC24V
모터 DC24V
저항1KΩ
저항1KΩ
발광다이오드
전조등
설계자 송원석
공작기계 실무 프로젝트
융합과제
전기자동차_B형
전기배선도
2021-12-31
1 / 1

CHAPTER 06 응용가공조립

학습 목표

1) 팔각형 도형의 개념을 알고 설계할 수 있다.
2) 도면을 이해하고 정밀하게 가공할 수 있다.
3) 적용된 KS품의 규격과 용도를 설명할 수 있다.

용문사 윤장대를 설계하고 출력하여 그 도면을 제작도면으로 실제로 공작기계를 이용하여 제작해보는 실습으로 도면 설계능력을 향상시키고 선반, 밀링과 드릴링 등의 공작기계를 이용하여 제품을 가공해 봄으로서 공작기계 가공 능력도 향상시키는 과제를 수행한다.

주제 : 윤장대 제작

1) 소요시간 : [20 시간]

2) 도면

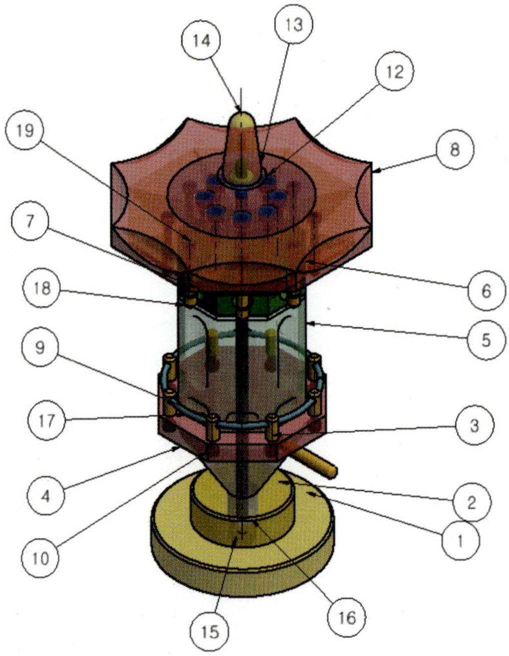

3) 보고서 내용

[표 - 1] 프로젝트 담당업무 및 참여 동기
[표 - 2] 도면(부품도) 검토 및 분석
[표 - 3] 소요 가공재료 및 KS규격품
[표 - 4] 기계 및 공구, 측정기
[표 - 5] 부품 가공 시 안전 및 유의사항 조사
[표 - 6] 조립품 및 부품 측정
[표 - 7] 4way 품질 분석
[표 - 8] 부품 가공 순서

윤장대 이야기

용문사 윤장대는 경서(經書)를 보관한 경장(經藏)의 일종이며 크기는 높이 4.2m, 둘레 3.27m로 대장전 내에 좌우로 2개가 설치되었다.

용문사 윤장대(龍門寺 輪藏臺)는 내부에 불경을 넣고 손잡이를 돌리면서 극락정토를 기원하는 의례를 행할 때 쓰던 도구이다.

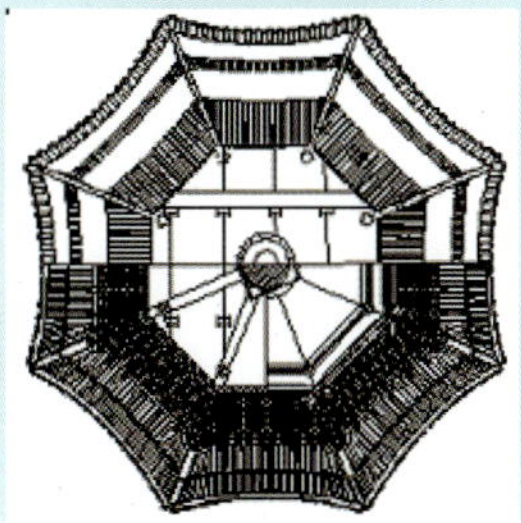

마루 밑에 회전축의 기초를 놓고 윤장대를 올려놓았으며, 지붕 끝을 건물 천장에 연결하였다. 불단(佛壇)을 중심으로 좌우에 1기씩 놓여있는데 화려한 팔각정자 형태이다.

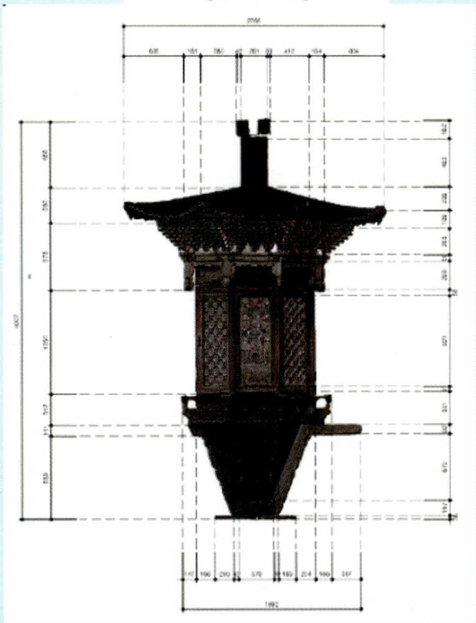

아래 부분은 팽이모양으로 뾰족하게 깎아 잘 돌아갈 수 있도록 하였고, 난간을 두른 받침을 올린 후 8각의 집 모양을 얹었다. 8각의 집 모양에는 모서리에 기둥을 세우고 각 면마다 8개의 문을 달았다. 문은 좌우로 구분되어 4개의 문에는 꽃무늬 창살이 다른 4개의 문에는 빗살무늬 창살이 정교하게 꾸며져 있다. 문을 열면 8면에 서가처럼 단이 만들어져 경전을 꺼내볼 수 있도록 하였다.

보존이 잘 되어있고 8각형 모양의 특이한 구조수법이 돋보이는 국내 유일의 자료로, 경전의 보관처인 동시에 신앙의 대상이 되는 귀한 불교 공예품이다. 대장전을 창건할 당시 함께 제작된 것인지 조선 현종 11년(1670) 대장전을 새 단장하면서 만들어진 것인지는 확실하지 않다.

출처 : http://www.cha.go.kr/korea http://www.heritage.go.kr

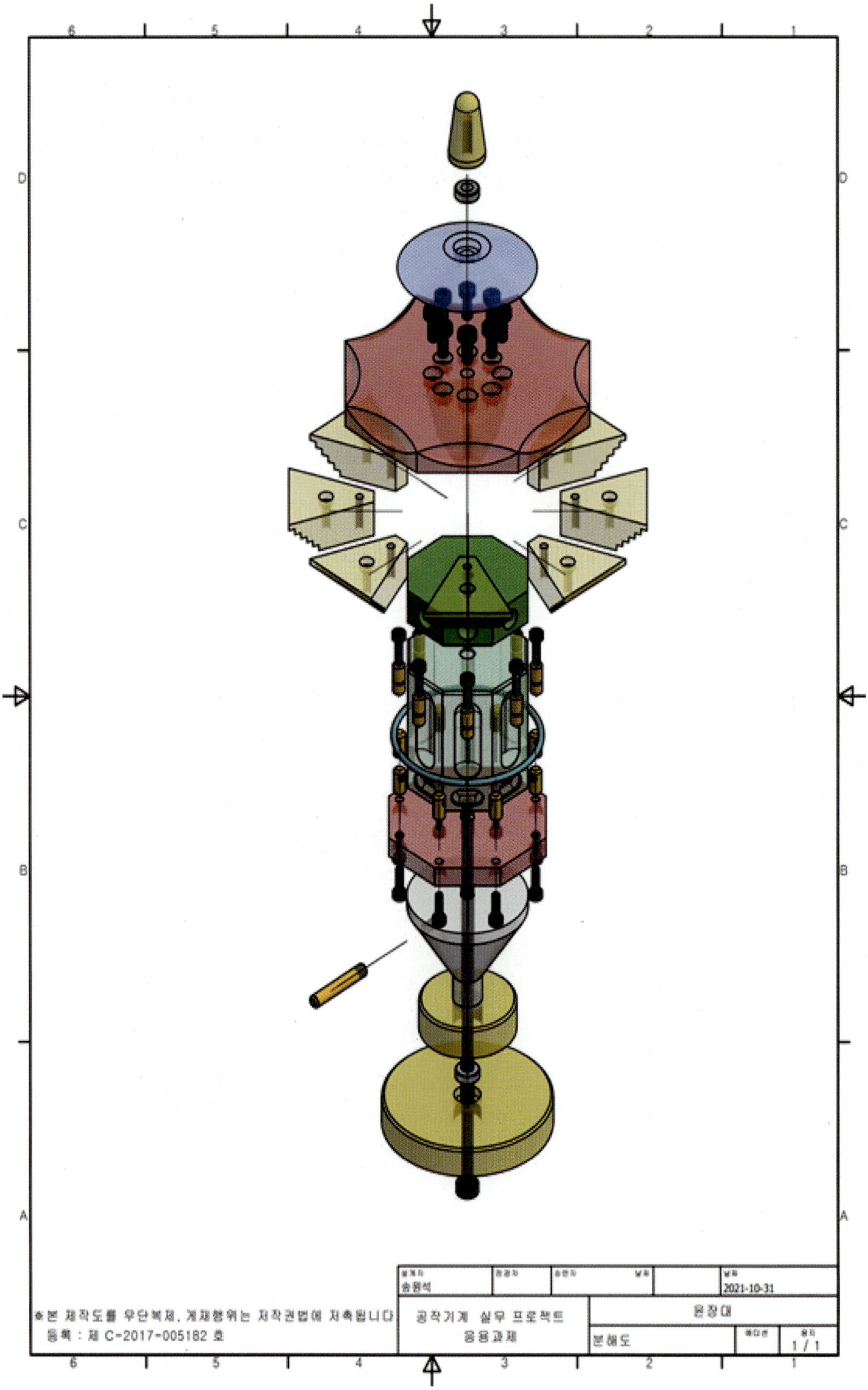

송원석
2021-10-31
※본 제작도를 무단복제, 게재행위는 저작권법에 저촉됩니다
등록 : 제 C-2017-005182 호
공작기계 실무 프로젝트
응용과제
윤장대
분해도
1 / 1

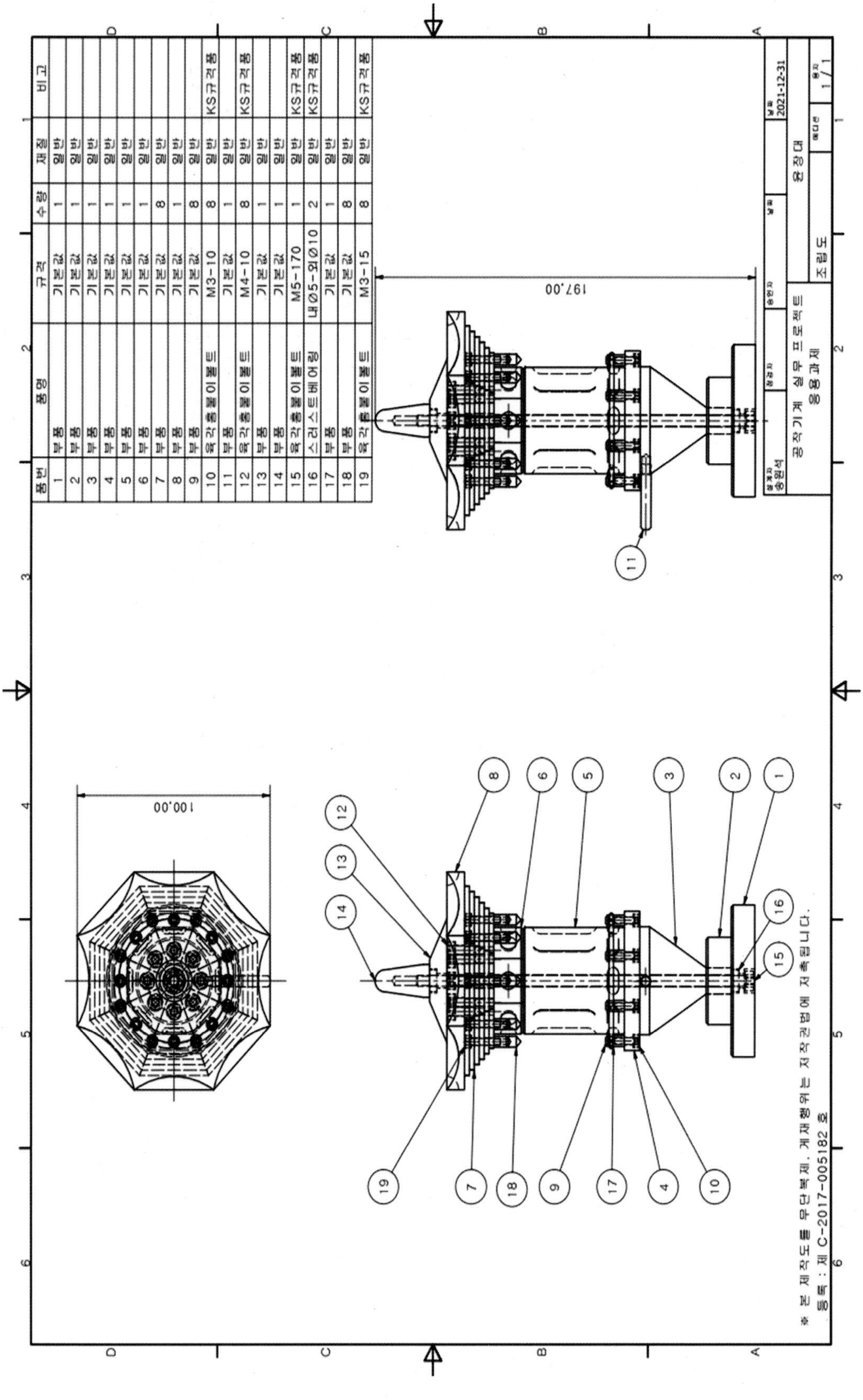

품번	품명	규격	수량	재질	비고
1	부품	기본값	1	일반	
2	부품	기본값	1	일반	
3	부품	기본값	1	일반	
4	부품	기본값	1	일반	
5	부품	기본값	1	일반	
6	부품	기본값	1	일반	
7	부품	기본값	8	일반	
8	부품	기본값	1	일반	
9	부품	기본값	8	일반	
10	육각홈붙이볼트	M3-10	8	일반	KS규격품
11	부품	기본값	1	일반	
12	육각홈붙이볼트	M4-10	8	일반	KS규격품
13	부품	기본값	1	일반	
14	부품	기본값	1	일반	
15	육각홈붙이볼트	M5-170	1	일반	KS규격품
16	스러스트베어링	내Ø5-외Ø10	2	일반	KS규격품
17	부품	기본값	1	일반	
18	부품	기본값	8	일반	
19	육각홈붙이볼트	M3-15	8	일반	KS규격품

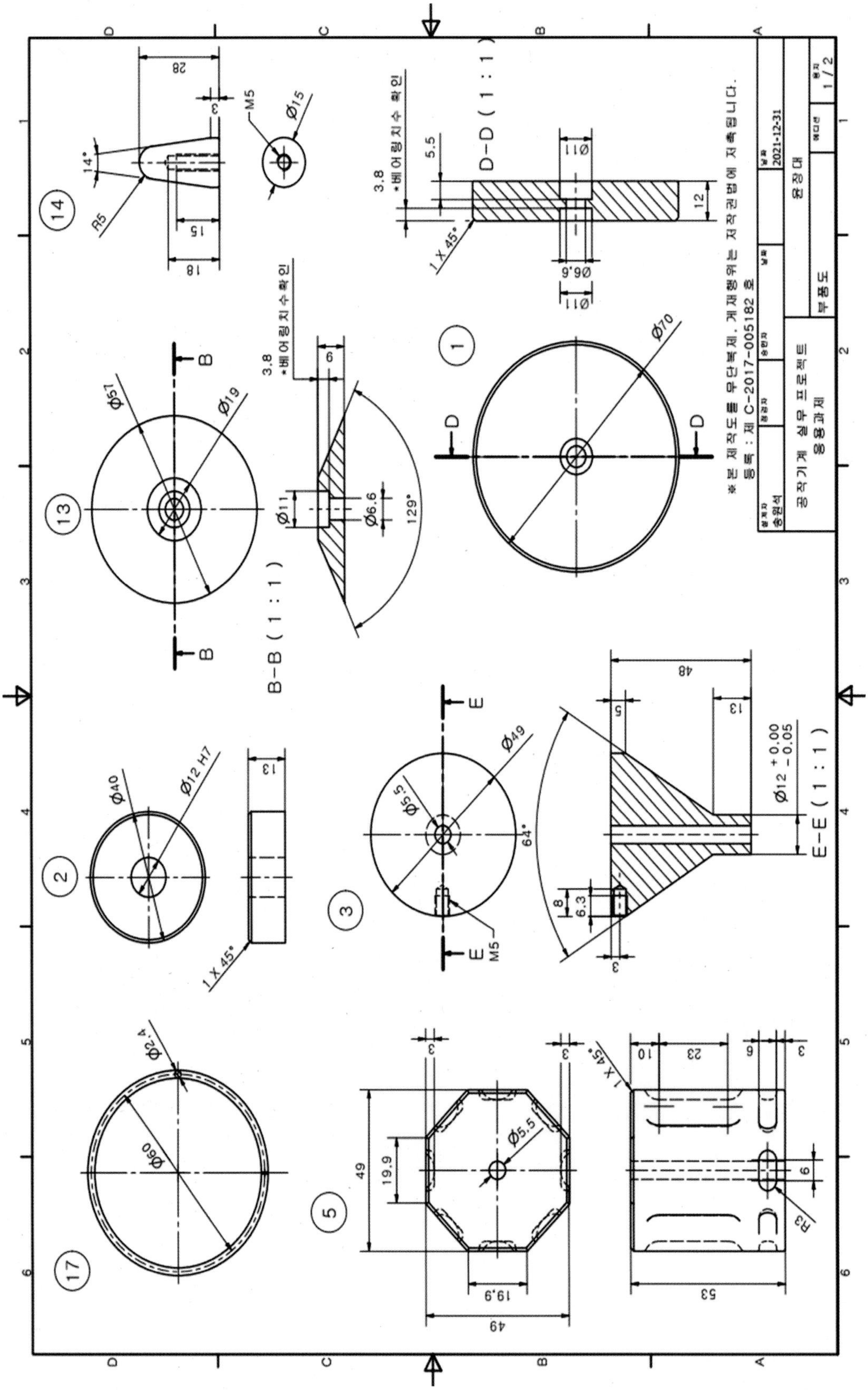
D-D (1 : 1)
B-B (1 : 1)
E-E (1 : 1)
*베어링 치수 확인
※ 본 제작도를 무단복제, 게재행위는 저작권법에 저촉됩니다.
등록 : 제 C-2017-005182 호
송완석
공작기계 실무 프로젝트
응용과제
부품도
윤장대
2021-12-31
1/2

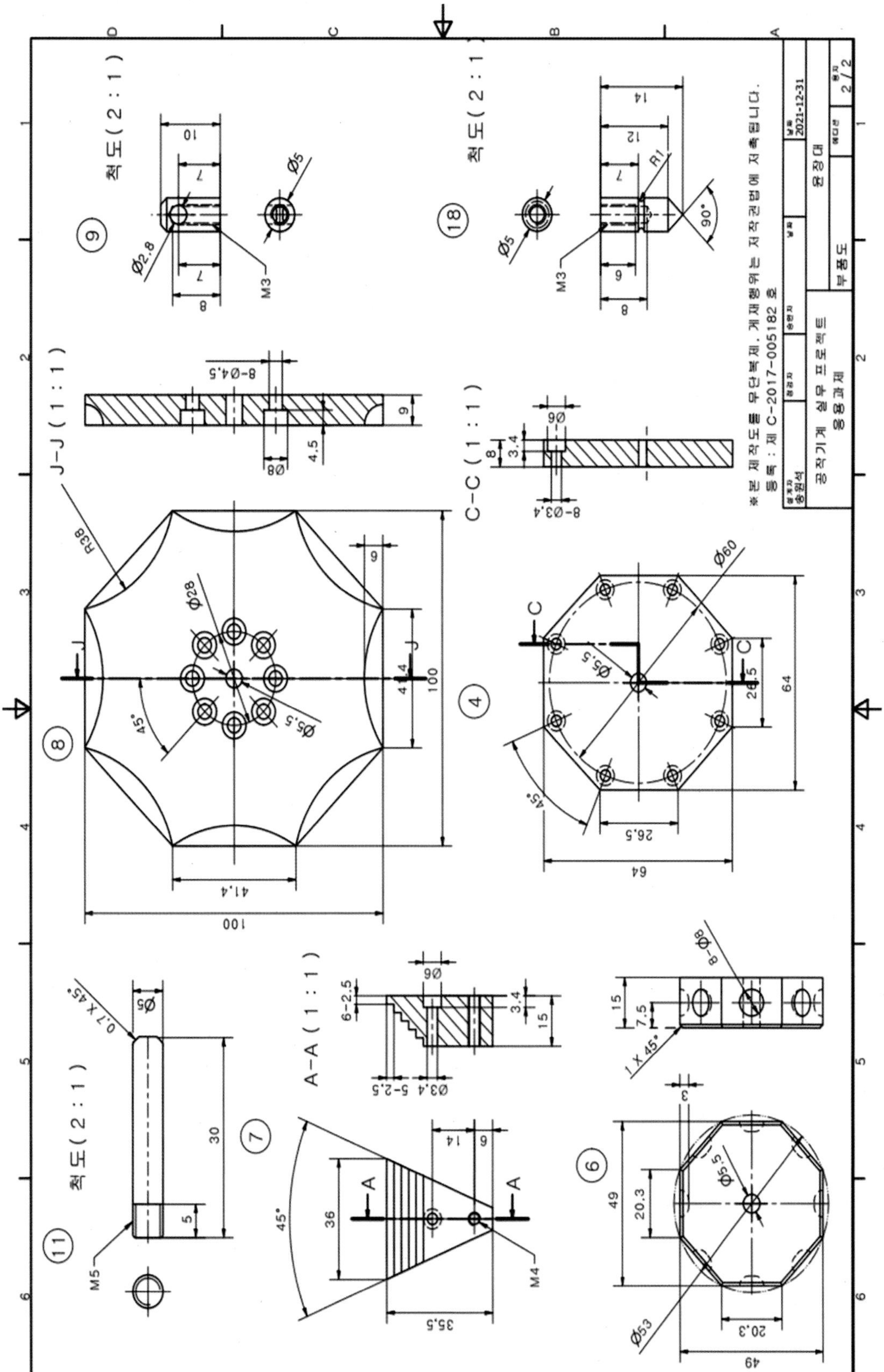
척도 (2 : 1)
J-J (1 : 1)
C-C (1 : 1)
A-A (1 : 1)
※ 본 제작도를 무단복제, 게재행위는 저작권법에 저촉됩니다.
등록 : 제 C-2017-005182 호
공작기계 실무 프로젝트
응용과제
2021-12-31
2/2

A ∷ 수행계획서 작성

수행계획서는 작품제작과정에 필요한 것들을 단계별로 작성한다. 조립도 및 부품도면 작성, 소요재료 목록 작성, 사용기계 및 공구 목록 작성, 측정기, 부품 가공 공정 작성, 가공부품 채점, 완성품 품질분석 등울 작성한다.(연구 및 발명 프로젝트는 반드시 작품 제작 전에 계획서를 작성한다.)

B ∷ 도면 작성 및 도면 분석

제시한 과제 분해도와 조립도, 부품도를 참고로 스케치하면서 과제의 특징을 파악하여 제작과정상 주의 할 점을 조사한다.

1. 부품 스케치하기

제시된 도면의 각 부품을 프리핸드로 등각투상하면서 제품의 형상을 이해한다. 도면의 부품 등각투상도는 아래 그림과 같이 치수에 맞게 그린다.

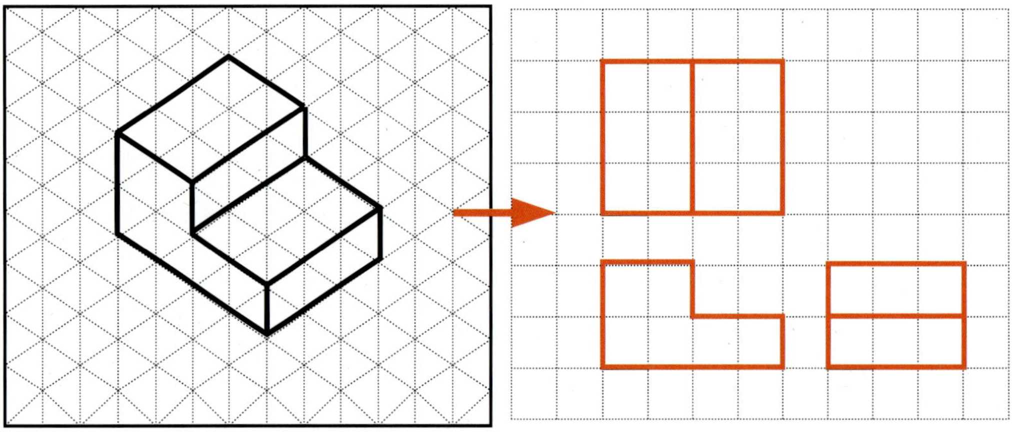

부품 및 등각투상도 예

- 스케치도 그리기(A4용지, 척도:NS, 3각법으로 3면도 작성_정면도, 평면도, 측면도)
- 스케치도 작성 용지[부록]

2. 도면 검토 및 분석하기

도면을 분석하여 설계자의 요구사항은 무엇인지를 확인한 후 설계목적, 운동, 마모, 부품 연결, 부품역할, 주유, 끼워 맞춤, 열처리, 도장, 가공, 고정, 조립, 사용한 재질의 절삭성 및 절삭유제의 사용여부 등을 분석한다.

- 제품의 기능(운동)은?
- 정밀치수(일반치수 제외)는 몇 개소인가?
- 끼워 맞춤이나 기하공차 등 중요치수는?
- KS 규격품과 소재의 재질은?
- 표면의 거칠기와 마무리 가공방법은?
- 특수공구 또는 치공구는 필요하지 않은가?
- 제작에 필요한 측정기는?
- 보유한 공작기계 및 공구로 가공이 가능한가?

C ⁞⁞ 부품 가공 준비

도면 내용을 분석한 다음 학교에 있는 공작기계, 절삭공구, 측정기 현황을 조사하여 부품 가공에 필요한 공작 기계, 절삭공구, 측정기, 소요재료 등 을 선정한다.

1. 부품 가공에 필요한 공작 기계 선정하기

KS규격과 명칭에 따라 품명에는 사용해야 할 공작기계를 적으며, 규격(사양)과 수량을 적는다. 활용 내역에는 기계 기구를 사용할 부품번호와 작업내용을 적는다.

2. 부품 가공에 필요한 측정기구 선정하기

도면 내용을 분석한 다음 보유한 측정 기구를 조사하고 부품 가공에 필요한 측정 기구를 선정하여 준비한다.

3. 제작에 필요한 재료 선정하기

부품 가공에 필요한 재료 치수를 뽑고 다음 표를 작성하여 구매 신청을 할 수 있도록 준비한다. 규격품은 KS규격에 따라 품명과 재질, 규격, 수량을 적고, 비고란에는 KS규격분류

기호와 번호, 열처리 여부를 기록한다. 단, 재료는 가공이 수월한 연강(SM20C), 황동, 알루미늄 등을 사용해도 되며 규격은 가공여유(+3~5)를 포함한 치수를 적는다,

4. 부품 가공 시 안전 및 유의 사항 조사하기

부품 가공 시에 필요한 유의사항을 조사하고 이를 근거로 실제 가공에 있어 안전사고가 발생하지 않도록 철저히 준비한다.

D ⁞⁞ 부품 가공

모든 기구들은 여러 개의 부품으로 조합되어 있으며 각 부품들은 상대적인 상관관계를 가지고 있다. 따라서 조립 부의 치수는 정밀도가 요구되므로 1차 가공한 후 다듬질로 마무리한다.

1. 부품① 가공

- **지급재료** : ∅70 × 100

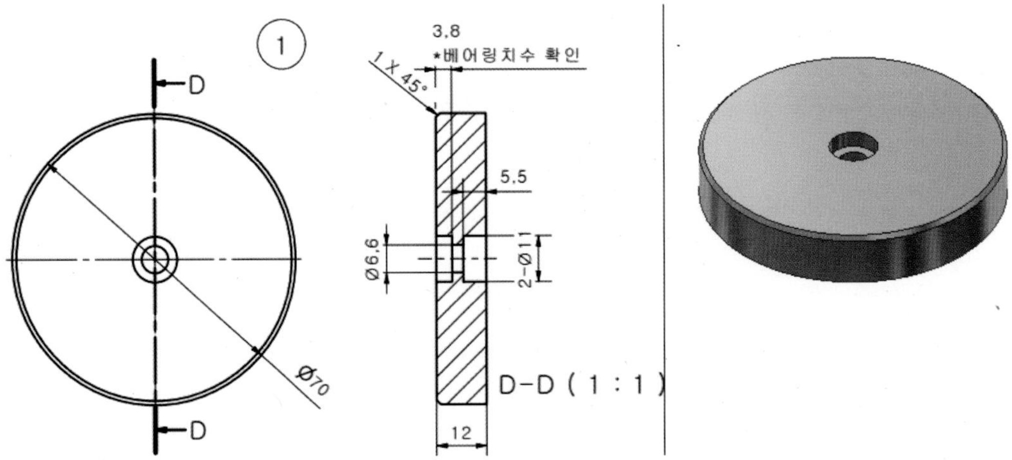

1) 도면 검토 및 수정하기

치수, 끼워 맞춤, 기하공차[15], 표면 거칠기, 제품의 기능, 요구사항 등을 확인한다. 제작상의 문제점이 있으면 수정하고 수정된 도면을 제작도면으로 사용한다.

2) 부품 가공순서 정하기

부품 가공공정을 결정하는 작업은 제작 시간단축 및 조립상태 확인, 가공불량 등을 줄일 수 있다. 따라서 부품도를 분석하여 각 부품을 어떤 순서로 어떻게 가공할 것인가를 가공 전에 생각하여 가공 순서를 정하고 이를 토대로 실제 가공에 이용 한다.

3) 부품 가공하기

① 선반에서 돌려 물림으로 카운터보어 작업까지 가공한다.

② 단면 → 외경 → 모따기(C1) → 드릴(∅6.6 깊이 약 17㎜) → 카운터보어(∅11 깊이 3.8㎜ *깊이는 베어링 치수보다 약간 작게 함) → 절단 → 돌려 물림 → 두께(12㎜) → 카운터보어(∅11 깊이 5.5㎜) 순으로 가공한다.

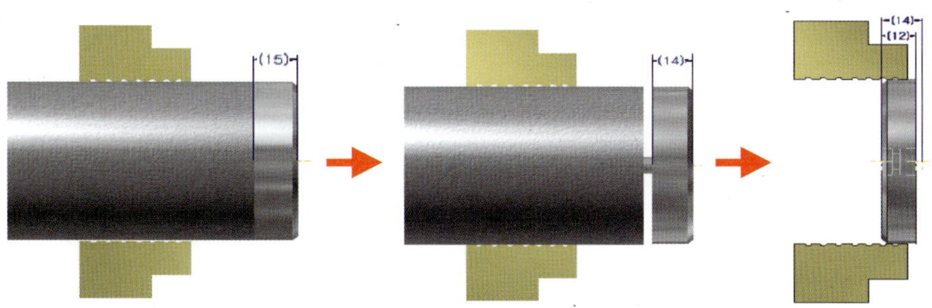

15) 치수공차로 규제된 제품은 치수가 맞아도 형상에 따라 결합이 안 되는 경우가 있으나, 기하공차로 규제된 제품은 치수가 조금 틀리는 최악의 경우에도 결합이 가능하다. 따라서 기하공차는 제품의 기능 및 결함 부품들 간의 상호 호환성을 규제하는 것으로 고 정밀한 제품에는 필히 적용되고 있다.

2. 부품② 가공

- 지급재료 : ∅40 × 100

위 부품①과 같은 방법으로 선반에서 기계리머 작업하여 완성한다.

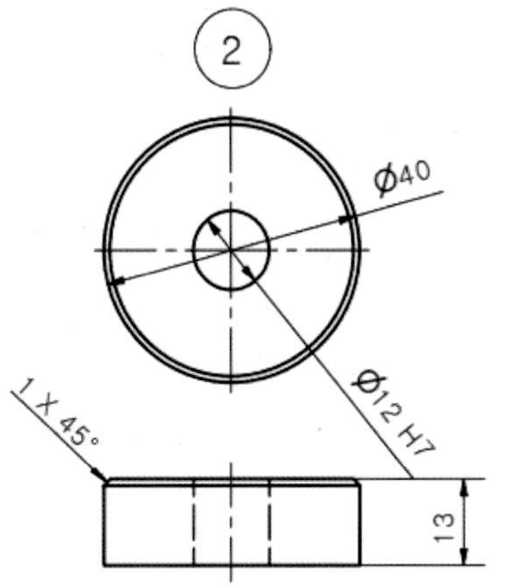

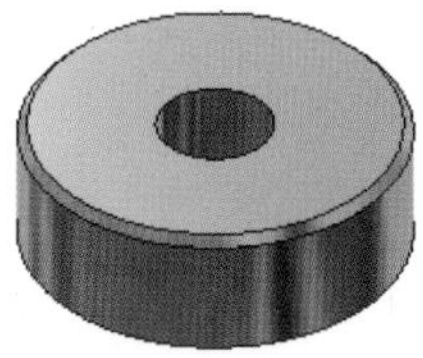

3. 부품③ 가공

- 지급재료 : ∅50 × 100

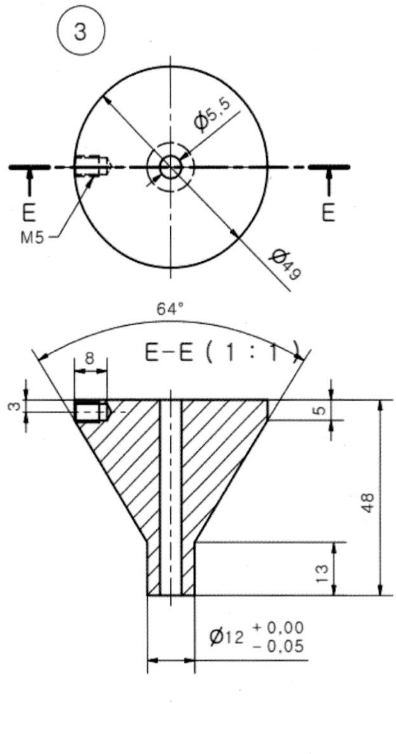

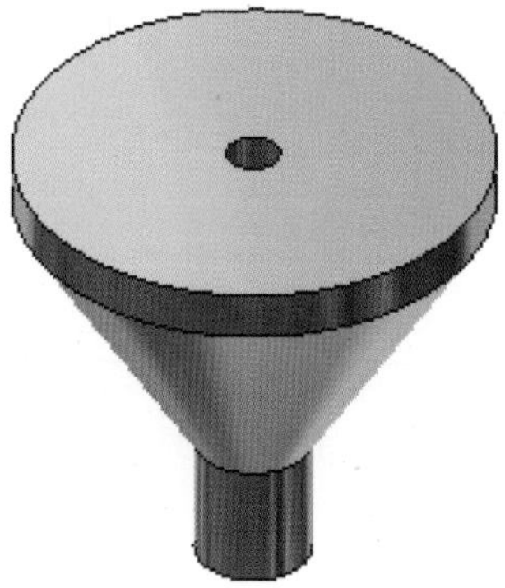

1) 도면 검토 및 수정하기

치수, 끼워 맞춤, 기하공차[16], 표면 거칠기, 제품의 기능, 요구사항 등을 확인한다. 제작상의 문제점이 있으면 수정하고 수정된 도면을 제작도면으로 사용한다.

2) 부품 가공순서 정하기

부품 가공공정을 결정하는 작업은 제작 시간단축 및 조립상태 확인, 가공불량 등을 줄일 수 있다. 따라서 부품도를 분석하여 각 부품을 어떤 순서로 어떻게 가공할 것인가를 가공 전에 생각하여 가공 순서를 정하고 이를 토대로 실제 가공에 이용 한다.

3) 부품 가공 따라하기

① 선반에서 돌려 물림 가공한다.

② 외경(∅49)을 가공한다. 돌려서 물릴 자리(∅20 × 15)를 만든 후(추후 재가공하여 제거) 돌려서 단면→외경(∅12h7 × 13)→테이퍼(60°)를 가공한다.

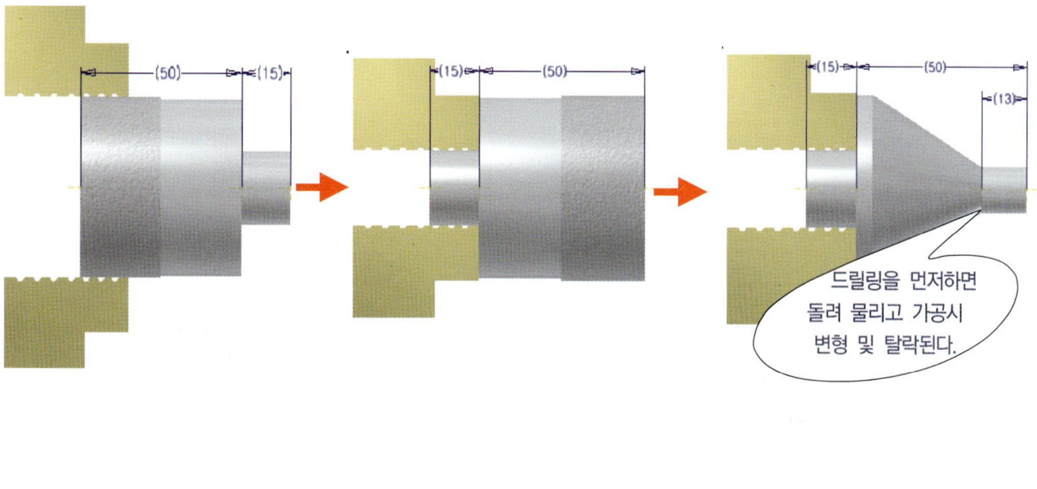

---

16) 치수공차로 규제된 제품은 치수가 맞아도 형상에 따라 결합이 안 되는 경우가 있으나, 기하공차로 규제된 제품은 치수가 조금 틀리는 최악의 경우에도 결합이 가능하다. 따라서 기하공차는 제품의 기능 및 결함 부품들 간의 상호 호환성을 규제하는 것으로 고 정밀한 제품에는 필히 적용되고 있다.

③ 완성 가공한 외경(∅12)을 ER콜렛척으로 물리고 길이(49㎜)가공 및 드릴(∅5.5) 작업한다. 가공부 보호 및 탈락 방지목적으로 ER콜렛척을 사용한다.

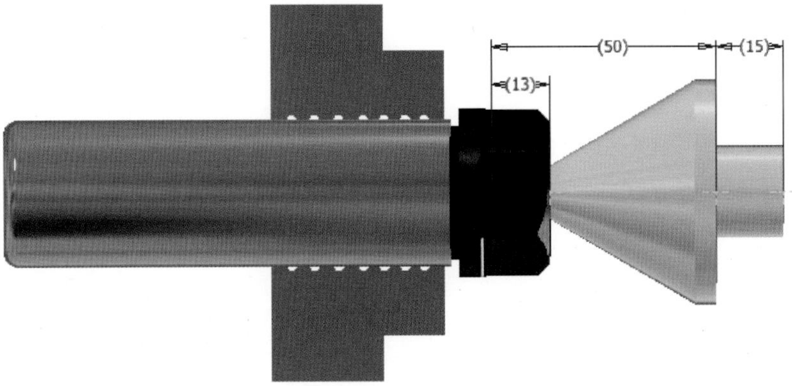

4. 부품④ 가공

• 지급재료 : 10 × 85 × 85

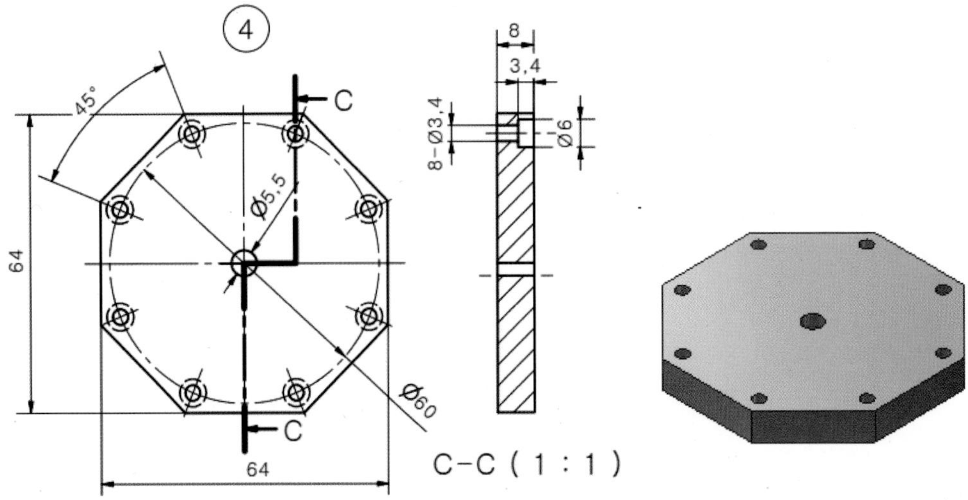

1) 도면 검토 및 수정하기

치수, 끼워 맞춤, 기하공차[17], 표면 거칠기, 제품의 기능, 요구사항 등을 확인한다. 제작상의 문제점이 있으면 수정하고 수정된 도면을 제작도면으로 사용한다.

2) 부품 가공순서 정하기

부품 가공공정을 결정하는 작업은 제작 시간단축 및 조립상태 확인, 가공불량 등을 줄일 수 있다. 따라서 부품도를 분석하여 각 부품을 어떤 순서로 어떻게 가공할 것인가를 가공 전에 생각하여 가공 순서를 정하고 이를 토대로 실제 가공에 이용 한다.

3) 부품 가공 따라하기

① 기준면 및 3직각을 잡는다.

② 금긋기 한 후 두께 및 정사각형(8 × 64 × 64)으로 가공한다.
금긋기 전에 높이게이지의 0점 조정을 한다. 0점 조정은 스크라이버 측정면을 석정반에 밀착 시킨 후 버니어 눈금(어미자와 아들자) 눈금일치를 확인하여 조정한다.

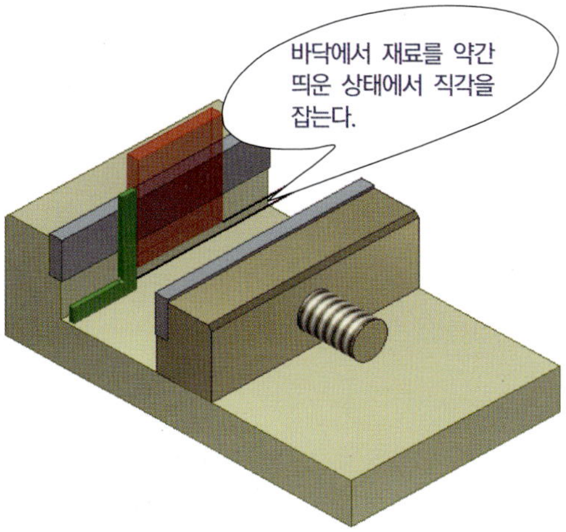

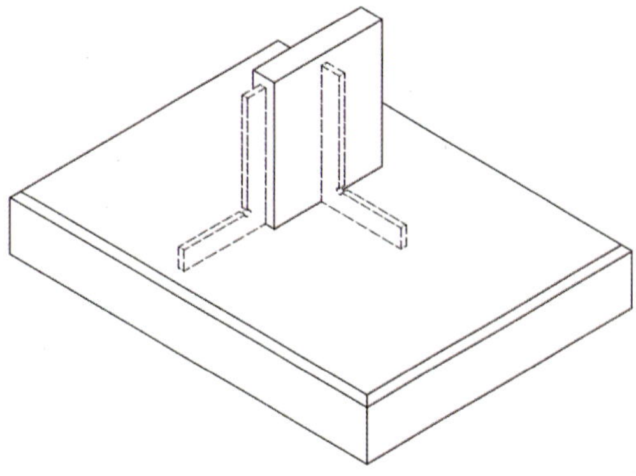

가공재료 정반에서 직각 점검하기

④ 8면체 가공은 V블록(45°)에 올려놓고 꼭짓점 기준(77.25㎜)으로 금긋기 및 가공한다.
꼭짓점에서 각까지의 거리를 정확하게 가공을 해야 할 필요가 있을 때는 V블록과 가공물의 각도까지의 거리를 계산 값에 따라 측정하면서 가공한다. 측정할 때도 V블록에 공작물을 올려놓은 상태로 V블록 밑면에서 공작물 가공 면까지 전체를 버니어캘리퍼스로 측정하거나 정반에서 인디케이터로 측정한다.

---

17) 치수공차로 규제된 제품은 치수가 맞아도 형상에 따라 결합이 안 되는 경우가 있으나, 기하공차로 규제된 제품은 치수가 조금 틀리는 최악의 경우에도 결합이 가능하다. 따라서 기하공차는 제품의 기능 및 결합 부품들 간의 상호 호환성을 규제하는 것으로 고 정밀한 제품에는 필히 적용되고 있다.

(참고) : 다음 쪽 45° V블록을 이용하여 각도 가공하기

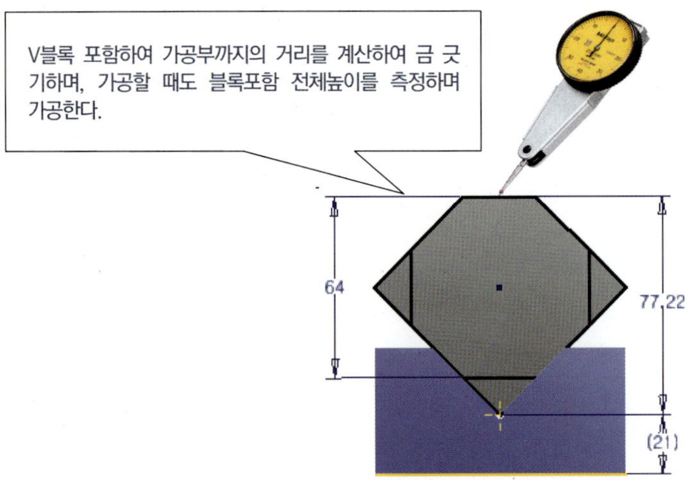

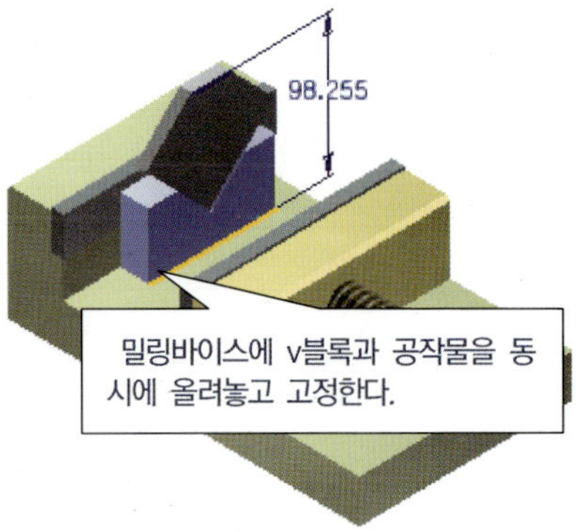

45° V-블록을 이용한 각 가공

계산에 필요한 삼각함수

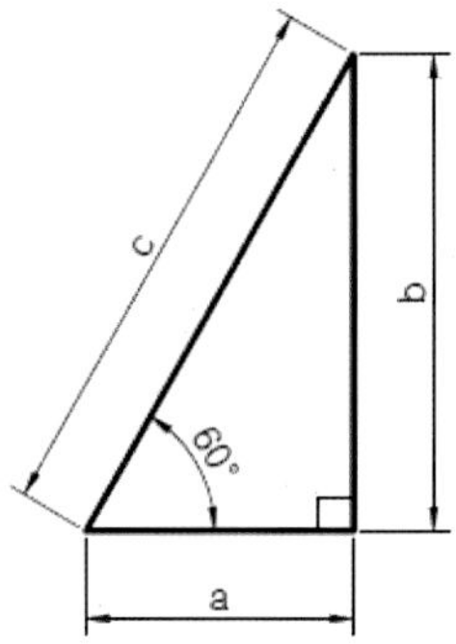

$$c = \sqrt{a^2 + b^2}\,,\ a = \sqrt{c^2 - b^2}\,,\ b = \sqrt{c^2 - a^2}$$

$$\sin = \frac{b}{c} \quad \text{또는} \quad \tan = \frac{b}{a}$$

[방법] 45° V-블록에 공작물을 올려놓고 전체 거리를 측정하며 가공한다. (다음 쪽의 거리 계산방법 참고)

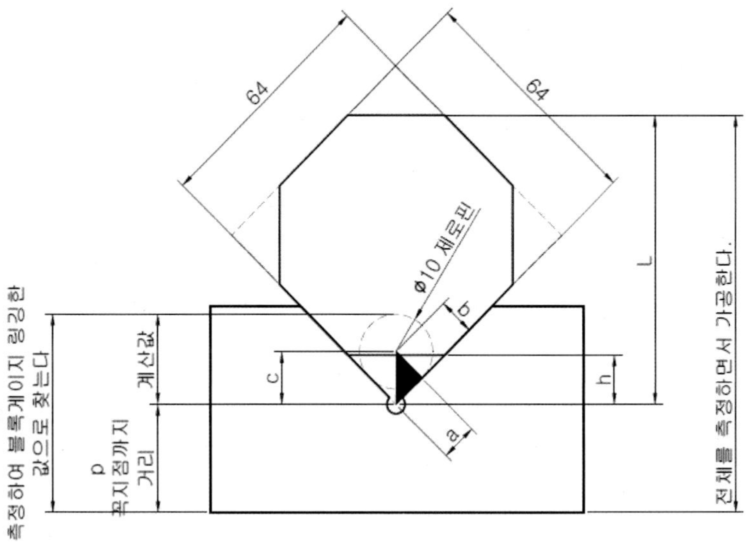

QUESTION

V 블록의 밑면에서 꼭짓점(P)까지의 거리를 구한다.

[풀이] 제로 핀을 사용한다. 핀의 지름이 ∅10 이므로 b=5

$\sin 45 = \frac{5}{c}$ 또는 $\tan 45 = \frac{5}{a}$

$c = \frac{5}{\sin 45} = 7.07 \quad a = \frac{5}{\tan 45} = 5.0$

$x = 7.07 + 5 = 12.07$

따라서 $P = H - 12.07$

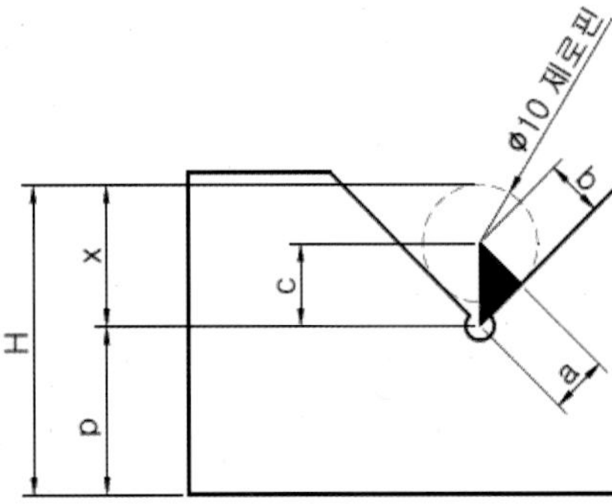

QUESTION

정팔각면체의 L 거리를 구한다.

[풀이] 정사각형의 한 변의 길이는 64mm 이다.

$\sin 45 = \frac{64}{c}$

$c = \frac{64}{\sin 45} = 90.51$

$h = \frac{c - 64}{2} = \frac{90.51 - 64}{2} = 13.26$

따라서 $L = 13.26 + 64.0 = 77.25$

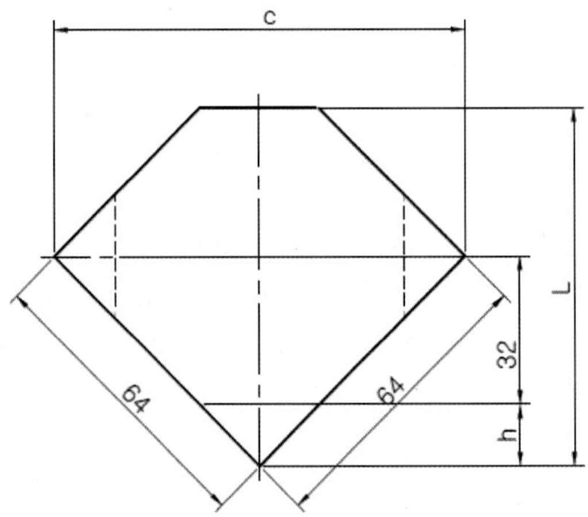

④ 동일방법으로 다른 꼭짓점을 기준(77.25㎜)으로 가공한 후 각 가공면을 기준으로 외곽 치수(64㎜)을 가공하여 정 8각형을 만든다.

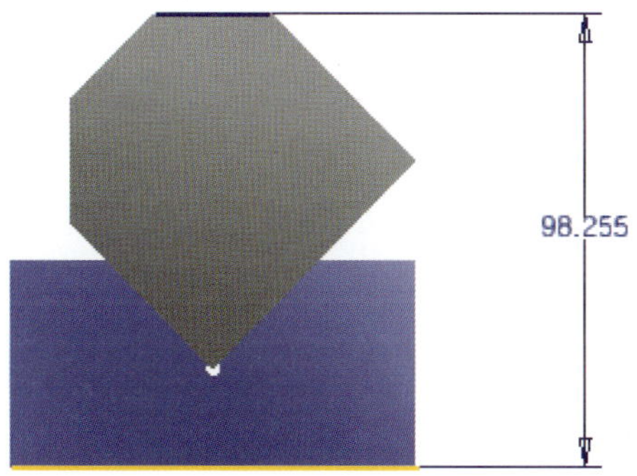

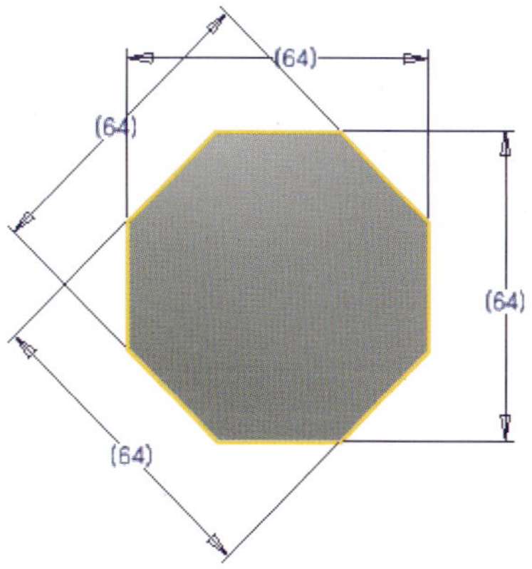

5. 부품⑤ 가공

• 지급재료 : ∅60 × 100

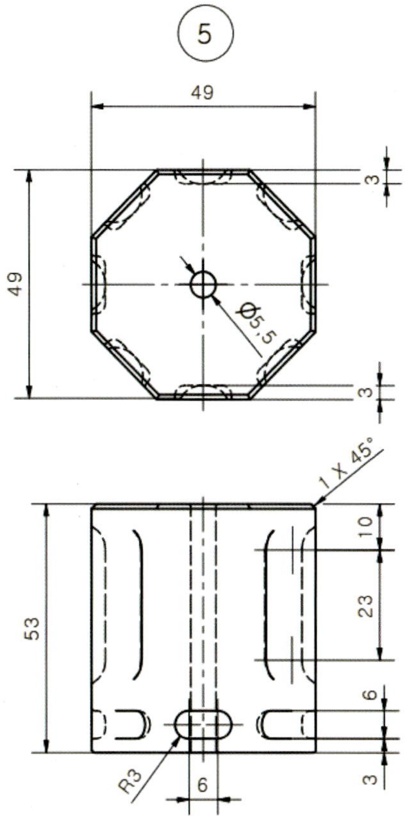

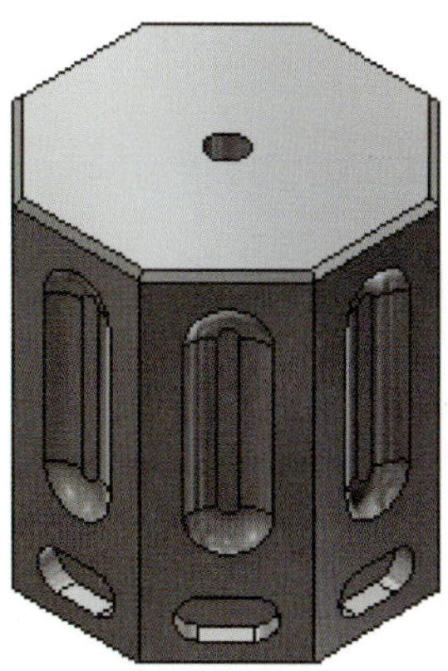

1) 도면 검토 및 수정하기

치수, 끼워 맞춤, 기하공차[18], 표면 거칠기, 제품의 기능, 요구사항 등을 확인한다. 제작상의 문제점이 있으면 수정하고 수정된 도면을 제작도면으로 사용한다.

2) 부품 가공순서 정하기

부품 가공공정을 결정하는 작업은 제작 시간단축 및 조립상태 확인, 가공불량 등을 줄일 수 있다. 따라서 부품도를 분석하여 각 부품을 어떤 순서로 어떻게 가공할 것인가를 가공 전에 생각하여 가공 순서를 정하고 이를 토대로 실제 가공에 이용 한다.

3) 부품 가공 따라하기

① 선반에서 돌려 물림 가공한다.

② 외경길이(53㎜)를 고려하여 적당량을 물린다.

③ 단면과 외경(∅53)가공 후 모따기(C1) → 센터드릴 → 드릴(∅5.5) → 카운터싱킹 작업 한 후 돌려 물리고 길이(53㎜) → 모따기(C1) → 카운터싱킹 한다.

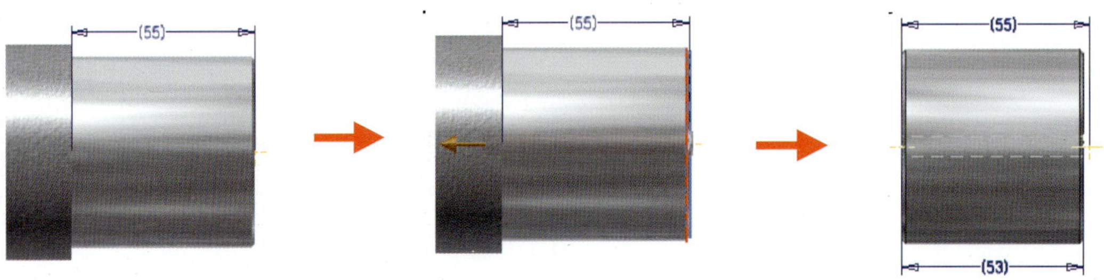

④ 밀링 정면커터 작업으로 원기둥을 사각기둥으로 만든다.

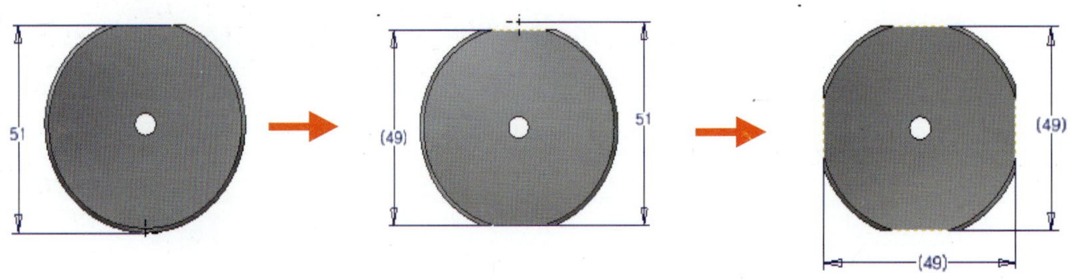

18) 치수공차로 규제된 제품은 치수가 맞아도 형상에 따라 결합이 안 되는 경우가 있으나, 기하공차로 규제된 제품은 치수가 조금 틀리는 최악의 경우에도 결합이 가능하다. 따라서 기하공차는 제품의 기능 및 결합 부품들 간의 상호 호환성을 규제하는 것으로 고 정밀한 제품에는 필히 적용되고 있다.

⑤ 정면커터 작업으로 사각의 각면을 기준으로 팔각기둥으로 만든다.

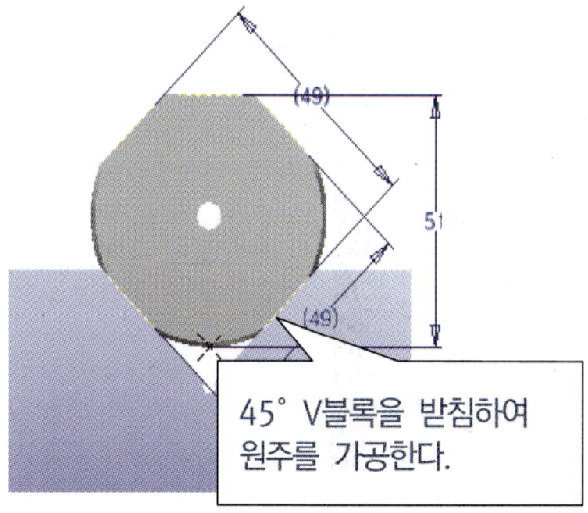

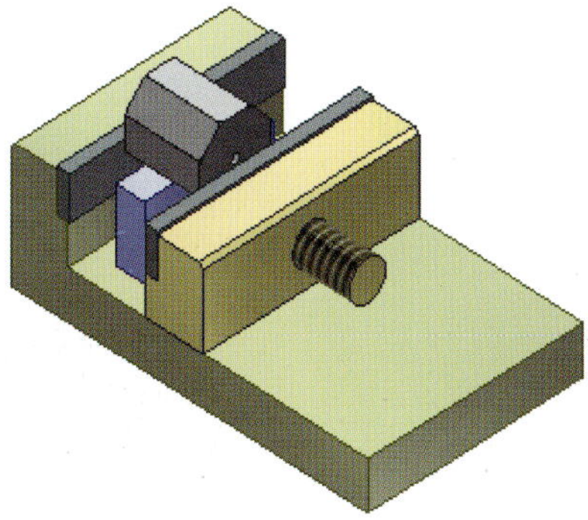

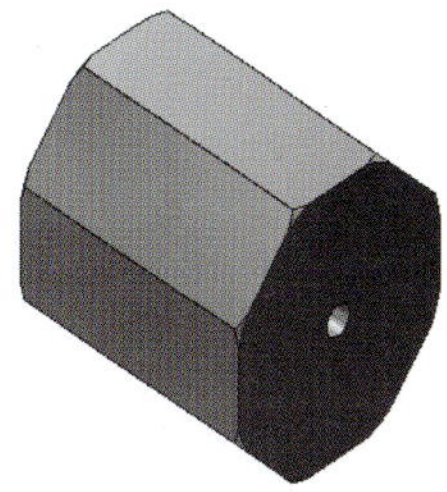

⑥ 엔드밀(∅6) 및 볼 엔드밀(∅16)로 홈 가공한 후 모따기(C1)한다.

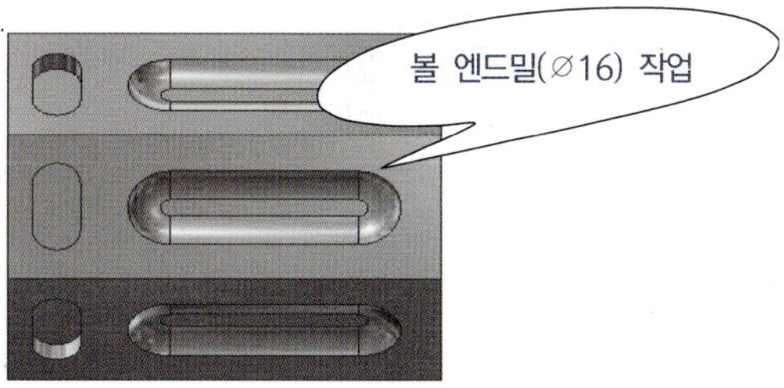

6. 부품⑥ 가공

- **지급재료 : ∅60 × 100**

위 ⑤번 부품과 같은 방법으로 가공한다.

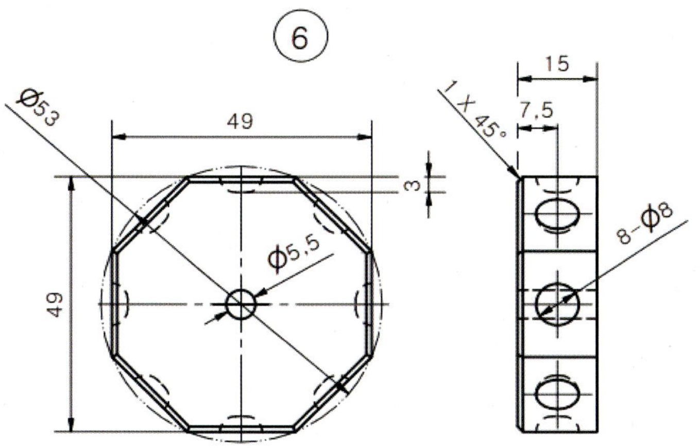

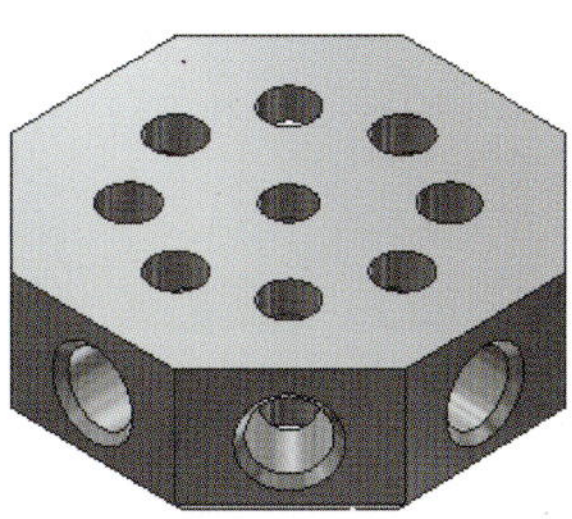

7. 부품⑦ 가공

• 지급재료 : 20 × 45 × 45

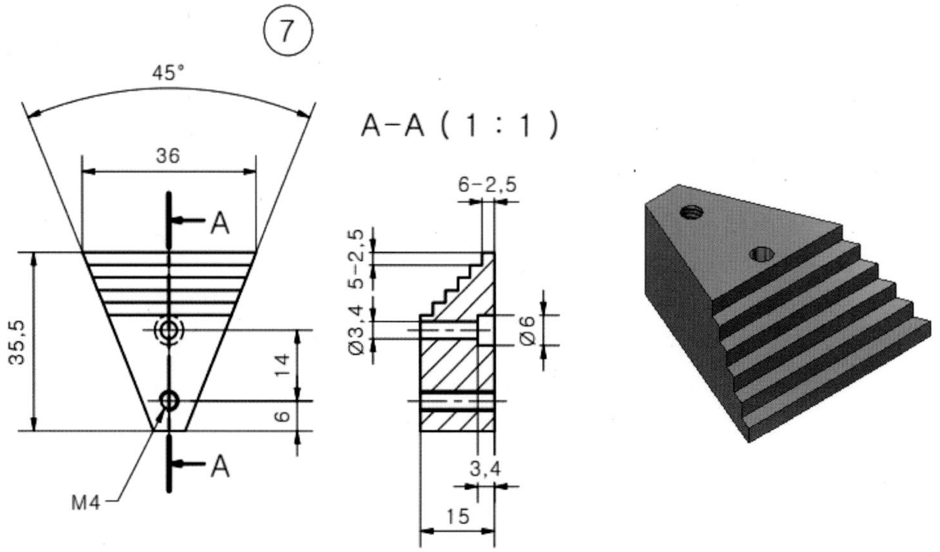

1) 도면 검토 및 수정하기

치수, 끼워 맞춤, 기하공차, 표면 거칠기, 제품의 기능, 요구사항 등을 확인한다. 제작상의 문제점이 있으면 수정하고 수정된 도면을 제작도면으로 사용한다.

2) 부품 가공순서 정하기

부품 가공공정을 결정하는 작업은 제작 시간단축 및 조립상태 확인, 가공불량 등을 줄일 수 있다. 따라서 부품도를 분석하여 각 부품을 어떤 순서로 어떻게 가공할 것인가를 가공 전에 생각하여 가공 순서를 정하고 이를 토대로 실제 가공에 이용 한다.

3) 부품 가공 따라하기

① 밀링 정면커터로 기준면 및 3직각을 맞춘다.

② 밀링 정면커터로 사각의 각재(15 × 35.5 × 36)로 가공한다.
8개의 조각이 결합됨으로 각각의 치수와 각도가 정확하게 가공한다.

③ 조립구멍 금긋기 후 계단 금긋기 및 엔드밀→정면커터로 각도 가공한다.(결합구멍 금긋기는 각도 가공 후 어려움 있으므로 각도 가공 전에 금긋기 한다.)

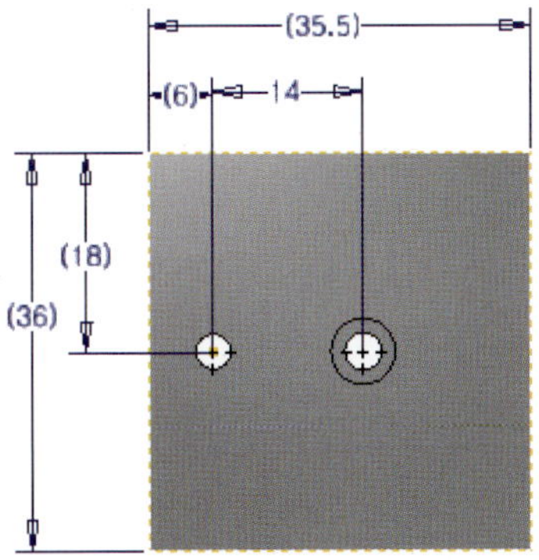
(35.5)
(6)
14
(18)
(36)

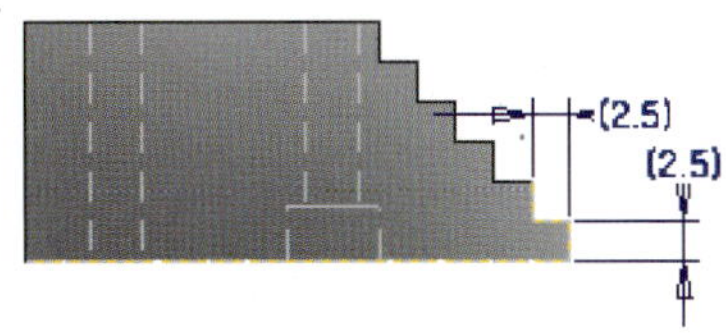
(2.5)
(2.5)

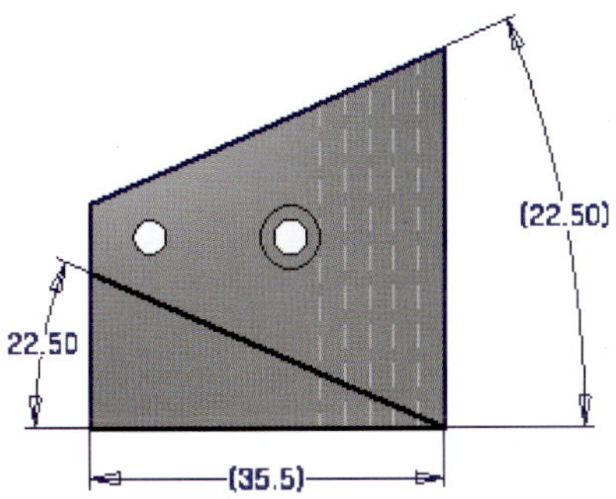
(22.50)
22.50
(35.5)

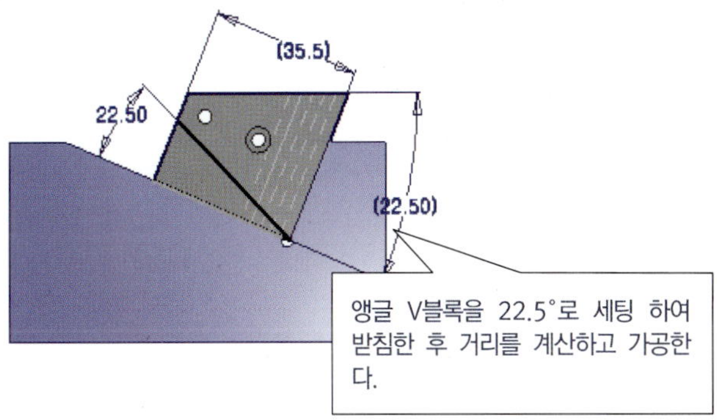
(35.5)
22.50
(22.50)
앵글 V블록을 22.5°로 세팅 하여 받침한 후 거리를 계산하고 가공한다.

⁝⁝ 앵글 V블록(22.5°로 세팅)을 이용한 각도 가공

계산에 필요한 삼각함수

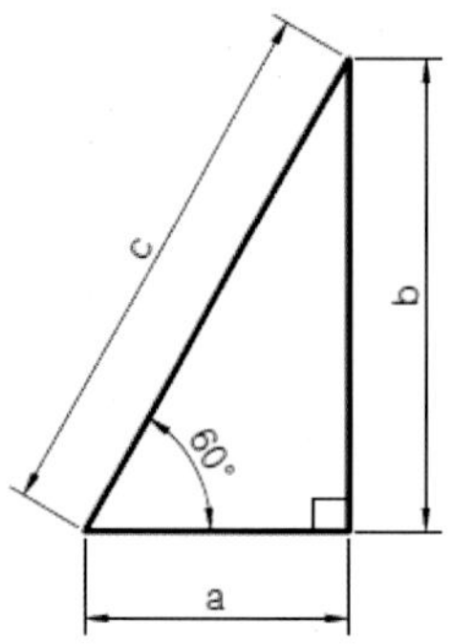

$$c = \sqrt{a^2 + b^2}\,,\ a = \sqrt{c^2 - b^2}\,,\ b = \sqrt{c^2 - a^2}$$

$$\sin = \frac{b}{c} \quad \text{또는} \quad \tan = \frac{b}{a}$$

[방법] 앵글 V-블록(22.5°로 세팅)에 공작물을 올려놓고 전체 거리를 측정하며 가공한다. (다음 쪽의 거리 계산방법 참고)

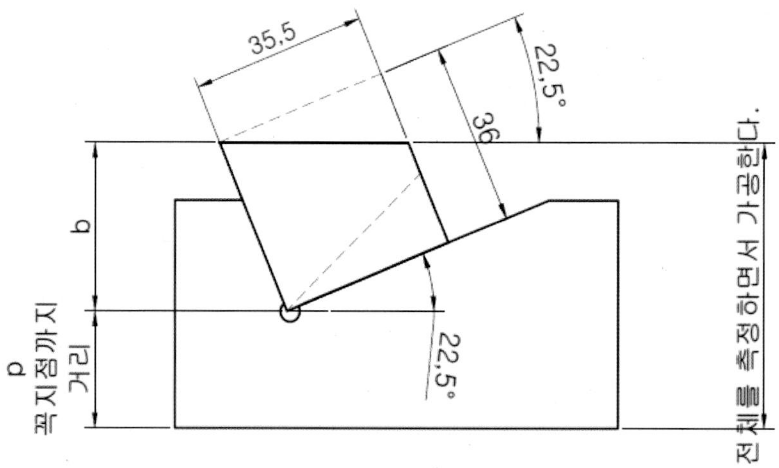

QUESTION

V 블록의 밑면에서 꼭짓점(P)까지의 거리를 구한다.

[풀이] 제로 핀을 사용한다. 핀의 지름이 ∅10 이므로 b=5

$\sin 67.5 = \frac{5}{c}$ 또는 $\tan 67.5 = \frac{5}{a}$

$c = \frac{5}{\sin 67.5} = 5.41 \quad a = \frac{5}{\tan 67.5} = 2.07$

a'는 $5 - 2.07 = 2.93$

c'는

$\sin 22.5 = \frac{c'}{a'} \qquad c' = a' \sin 22.5$,

$c' = \sin 22.5 * 2.93 = 1.12$

위에서 $a' = 2.93$

따라서 $P = H - (5 + 5.41 + 1.12)$

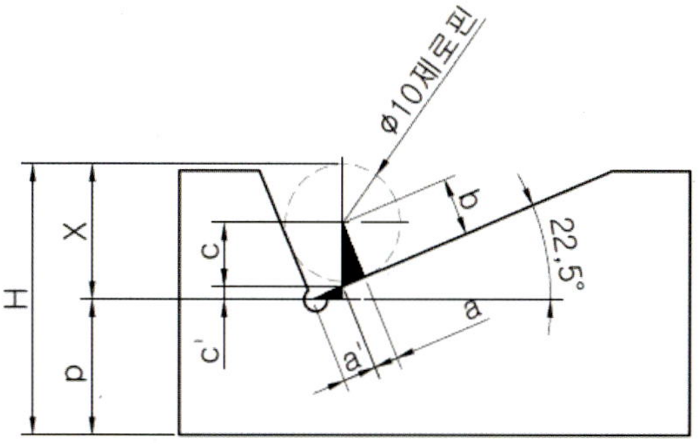

QUESTION

정육각면체의 b 거리를 구한다.

[풀이] 직사각면체의 변의 길이는 35.5와 36mm이다.

$\sin = \frac{b}{c}$ 또는 $\tan = \frac{b}{a}$

$\sin 67.5 = \frac{b}{36}$

$b = \sin 67.5 * 36 = 33.26$

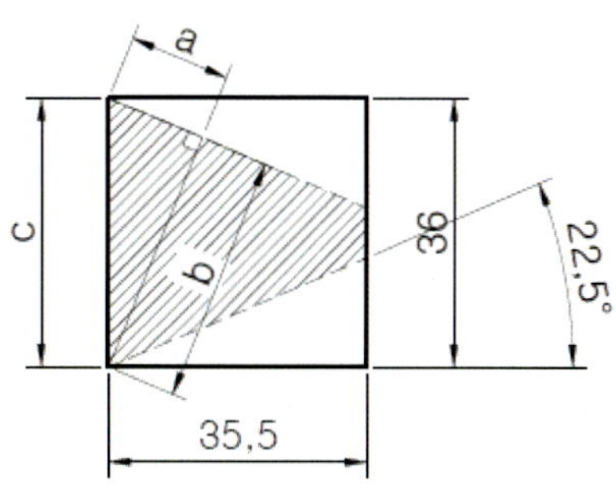

QUESTION

전체 가공 거리는?

[풀이] 앵글 V블록(22.5°) 꼭지점 거리 $= p$

공작물 거리(b) $= 33.26$

전체거리 $= p + b$

8. 부품⑧ 가공

• 지급재료 : 15 × 105 × 105

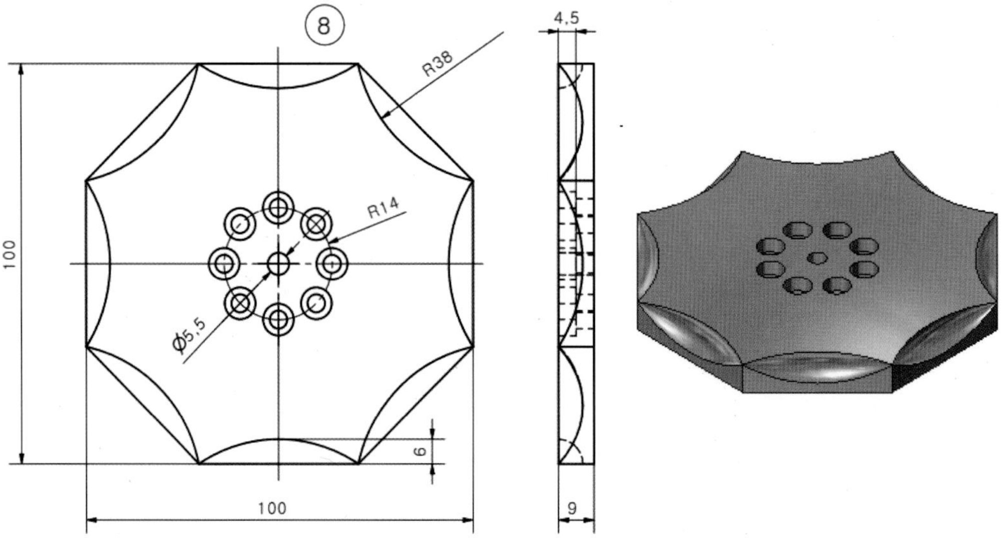

1) 부품 가공순서 정하기

부품 가공공정을 결정하는 작업은 제작 시간단축 및 조립상태 확인, 가공불량 등을 줄일 수 있다. 따라서 부품도를 분석하여 각 부품을 어떤 순서로 어떻게 가공할 것인가를 가공 전에 생각하여 가공 순서를 정하고 이를 토대로 실제 가공에 이용 한다.

2) 부품 가공하기

① 기준면 및 3직각을 잡는다.
② 금긋기 한 후 두께 및 정사각형(9 × 100 × 100)으로 가공한다.
③ 8면체 가공은 V블록(45°)에 올려놓고 금긋기 및 가공한다.

꼭짓점에서 각까지의 거리를 정확하게 가공을 해야 할 필요가 있을 때는 v 블록과 가공물의 각도까지의 거리를 계산 값에 따라 측정하면서 가공한다. 측정할 때도 v 블록에 공작물을 올려놓은 상태로 v 블록 밑면에서 공작물 가공 면까지 전체를 버니어캘리퍼스로 측정하거나 정반에서 인디케이터로 측정한다.

(참고) : 다음 쪽 45° v 블록을 이용하여 각도 가공하기

45° V-블록을 이용한 각 가공

계산에 필요한 삼각함수

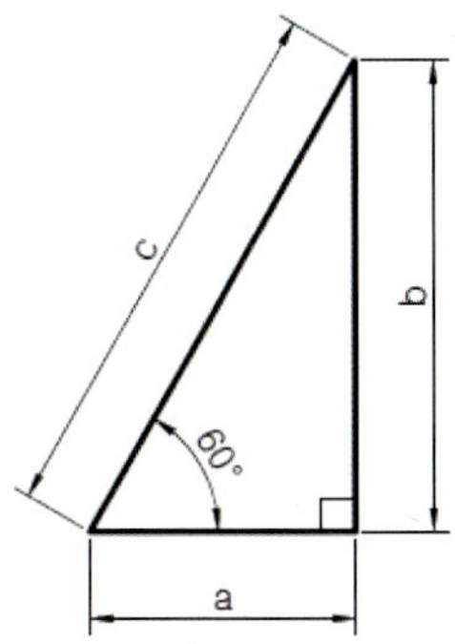

$$c = \sqrt{a^2 + b^2},\ a = \sqrt{c^2 - b^2},\ b = \sqrt{c^2 - a^2}$$

$$\sin = \frac{b}{c} \quad \text{또는} \quad \tan = \frac{b}{a}$$

[방법] 45° V-블록에 공작물을 올려놓고 전체 거리를 측정하며 가공한다. (다음 쪽의 거리 계산방법 참고)

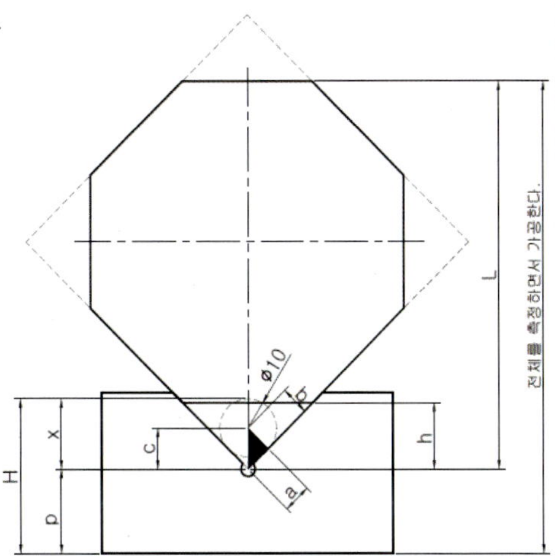

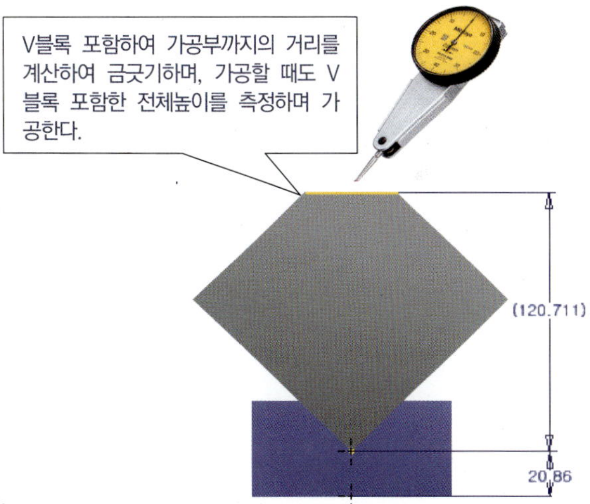

QUESTION

V 블록의 밑면에서 꼭짓점(P)까지의 거리를 구한다.

[풀이] 제로 핀을 사용한다. 핀의 지름이 ∅10 이므로 b=5

$$\sin45 = \frac{5}{c} \quad \text{또는} \quad \tan45 = \frac{5}{a}$$

$$c = \frac{5}{\sin45} = 7.07 \quad a = \frac{5}{\tan45} = 5.0$$

$$x = 7.07 + 5 = 12.07$$

따라서 $P = H - 12.07$

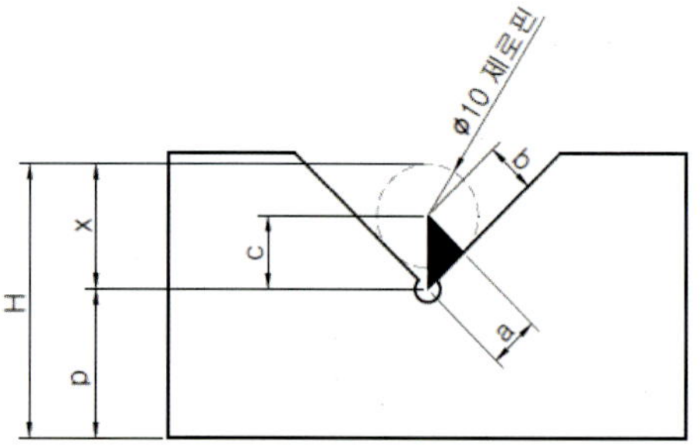

QUESTION

V 정팔각면체의 L 거리를 구한다.

[풀이] 정사각형의 한 변의 길이는 100mm 이다.

$$\sin45 = \frac{100}{c}$$

$$c = \frac{100}{\sin45} = 141.42$$

$$h = \frac{c - 100}{2} = \frac{141.42 - 100}{2} = 20.71$$

따라서 $L = 20.71 + 100 = 120.71$

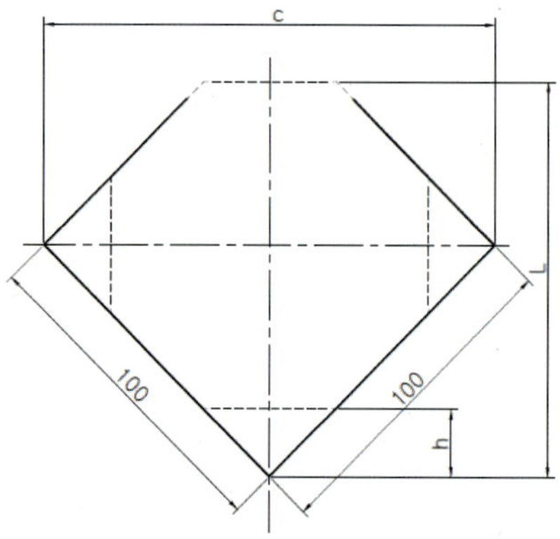

④ 동일방법으로 다른 꼭짓점을 가공한 후 각 가공 면을 기준으로 외곽치수(100㎜)을 가공하여 정 8각형을 만든다.

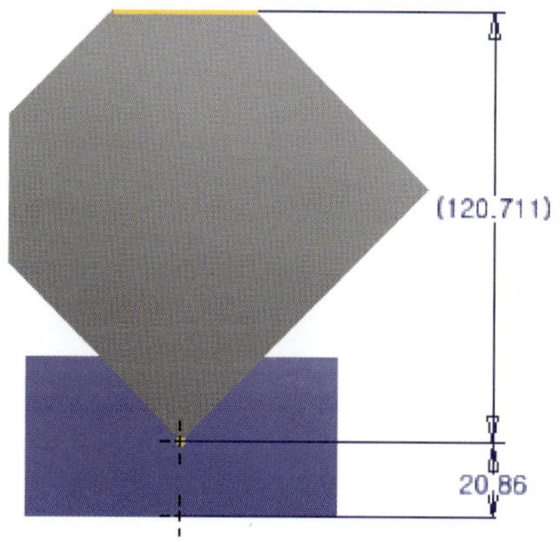

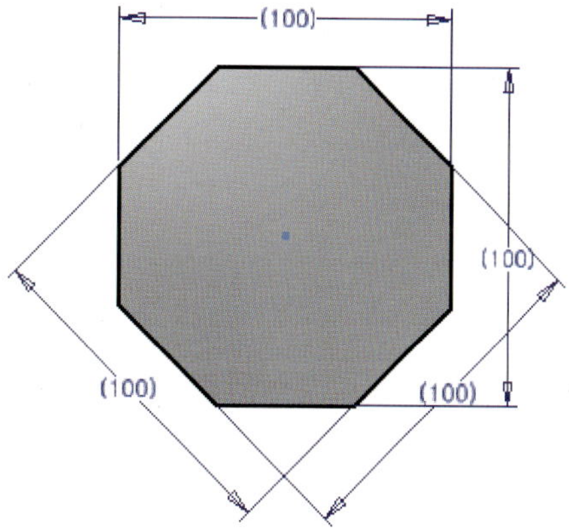

⑤날개 부분의 R38을 볼 엔드밀(∅16)로 가공한다.

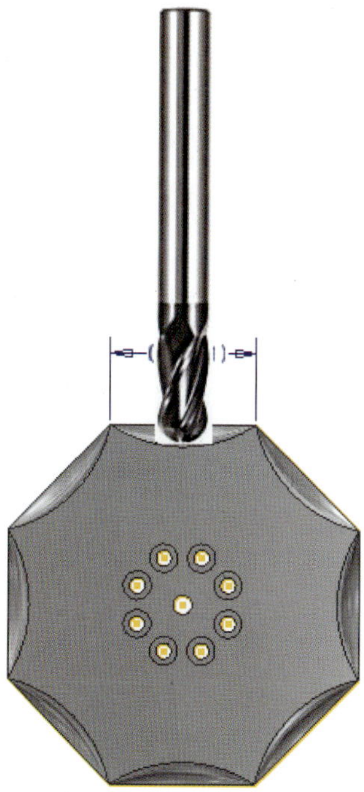

9. 부품⑬ 가공

• 지급재료 : ∅60 × 100

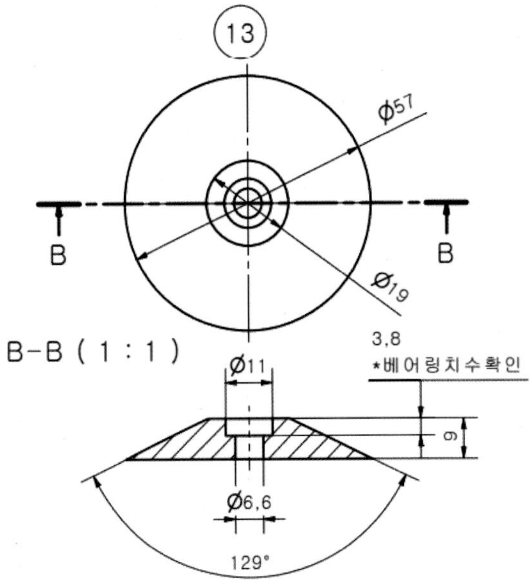

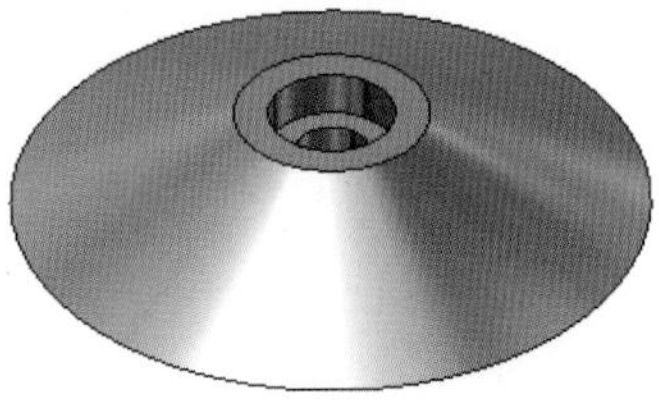

1) 부품 가공순서 정하기

부품 가공공정을 결정하는 작업은 제작 시간단축 및 조립상태 확인, 가공불량 등을 줄일 수 있다. 따라서 부품도를 분석하여 각 부품을 어떤 순서로 어떻게 가공할 것인가를 가공 전에 생각하여 가공 순서를 정하고 이를 토대로 실제 가공에 이용 한다.

2) 부품 가공하기

① 선반에서 테이퍼 가공후 절단한다.

② 단면가공 → 외경가공(∅57) → 테이퍼 가공(129°) → 드릴(∅6.6) → 카운터보어(∅11 깊이 3.8㎜ *깊이는 베어링 치수보다 약간 작게 함) → 절단한다.

절단 바이트는 절삭 면 접촉이 커서 절삭저항이 열이 많이 발생한다. 따라서 주축회전(RPM300정도)과 이송을 줄이고 절삭유를 충분히 급유하면서 가공한다.

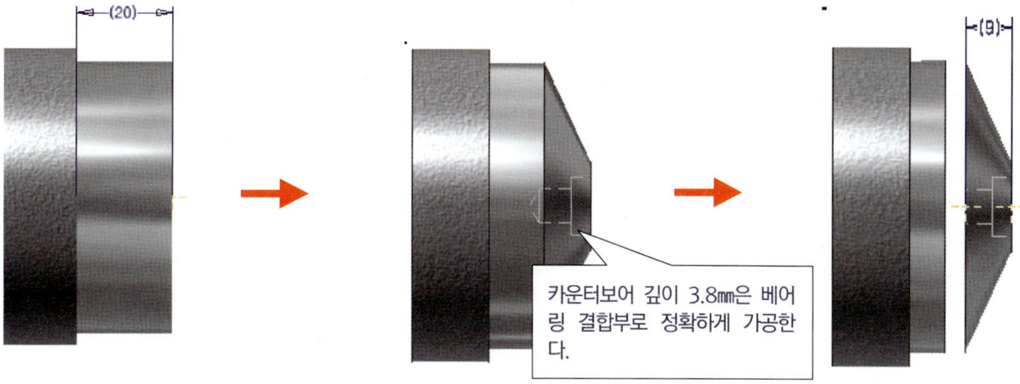

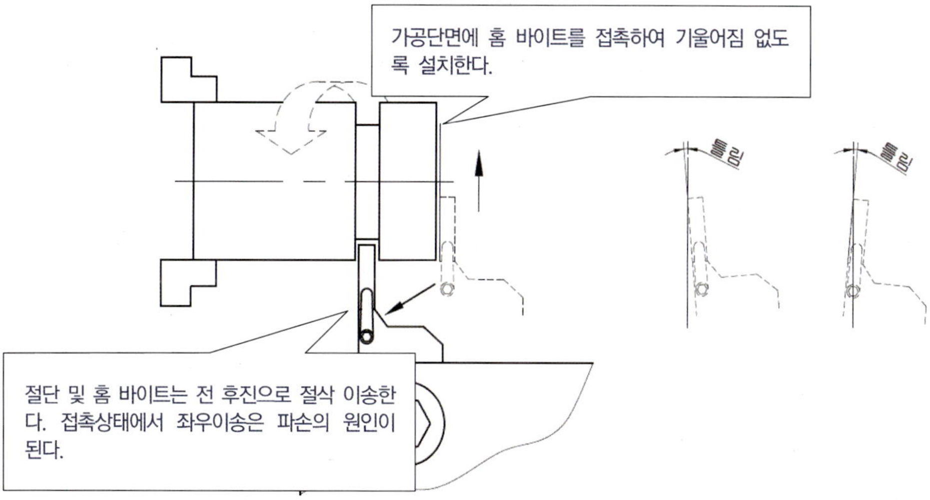

10. 부품⑭ 가공

- **지급재료** : ∅30 × 100

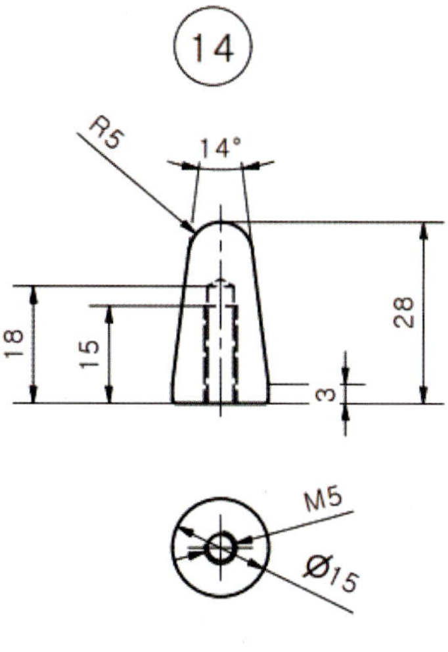

1) 부품 가공순서 정하기

부품 가공공정을 결정하는 작업은 제작 시간단축 및 조립상태 확인, 가공불량 등을 줄일 수 있다. 따라서 부품도를 분석하여 각 부품을 어떤 순서로 어떻게 가공할 것인가를 가공 전에 생각하여 가공 순서를 정하고 이를 토대로 실제 가공에 이용 한다.

2) 부품 가공하기

① 선반에서 돌려 물림 가공한다.(소재 ∅30 × 100 →길이를 50으로 절단하여 사용)

② 외경(∅15)을 45㎜정도 까지 가공 → 드릴(∅4.3) 깊이 40㎜까지 가공 → 돌려 물림 → 테이퍼(17°) 가공 → R(5)가공 → 절단한다.

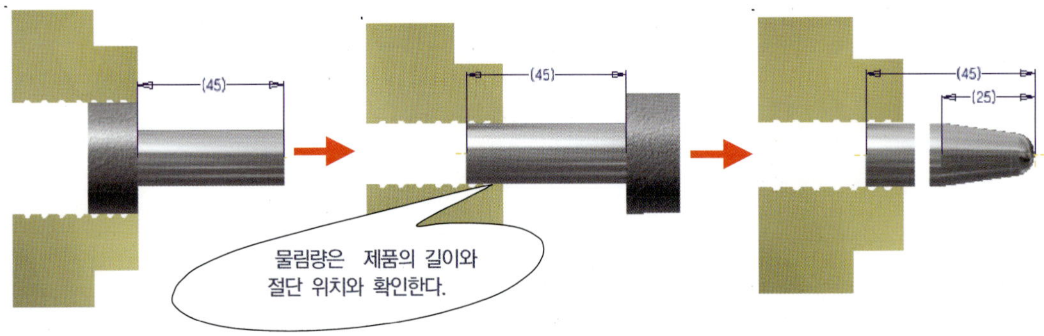

11. 부품⑨ 가공

• 지급재료 : ∅5 × 1000

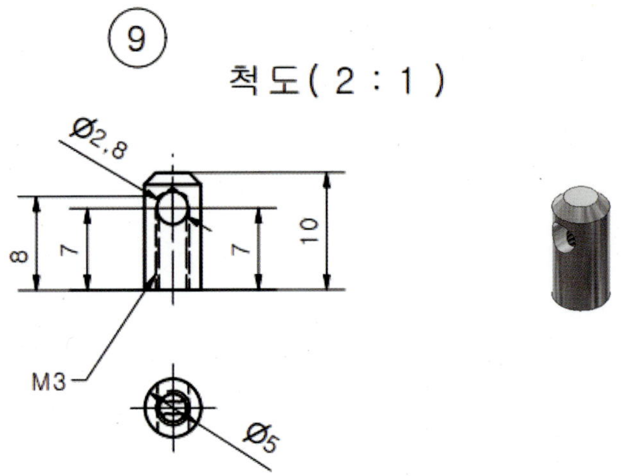

1) 부품 가공순서 정하기

부품 가공공정을 결정하는 작업은 제작 시간단축 및 조립상태 확인, 가공불량 등을 줄일 수 있다. 따라서 부품도를 분석하여 각 부품을 어떤 순서로 어떻게 가공할 것인가를 가공 전에 생각하여 가공 순서를 정하고 이를 토대로 실제 가공에 이용 한다.

2) 부품 가공하기

① 선반에서 단면가공 → 모따기(C1) → 절단(10㎜, 수량만큼 연속작업) → 돌려 물림 → 센터드릴 → 드릴(∅2.4 깊이8)작업 한다.

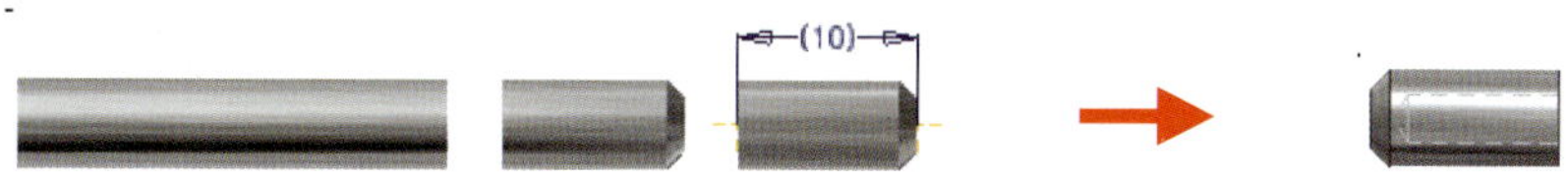

12. 부품⑪ 가공

- 지급재료 : ∅5 × 1000

⑨번 부품과 같은 방법으로 가공한다.

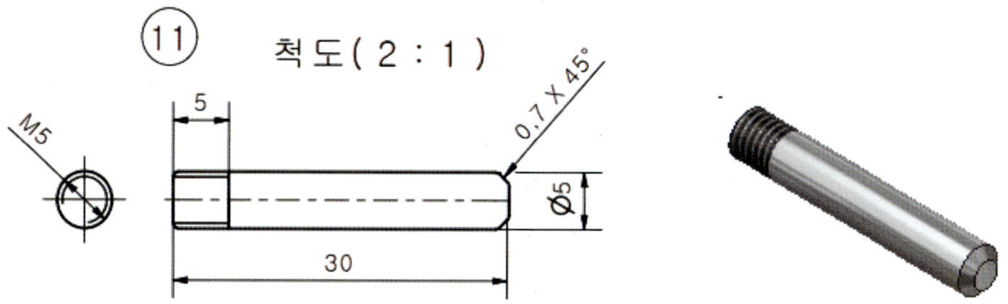

13. ⑱번 부품 가공

• **지급재료 : ∅5 × 1000**

⑨번 부품과 같은 방법으로 가공한다.

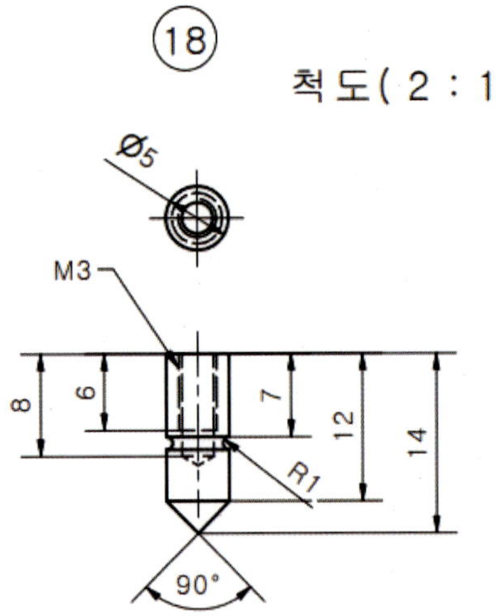

1) 부품 가공하기

① 선반에서 단면가공→모따기(90°)→홈(R1.0)→절단(14mm, 수량만큼 연속작업)→돌려 물림→센터드릴→드릴(∅2.4 깊이8)작업한다.

14. 부품⑰ 가공

• **지급재료 : ∅2.4 AL용접봉**

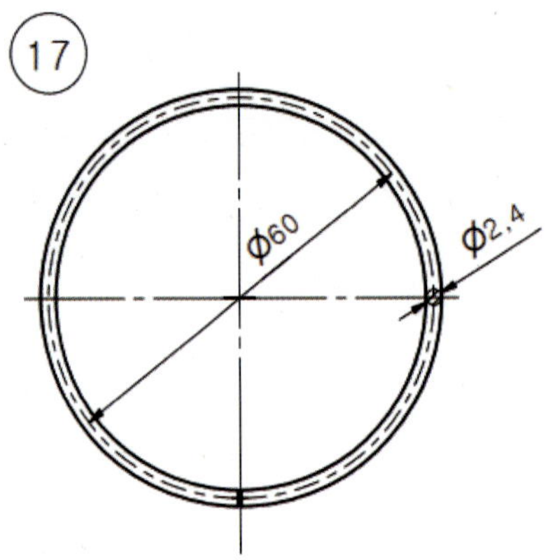

1) 부품 가공하기

원기둥(∅50내외)에 감아서 형상을 만들고 절단한다.

E ∷ 조립가공 및 부품조립

제작 과정에서 가장 중요한 것은 마무리 및 조립이다. 그 것은 제품의 기능 요구 조건에 맞게 만들어가는 과정이 마무리 및 조립과정이기 때문이다. 각 부품을 고 정밀도로 기계가공을 할 수는 있지만 요구하는 조립 정밀도로 맞추기는 어렵다. 왜냐하면 기계 및 절석공구의 정밀도외에 가공중의 진동, 먼지, 온도 등에 의해 치수가 커지거나 작아지는 변화가 있기 때문이다.

1. 조립 가공하기

모든 부품의 기준면 및 치수를 확인하여 구멍위치에 하이트게이지로 금 긋기 한다. 조립하기 위한 구멍 위치의 금 긋기는 가공할 때의 기준면을 정반에 밀착시킨 상태로 금 긋기 한다. 이 때 체결되는 부품과 부품은 조립되었을 때의 상태로 놓고 하이트게이지로 동시에 금 긋기 한다.

① 조립 구멍위치 원주 금긋기는 디바이더와 하이트게이지로 금긋기 한다.

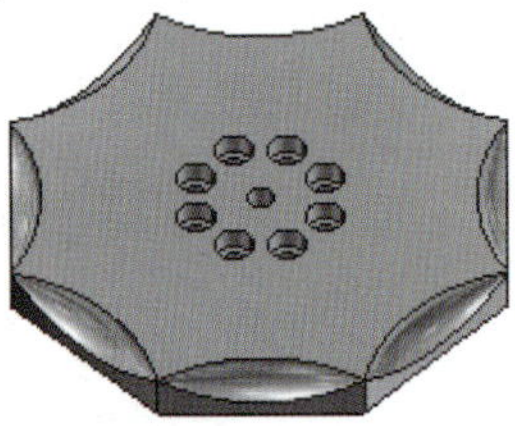

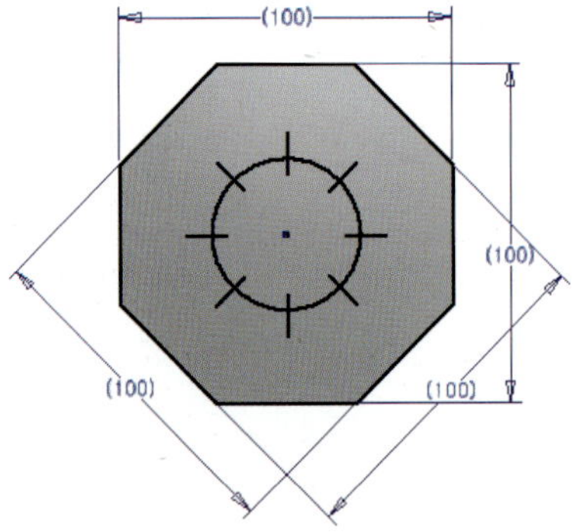

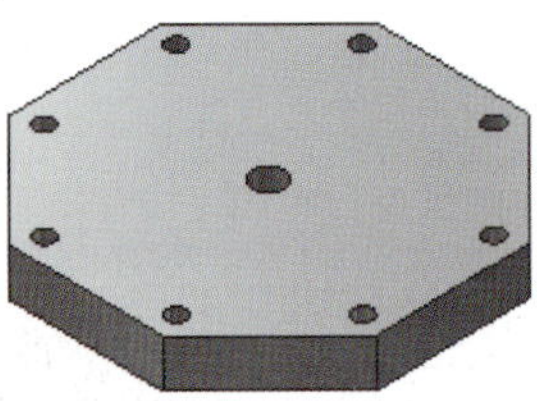

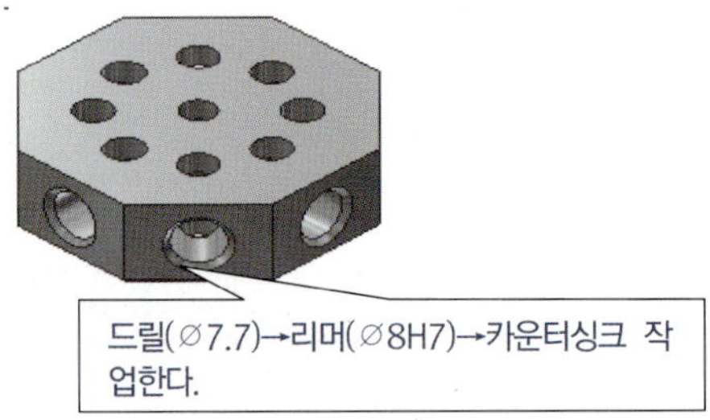

금긋기→센터펀치→드릴→ 리머→카운터보어→카운터싱크→핸드탭 작업한다.

탭은 나사의 바깥지름, 유효 지름, 골 지름의 치수가 1, 2, 3번 탭의 순으로 증가한다. 절삭 율에 따라 초기 자리 잡기 작업은 1번 탭(55%), 이어서 2번 탭(25%), 마무리는 3번 탭(20%)으로 완성한다.

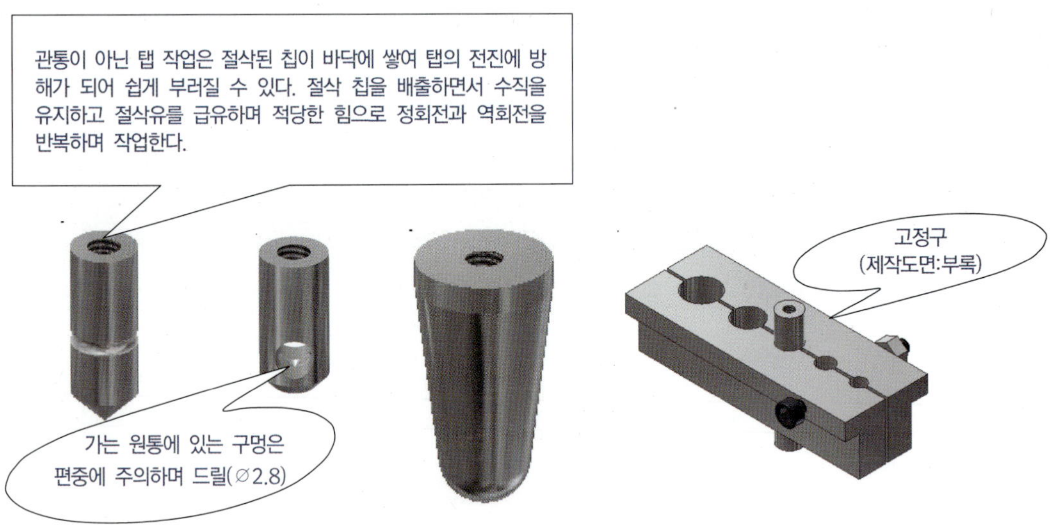

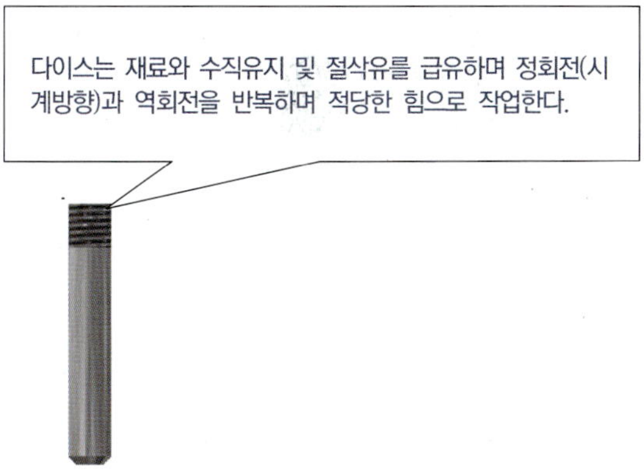

작은∅ 원기둥 고정방법(고정구 제작 사용)

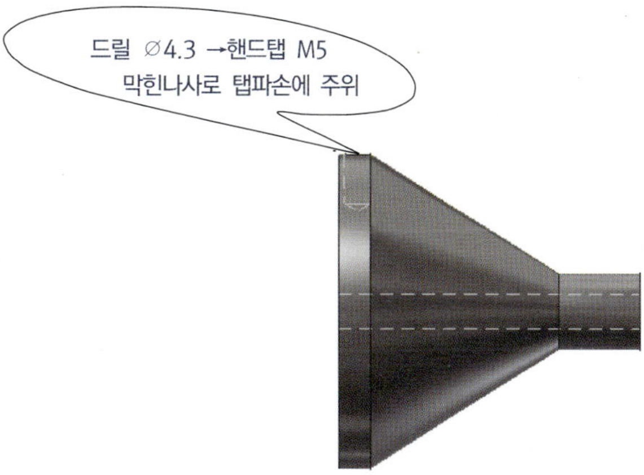

2. 부품 조립하기

제작물의 전체적인 구조를 이해하고 조립되는 순서와 방법을 결정한다. 부품조립은 좌우방향과 상하방향이 바뀌지 않도록 주의하며 부품의 위치정도를 확인하여 가공 상태 그대로 조립되도록 한다. 볼트 체결은 하나씩 대각선으로 느슨하게 조인 후 위치가 맞으면 강하게 조인다.

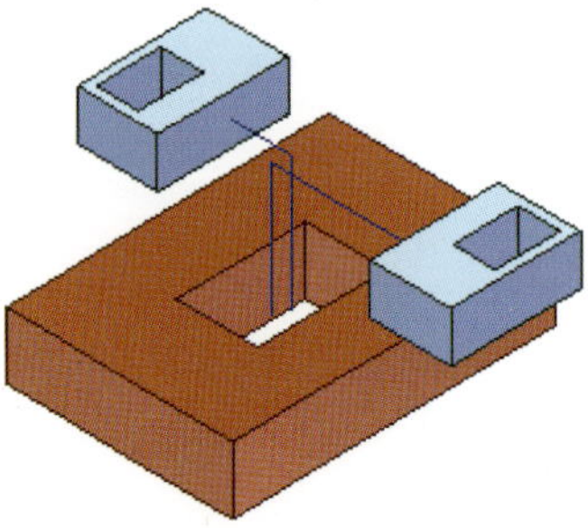

조립 좌우/상하 방향 확인

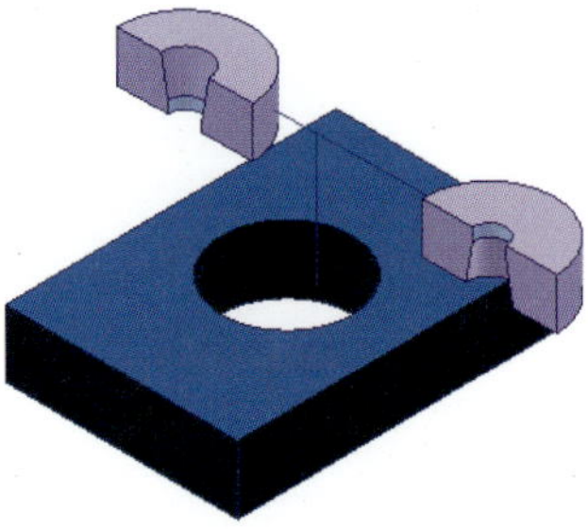

조립 상하방향 확인

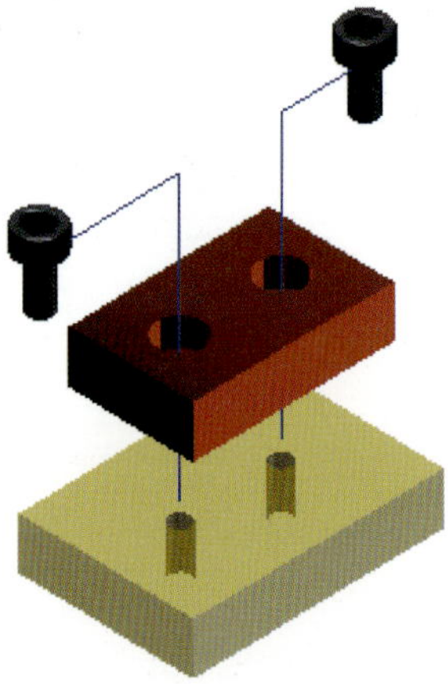

조립 위치정도 확인

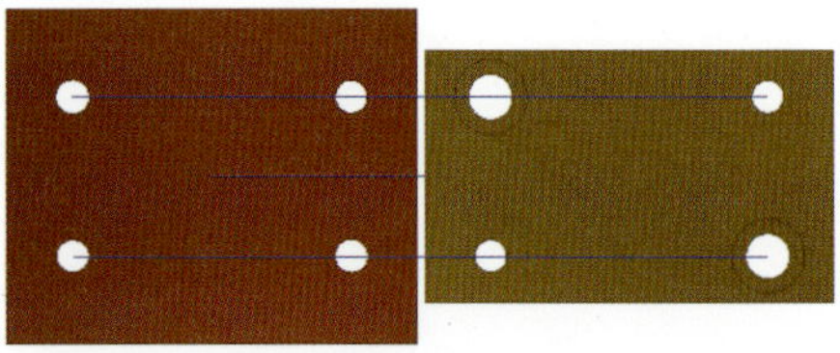

조립 평행도 확인

조립 시 확인 사항

F ∷ 측정 및 품질 분석

원하는 품질의 제품을 얻기 위해서는 품질관리는 매우 중요하다. 품질관리의 과정에는 기술 부문의 필수적인 성능과 기능을 분명하게 결정하는 기획설계 과정의 품질과 제작 과정에서 현장의 기술 수준에 따라 달라질 수 있으므로 제작과정의 품질이 중요하다.

- 4way 품질 분석표 작성

G ∷ 프로젝트 수행과정 발표

1. 전시회 자료 제작

프로젝트 과제 수행 과정을 사진으로 촬영하여 프레젠테이션 및 전시회 자료 제작을 위한 자료를 모아 보관하고 이를 이용하여 관람하는 사람들이 제품에 대하여 한눈에 보고 이해할 수 있도록 전시회 자료를 만들어 제품과 함께 전시회를 한다.

- 주제
- 목적
- 제작기간
- 팀원 및 참여단계
- 수행과정 및 문제해결방법
- 제작 후 느낀 점

2. 프레젠테이션 자료 제작

위 자료를 중심으로 파워포인트로 제작하고 발표는 큰 그림을 먼저 이야기 하도록 하고 차트나 그림(사진)을 많이 활용한 내용으로 하며 가장 좋은 것을 마지막에 보여주면서 간결하면서 감동적인 마무리가 되도록 준비한다.

- 무엇을 전하고 싶은가?
- 어떻게 전하려 하는가?
- 왜 그 방법이 필요한 것인가?
- 어떤 성과를 얻고 싶은가?

단원보충과제 – 석가탑

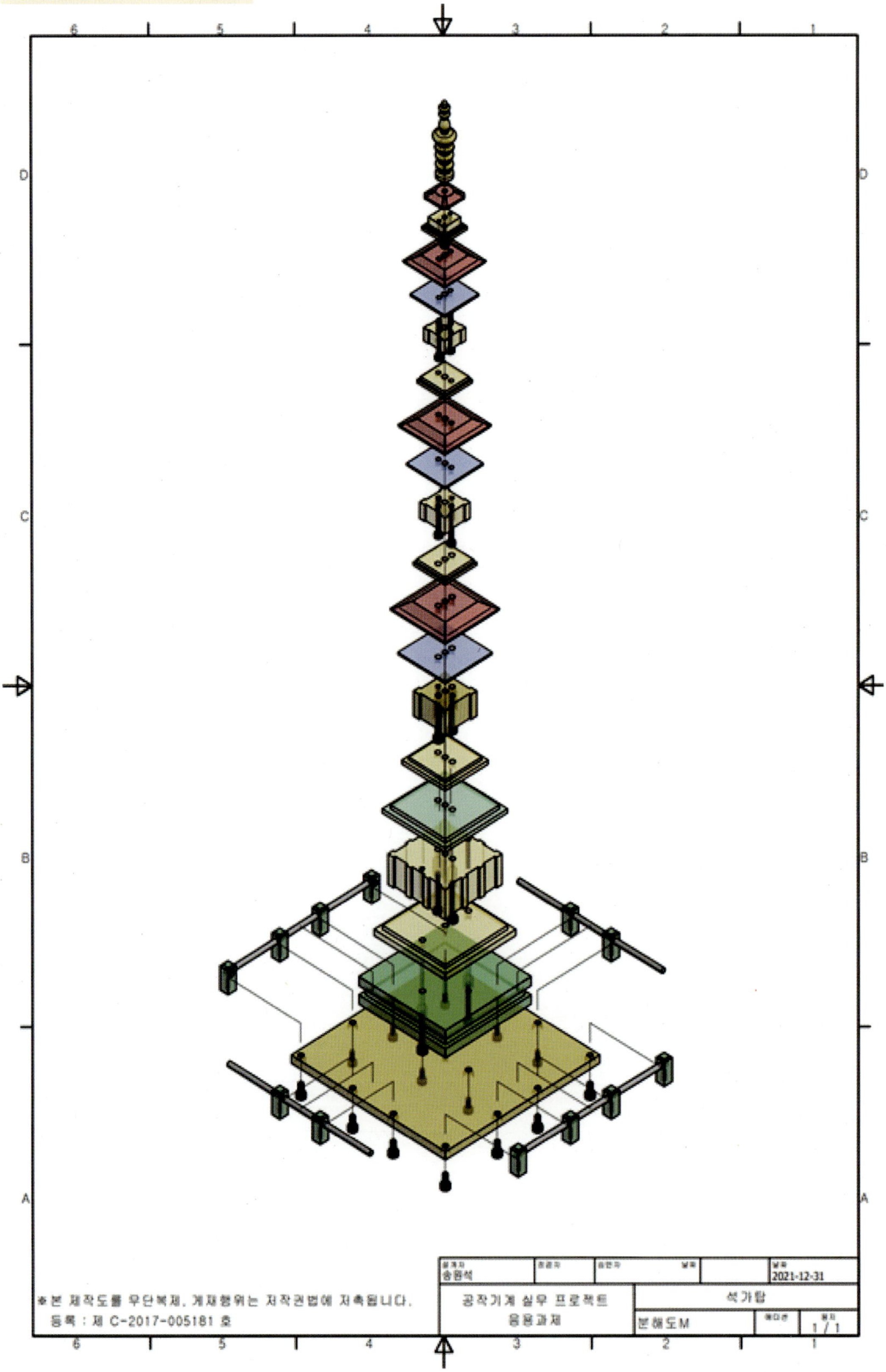

송원석
2021-12-31
※본 제작도를 무단복제, 게재행위는 저작권법에 저촉됩니다.
등록 : 제 C-2017-005181 호
공작기계 실무 프로젝트
응용과제
석가탑
분해도M
1 / 1

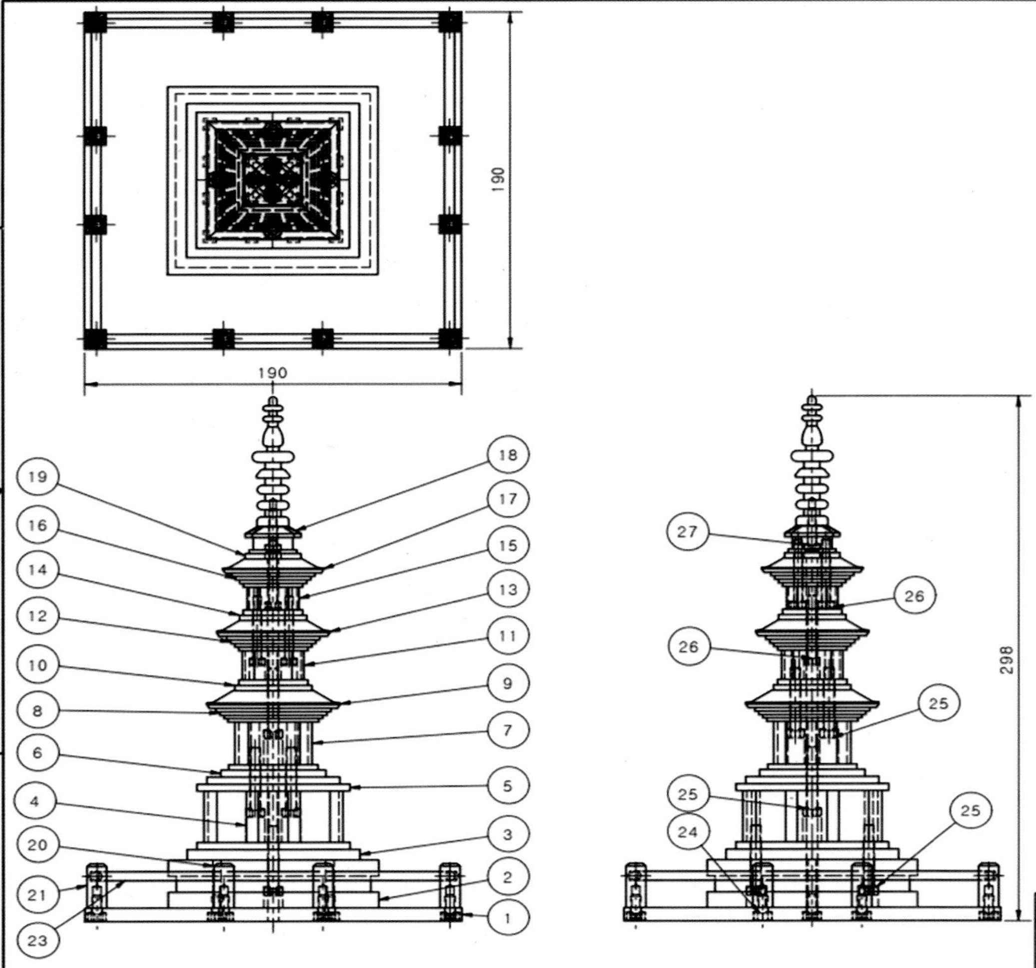

품번	품명	규격	수량	재질	비고
1	부품1M-1개	기본값	1	일반	
2	부품2M-1개	기본값	1	일반	
3	부품3M-1개	기본값	1	일반	
4	부품4M-1개	기본값	1	일반	
5	부품5M-1개	기본값	1	일반	
6	부품6M-1개	기본값	1	일반	
7	부품7M-1개	기본값	1	일반	
8	부품8M-1개	기본값	1	일반	
9	부품9M-1개	기본값	1	일반	
10	부품10M-1개	기본값	1	일반	
11	부품11M-1개	기본값	1	일반	
12	부품12M-1개	기본값	1	일반	
13	부품13M-1개	기본값	1	일반	
14	부품14M-1개	기본값	1	일반	
15	부품15M-1개	기본값	1	일반	
16	부품16M-1개	기본값	1	일반	
17	부품17M-1개	기본값	1	일반	
18	부품18M-1개	기본값	1	일반	
19	부품19M-1개	기본값	1	일반	
20	부품20M-8개 관통	기본값	8	일반	
21	부품21M-4개 막힘	기본값	4	일반	
23	부품23M-4개	기본값	4	일반	체인도 가능
24	육각홈붙이볼트	M5x10	14	일반	KS규격품
25	육각홈붙이볼트	M5x35	6	일반	KS규격품
26	육각홈붙이볼트	M4x35	4	일반	KS규격품
27	육각홈붙이볼트	M4x20	1	일반	KS규격품

설계자 송원석	점검자	승인자	날짜	날짜 2021-12-31
공작기계 실무 프로젝트 응용과제	석가탑			
	조립도		에디션	용지 1 / 1

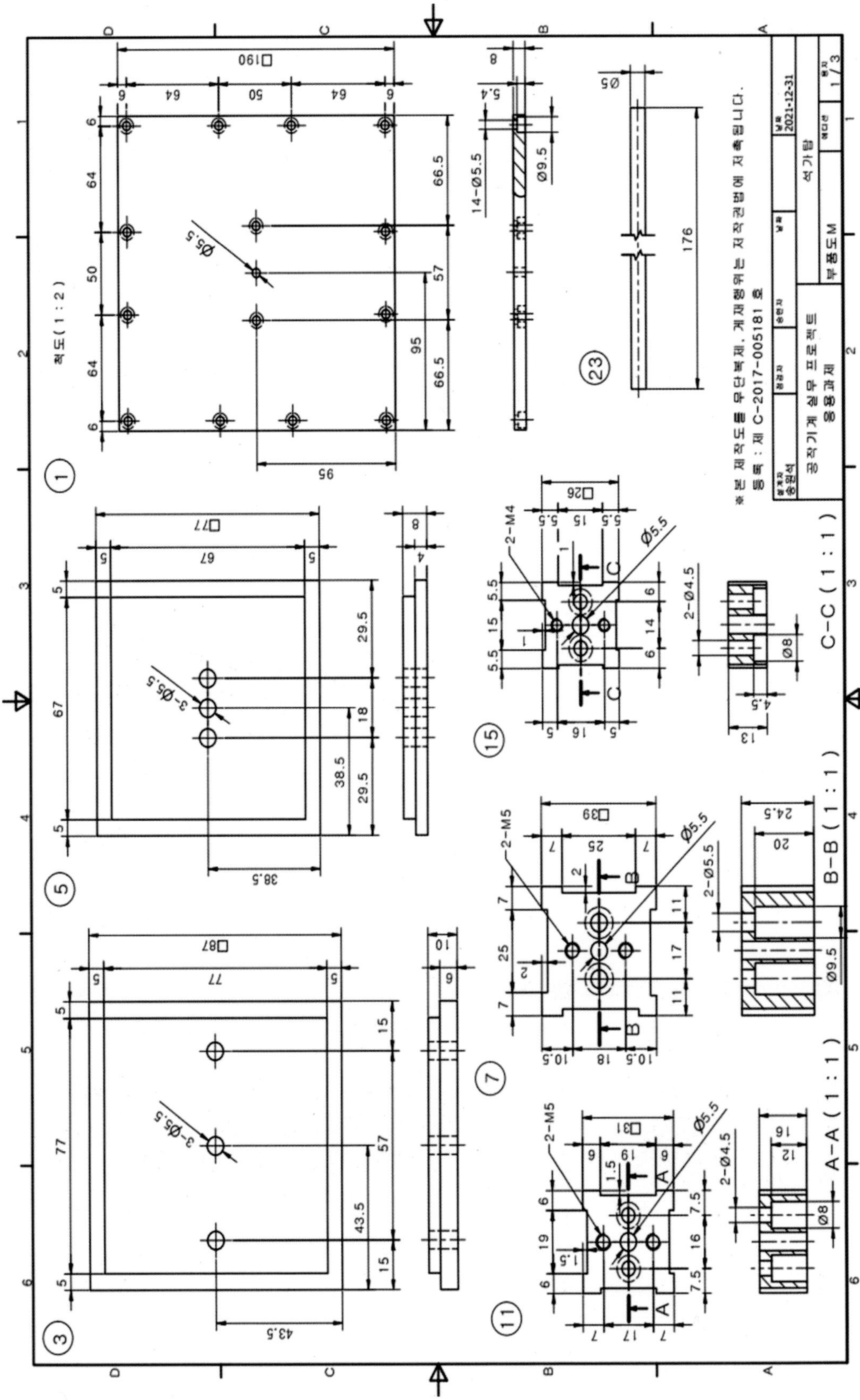
척도(1 : 2)
※본 제작도를 무단복제, 게재행위는 저작권법에 저촉됩니다.
등록 : 제 C-2017-005181 호
공작기계 실무 프로젝트 응용과제
부품도M
석가탑
2021-12-31
1/3
A-A (1 : 1)
B-B (1 : 1)
C-C (1 : 1)

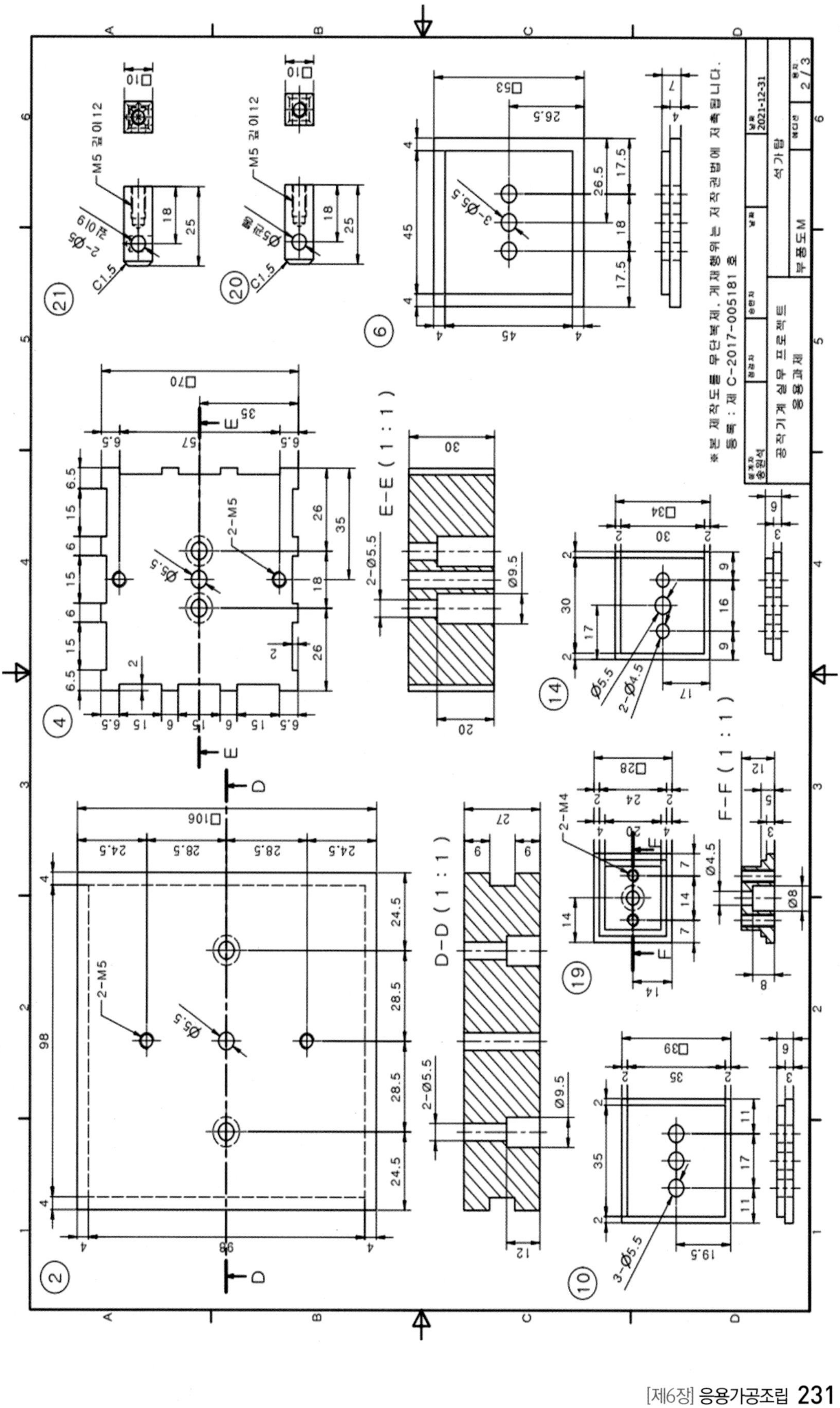
D-D (1 : 1)
E-E (1 : 1)
F-F (1 : 1)
※본 제작도를 무단복제, 게재행위는 저작권법에 저촉됩니다.
등록 : 제 C-2017-005181 호
공작기계 실무 프로젝트
응용과제
석가탑
부품도M
2021-12-31
2/3

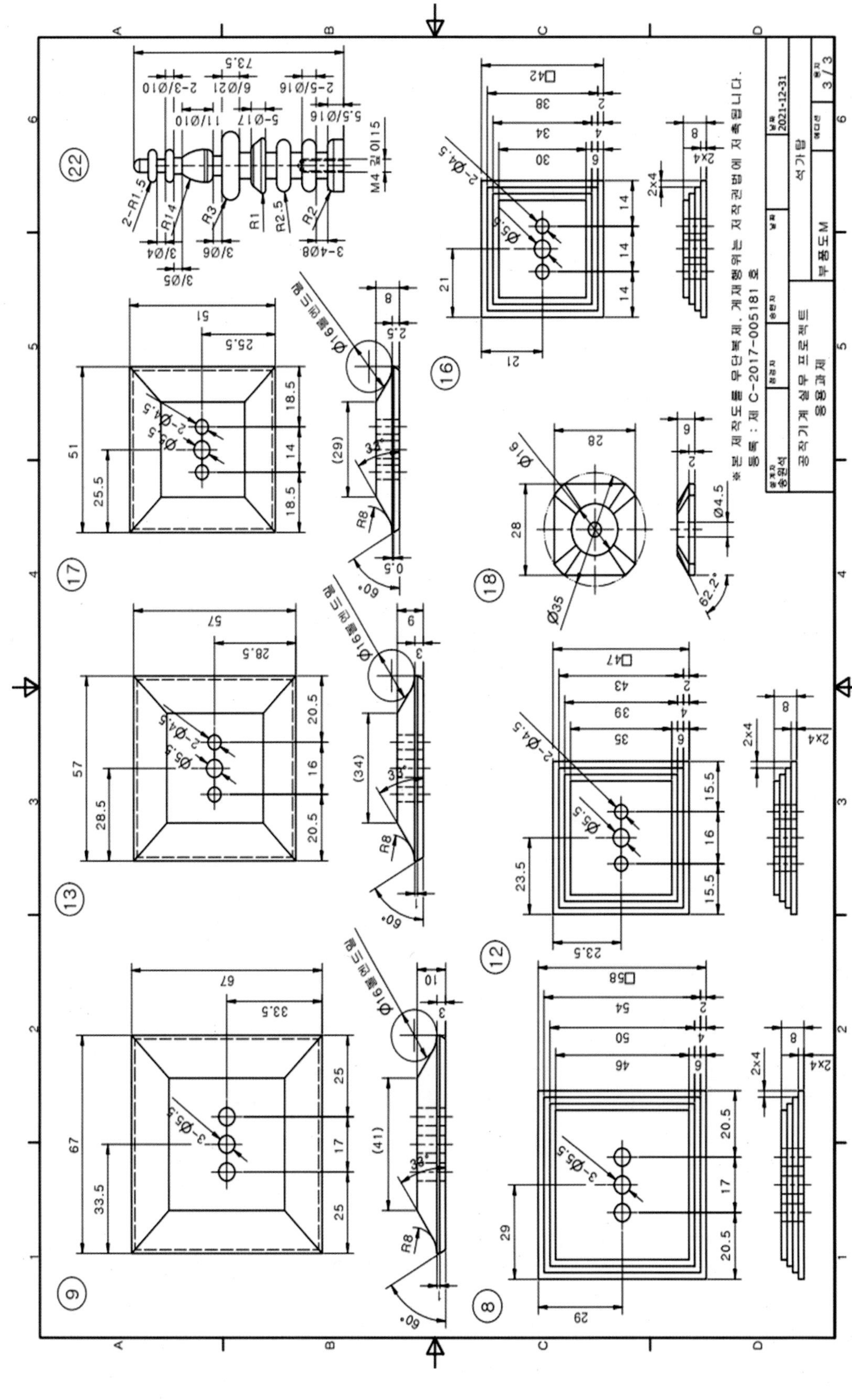

단원보충과제 – 다보탑

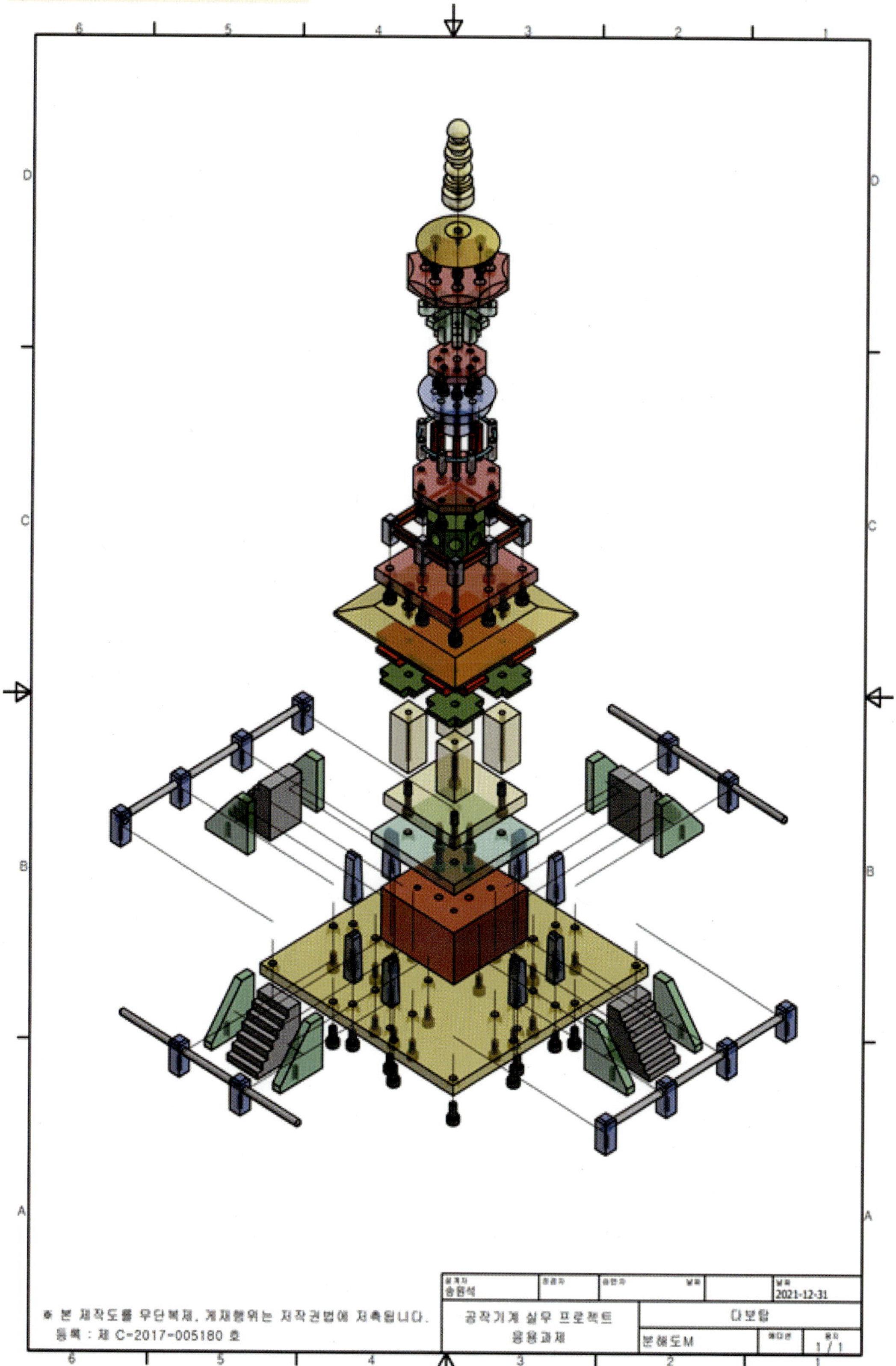
송원석
2021-12-31
※ 본 제작도를 무단복제, 게재행위는 저작권법에 저촉됩니다.
등록 : 제 C-2017-005180 호
공작기계 실무 프로젝트
응용과제
다보탑
분해도M
1 / 1

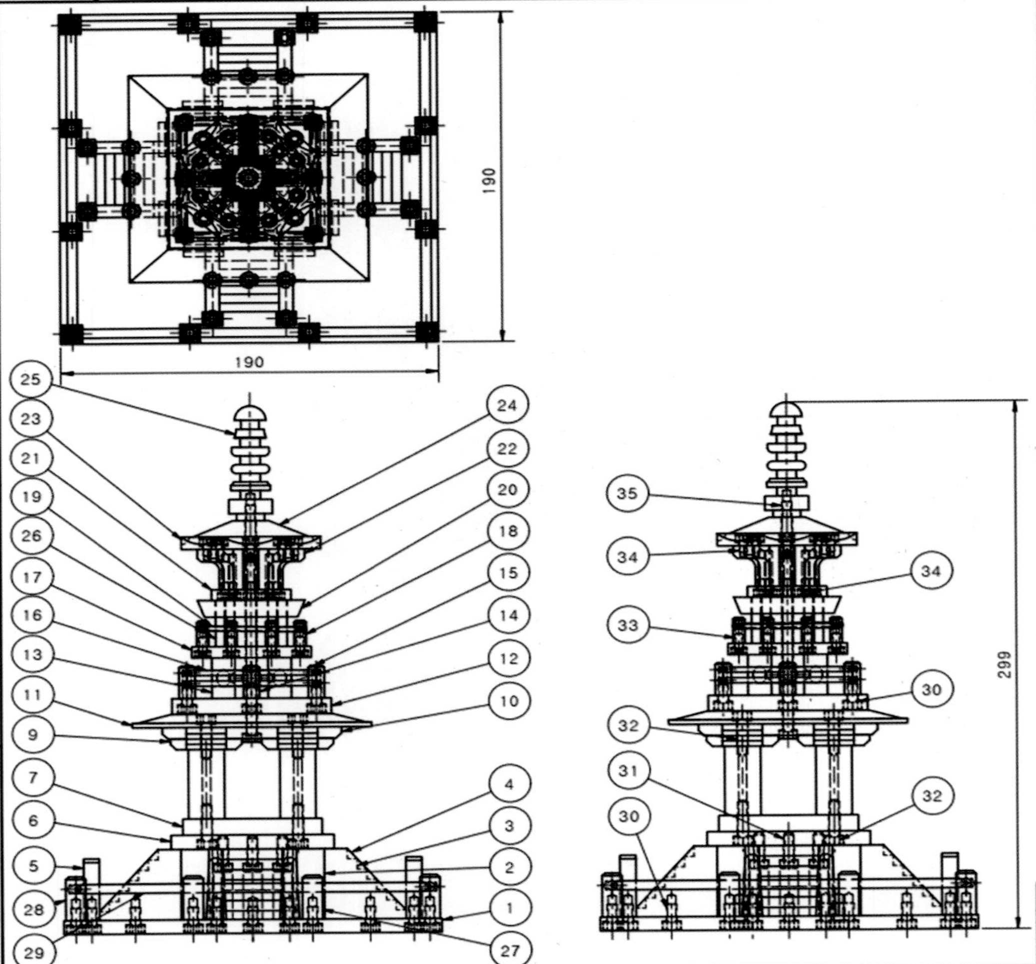

품번	품명	규격	수량	재질	비고
1	부품1M-1개	기본값	1	일반	
2	부품2M-1개	기본값	1	일반	
3	부품3M-4개	기본값	4	일반	
4	부품4M-8개	기본값	8	일반	
5	부품5M-8개	기본값	8	일반	
6	부품6M-1개	기본값	1	일반	
7	부품7M-1개	기본값	1	일반	
8	부품8M-4개	기본값	4	일반	
9	부품9M-4개	기본값	4	일반	
10	부품10M-1개	기본값	1	일반	
11	부품11M-1개	기본값	1	일반	
12	부품12M-1개	기본값	1	일반	
13	부품13M-1개	기본값	1	일반	
14	부품14M관통-4개	기본값	4	일반	
15	부품14M중간막힘-4개	기본값	4	일반	
16	부품15M-8개	기본값	8	일반	
17	부품16M-1개	기본값	1	일반	
18	부품17M-8개	기본값	8	일반	
19	부품18M-1개	기본값	1	일반	
20	부품19M-1개	기본값	1	일반	
21	부품20M-1개	기본값	1	일반	
22	부품21M-8개	기본값	8	일반	
23	부품22M-1개	기본값	1	일반	
24	부품23M-1개	기본값	1	일반	
25	부품24M-1개	기본값	1	일반	
26	부품25	기본값	8	일반	
27	부품26M관통-8개	기본값	8	일반	
28	부품26M중간막힘-4개	기본값	4	일반	
29	부품27M-4개	기본값	4	일반	체인대체가능
30	육각홈붙이볼트	M5x10	42	일반	KS규격품
31	육각홈붙이볼트	M5x15	4	일반	KS규격품
32	육각홈붙이볼트	M5x20	8	일반	KS규격품
33	육각홈붙이볼트	M4x10	8	일반	KS규격품
34	육각홈붙이볼트	M4x6	16	일반	KS규격품
35	육각홈붙이볼트	M5x130	1	일반	KS규격품

설계자	점검자	승인자	날짜	날짜
송원석				2021-12-31

공작기계 실무 프로젝트 응용과제	다보탑
	조립도M

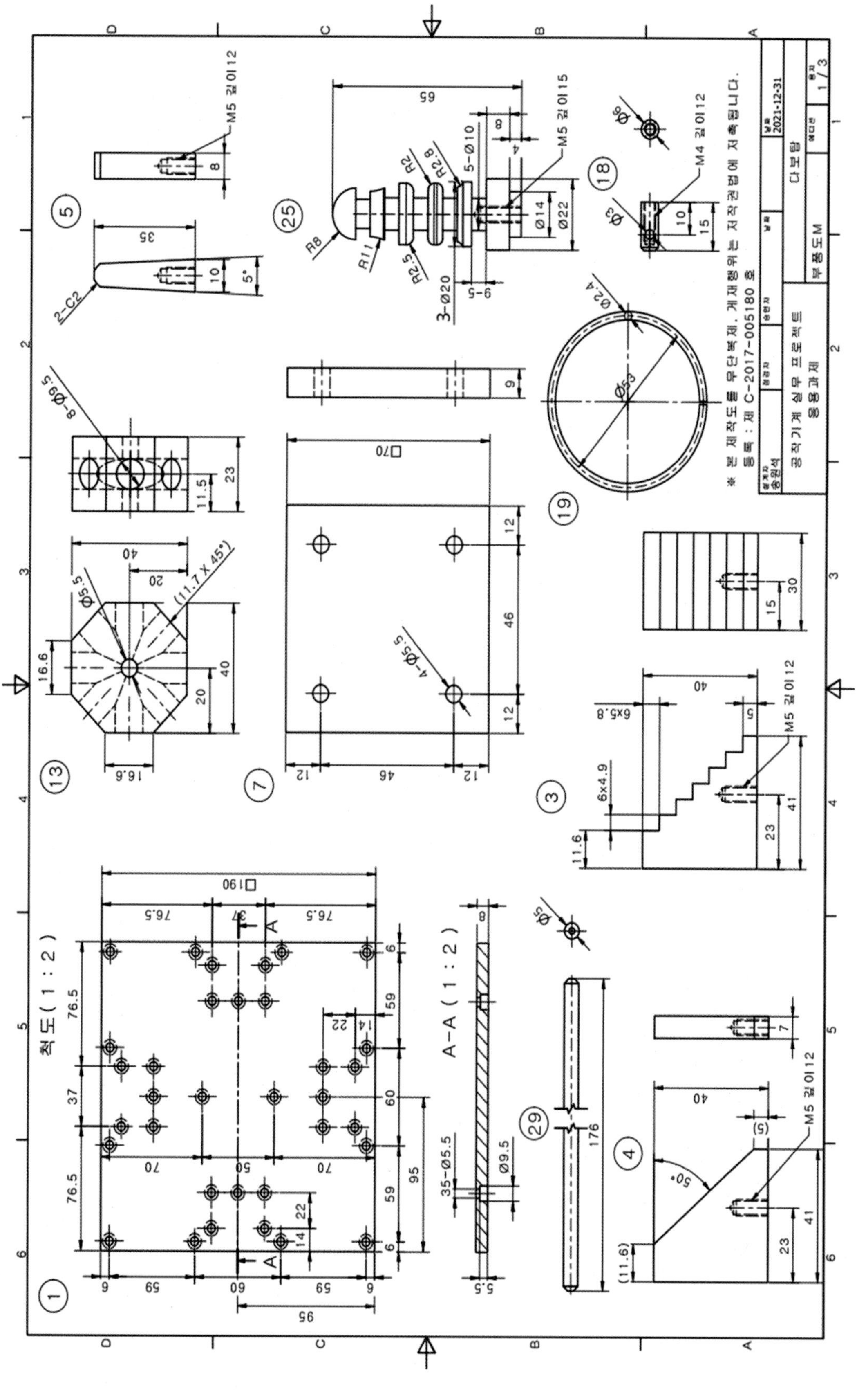
척도(1:2)
A-A(1:2)
※ 본 제작도를 무단복제, 게재행위는 저작권법에 저촉됩니다.
등록 : 제 C-2017-005180 호
공작기계 실무 프로젝트
응용과제
다보탑
부품도M
2021-12-31
1/3

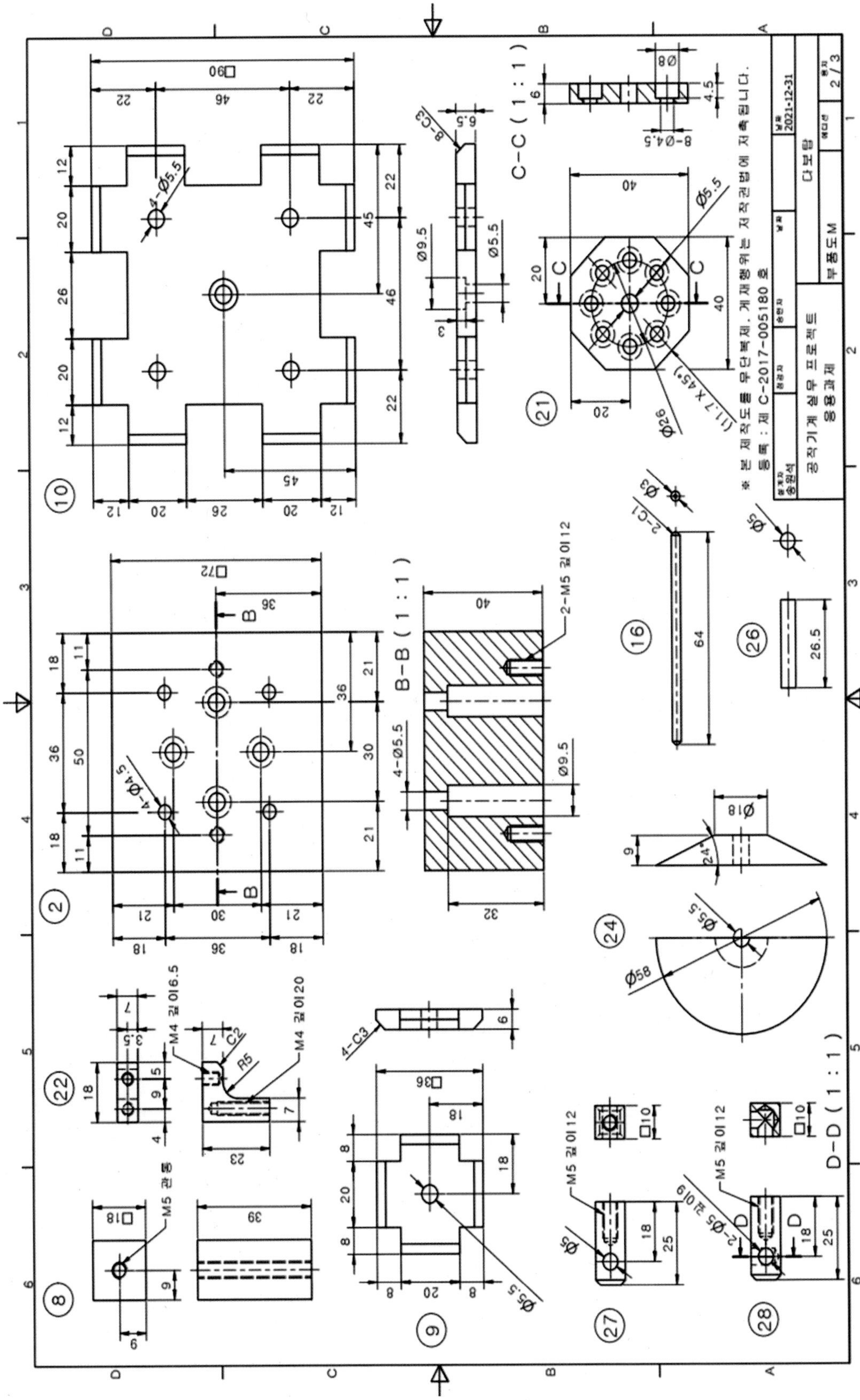
※ 본 제작도를 무단복제, 게재행위는 저작권법에 저촉됩니다.
등록 : 제 C-2017-005180 호
공작기계 실무 프로젝트
응용과제
무풍도M
다보탑
2021-12-31
2 / 3
B-B (1 : 1)
C-C (1 : 1)
D-D (1 : 1)

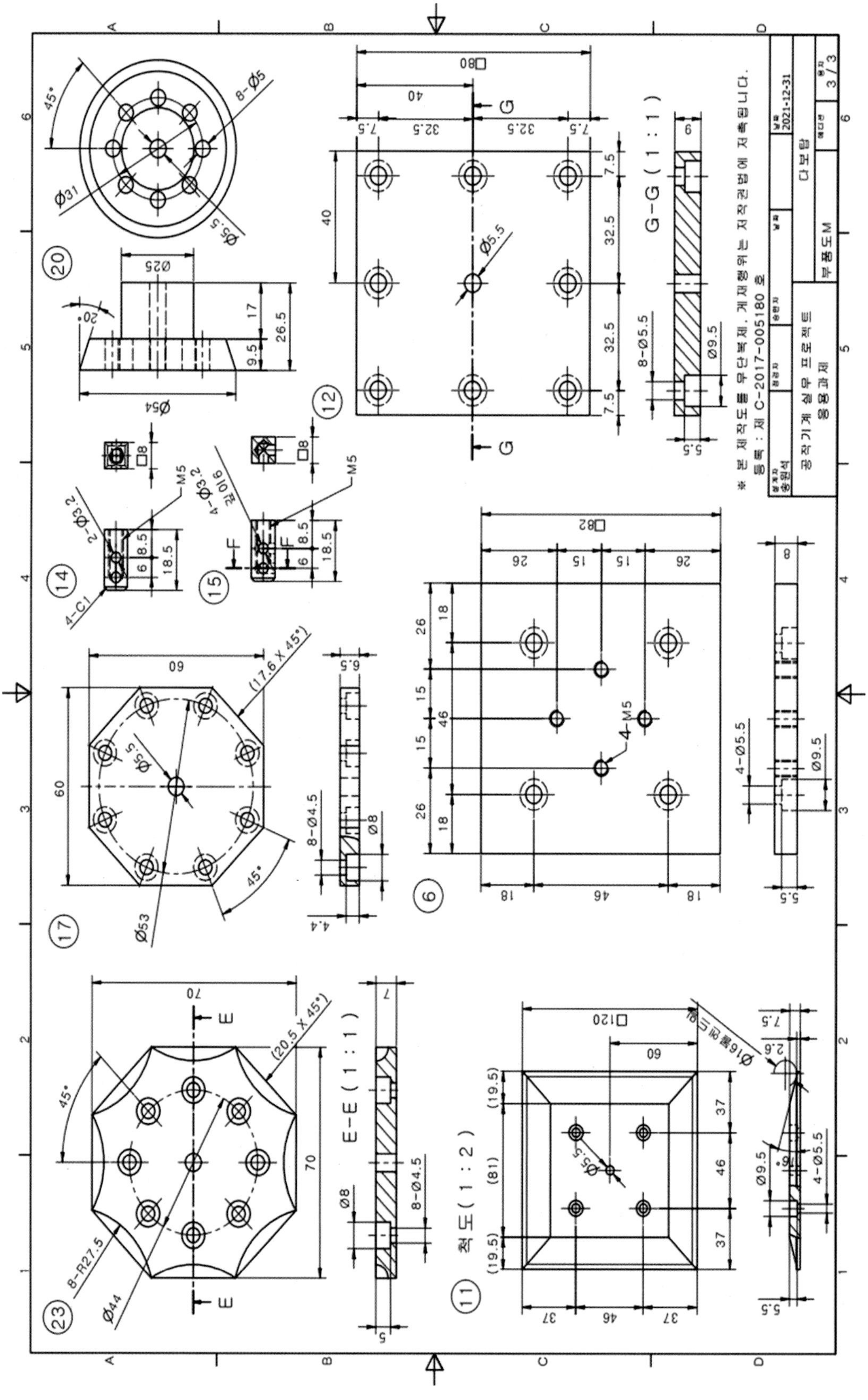
※ 본 제작도를 무단복제, 게재행위는 저작권법에 저촉됩니다.
등록 : 제 C-2017-005180 호
공작기계 실무 프로젝트
응용과제
다보탑
부품도M
2021-12-31
3/3
G-G (1 : 1)
E-E (1 : 1)
척도 (1 : 2)

CHAPTER 07

부록

부록_01 : 수행 과정별 보고서(양식)[표1~표9]

표 1 프로젝트 담당업무 및 참여 동기 작성

<table>
<tr><th colspan="5">프로젝트 담당업무 및 참여 동기</th></tr>
<tr><td colspan="2">프로젝트 명</td><td colspan="3"></td></tr>
<tr><td colspan="2">작 성 자</td><td colspan="2">소속 :</td><td>성명 :</td></tr>
<tr><td>연번</td><td>팀원이름</td><td>담당업무</td><td>프로젝트 활동 참여 동기</td><td>비고</td></tr>
<tr><td>1</td><td></td><td></td><td></td><td></td></tr>
<tr><td>2</td><td></td><td></td><td></td><td></td></tr>
<tr><td>3</td><td></td><td></td><td></td><td></td></tr>
<tr><td>4</td><td></td><td></td><td></td><td></td></tr>
<tr><td>5</td><td></td><td></td><td></td><td></td></tr>
<tr><td>6</td><td></td><td></td><td></td><td></td></tr>
</table>

표 2 도면검토 및 분석[19)]

도면(조립도) 검토 및 분석표		
프로젝트 명		
작 성 자	소속 :	성명 :

구분	검토 사항	검토 결과
1	도면을 검토 및 분석결과 조립여부와 제품의 기능(운동)은? ⟾	
2	제품의 정밀치수(일반치수 제외)는 몇 개소 있으며, 보유한 공작기계 및 공구로 가공이 가능한가? ⟾	
3	제작에 필요한 측정기는 어떤 것이 있으며 사용법을 아는가? ⟾	
4	설계자의 제작 요구사항(주서 등)을 처리할 수 있는가? ⟾	
5	특수공구 또는 치공구는 필요하지 않은가? ⟾	

19) 도면을 검토 및 분석하여 설계자의 요구사항은 무엇인지를 확인한 후 설계 목적, 운동, 마모, 부품 연결, 부품 역할, 주유, 끼워 맞춤, 열처리, 가공, 고정, 조립, 사용한 재질의 절삭성 및 절삭유제의 사용여부 등을 분석한다. 제작상의 문제점이 있으면 수정하고 수정된 도면을 제작도면으로 사용한다.

표 3 소요 가공재료 및 KS규격품[20)]

<table>
<tr><th colspan="6">소요 가공재료 및 KS규격품</th></tr>
<tr><td colspan="2">프로젝트 명</td><td colspan="4"></td></tr>
<tr><td colspan="2">작 성 자</td><td colspan="2">소속 :</td><td colspan="2">성명 :</td></tr>
<tr><td>부품번호</td><td>품명</td><td>재질</td><td>규격</td><td>수량</td><td>비고</td></tr>
<tr><td>1</td><td></td><td></td><td></td><td></td><td></td></tr>
<tr><td>2</td><td></td><td></td><td></td><td></td><td></td></tr>
<tr><td>3</td><td></td><td></td><td></td><td></td><td></td></tr>
<tr><td>4</td><td></td><td></td><td></td><td></td><td></td></tr>
<tr><td>5</td><td></td><td></td><td></td><td></td><td></td></tr>
<tr><td>6</td><td></td><td></td><td></td><td></td><td></td></tr>
<tr><td>7</td><td></td><td></td><td></td><td></td><td></td></tr>
<tr><td>8</td><td></td><td></td><td></td><td></td><td></td></tr>
<tr><td>9</td><td></td><td></td><td></td><td></td><td></td></tr>
<tr><td>10</td><td></td><td></td><td></td><td></td><td></td></tr>
<tr><td>11</td><td></td><td></td><td></td><td></td><td></td></tr>
<tr><td>12</td><td></td><td></td><td></td><td></td><td></td></tr>
<tr><td>13</td><td></td><td></td><td></td><td></td><td></td></tr>
<tr><td>14</td><td></td><td></td><td></td><td></td><td></td></tr>
<tr><td>15</td><td></td><td></td><td></td><td></td><td></td></tr>
</table>

20) 프로젝트 과제 제작에 필요한 재료 목록 표를 작성하여 필요 소재를 구입하도록 한다. KS부품은 규격에 따라 품명과 재질, 규격, 수량을 적고, 비고란에는 KS규격 분류기호와 번호, 열처리 여부를 기록한다. 가공해야 할 재료는 가공이 수월한 연강(SM20C), 황동, 알루미늄 등으로 사용하여도 되며 재료규격은 가공여유(+5㎜)를 포함한 치수를 적는다.

표 4 기계 및 공구, 측정기[21)]

기계 및 공구, 측정기				
프로젝트 명				
작 성 자	소속 :		성명 :	
연번	품명	규격	수량	비고(활용 내역 등)
1				
2				
3				
4				
5				
6				
7				
8				
9				
10				
11				
12				
13				
14				
15				

21) 사용해야 할 공작기계와 공구 및 측정기를 적으며, 규격(사양)과 수량을 적는다. 비고란에는 용도를 적는다.

표 5 부품 가공 시 안전 및 유의사항[22)]

<table>
<tr><th colspan="3">부품 가공 시 안전 및 유의사항</th></tr>
<tr><td colspan="2">프로젝트 명</td><td></td></tr>
<tr><td colspan="2">작 성 자</td><td>소속 :   성명 :</td></tr>
<tr><td>연번</td><td>안전 및 유의 사항</td><td>"불안전한 행동" 또는
"불안전한 상태" 구분</td></tr>
<tr><td>1</td><td></td><td></td></tr>
<tr><td>2</td><td></td><td></td></tr>
<tr><td>3</td><td></td><td></td></tr>
<tr><td>4</td><td></td><td></td></tr>
<tr><td>5</td><td></td><td></td></tr>
<tr><td>6</td><td></td><td></td></tr>
<tr><td>7</td><td></td><td></td></tr>
<tr><td>8</td><td></td><td></td></tr>
<tr><td>9</td><td></td><td></td></tr>
<tr><td>10</td><td></td><td></td></tr>
<tr><td>11</td><td></td><td></td></tr>
<tr><td>12</td><td></td><td></td></tr>
<tr><td>13</td><td></td><td></td></tr>
<tr><td>14</td><td></td><td></td></tr>
<tr><td>15</td><td></td><td></td></tr>
</table>

22) 프로젝트 과제 제작과정에서 안전 및 유의사항을 조사하고 이를 근거로 실제 가공에 있어 안전사고가 발생하지 않도록 철저히 준비한다.
"불안전한 행동" 과 "불안전한 상태" 구분
1. 불안전한 행동 : 실습에 임하는 자세로 안전수칙 준수, 기계 및 공구의 사용, 안전한 작업 등
2. 불안전한 상태 : 작업환경으로 정리, 정돈, 청결 등

표 7 4way 품질 분석[23]

4way 품질 분석표	
프로젝트 명	
작 성 자	소속 : 성명 :
A. 왜 불량이 발생하였는가?	
1 단계 Why?	(예시) 왜 아침 등교시간이 늦었는가? → 아침에 늦게 일어나서 집에서 나왔다.
2 단계 Why?	(예시) 왜 늦게 일어났는가? → 어젯밤에 늦게 잠자리에 들었다.
3 단계 Why?	(예시) 왜 늦게 잠자리에 들었는가? → 인터넷 게임을 늦게까지 하였다.
4 단계 Why?	(예시) 왜 인터넷 게임을 늦게까지 하였는가? → 재미가 있어서 시간 가는 줄 몰랐다.
B. 근본 요인은?	
(예시) 계획성이 없는 생활을 하였다.	
C. 임시 조치는?	
(예시) 자명종으로 기상 시간을 설정한 후 취침한다.	
D. 해결책은?	
(예시) 일과 계획을 세워서 생활화하고 인터넷 게임을 줄인다.	

23) 품질관리의 과정에는 기술 부문에서 성능과 기능을 분명하게 결정하는 기획설계 과정의 품질과 제작 과정에서 현장의 기술 수준에 따라 달라질 수 있는 제작과정의 품질이 중요하다. [표 - 6] 조립품 및 부품 측정을 근거로 제품을 분석하여 불량 원인을 해결할 수 있는 방안을 조사한다.

표 8 부품 가공 순서

<table>
<tr><th colspan="4">부품 가공 순서</th></tr>
<tr><td>프로젝트 명</td><td colspan="3"></td></tr>
<tr><td>작 성 자</td><td colspan="3">소속 : 성명 :</td></tr>
<tr><td rowspan="2">부품
번호</td><td colspan="3">가공 순서 및 방법</td></tr>
<tr><td>공정번호</td><td>사용기계</td><td>작업내용</td></tr>
<tr><td rowspan="15">(   )</td><td>10</td><td></td><td></td></tr>
<tr><td>20</td><td></td><td></td></tr>
<tr><td>30</td><td></td><td></td></tr>
<tr><td>40</td><td></td><td></td></tr>
<tr><td>50</td><td></td><td></td></tr>
<tr><td>60</td><td></td><td></td></tr>
<tr><td>70</td><td></td><td></td></tr>
<tr><td>80</td><td></td><td></td></tr>
<tr><td>90</td><td></td><td></td></tr>
<tr><td>100</td><td></td><td></td></tr>
<tr><td>110</td><td></td><td></td></tr>
<tr><td>120</td><td></td><td></td></tr>
<tr><td>130</td><td></td><td></td></tr>
<tr><td>140</td><td></td><td></td></tr>
<tr><td>150</td><td></td><td></td></tr>
</table>

부록_02 : 프로젝트 스케치도 그리기(양식)[모눈종이]

*제품을 실 치수로 등각투상법으로 그리시오.
*제도용지 한 칸의 길이 : 5mm

품명		척도	
학번		성명	

⁞⁞ 부록_03 : 프로젝트 과제 공구목록

분류	품 명	규 격	비고
T-1	드릴	Ø2.8 Ø3.0 Ø3.4 Ø3.8 Ø4.0 Ø4.3 Ø4.5 Ø4.8 Ø5.0 Ø5.5 Ø5.8 Ø6.0 Ø6.2 Ø6.6 Ø7.0 Ø7.3 Ø7.7 Ø8.0 Ø8.2 Ø8.4 Ø8.6 Ø8.7 Ø9.0 Ø9.7 Ø10.0 Ø10.4 Ø11.0 Ø11.7 Ø12.0	전 작품 제작용
T-2	센터 드릴	Ø3.0×60°	"
T-3	핸드 탭	M3, M4, M5, M6, M8, M10, M12×1.75	"
T-4	탭 핸들	소형, 중형	"
T-5	다이스	M4, M5, M6, M8, M10, M12×1.75	"
T-6	다이스 핸들	소형(Ø25), 중형(Ø38)	"
T-7	카운터 싱크	Ø10×90°_3날, Ø15×90°_6날	"
T-8	카운터 보어	M3, M4, M5, M6, M8	"
T-9	기계 리머	Ø4H7, Ø5H7, Ø6H7, Ø8H7, Ø10H7, Ø12H7	"
T-10	홈 바이트	t1.5	"
T-11	절단 바이트	t3.0	"
T-12	외경 바이트	황삭, 정삭	"
T-13	모따기 바이트	45°	"
T-14	평 엔드밀	Ø5, Ø6, Ø8, Ø10, Ø12, Ø16, Ø22 2날 또는 4날	"
T-15	볼 엔드밀	Ø16	"
T-16	훼이스 커터 팁	황삭, 정삭	"
T-17	황목줄(자루포함)	평 300	"
T-18	중목줄(자루포함)	평 250	"
T-19	세목줄(자루포함)	평 200	"
T-20	유목줄(자루포함)	평 150	"
T-21	손톱대	12″	"
T-22	손톱날	12″×18T	"
T-23	기름숫돌	5t×100, #1000	"
T-24	사포	#500, #1000, #2000	"
T-25	디버링툴	싱크형날, 내경 회전날	"
T-26	스냅링 플라이어	Ø10/축용, Ø12/축용	"
T-27	드라이버	+ - 겸용	"
T-28	육각 L렌치	M3, M4, M5, M6	"
T-29	센터 펀치	Ø10×100	"
T-30	방청유	360mℓ	"
T-31	탭핑유	473mℓ	"
T-32	절삭유	20L(W1종 또는 W2종)	"
T-33	정반 세척제	500mℓ	"
T-34	부직포	측정기 세척용	"
T-35	망치	볼핀, 무반동	"

부록_04 : 프로젝트 과제 재료목록

표 프로젝트 (망치-A) 구입재료

	품명	규격	수량 (1대기준)	단가	비고
1	알루미늄	∅55 × 95	1		∅규격품 절단 +1~2
2	알루미늄	∅30 × 100	1		∅규격품 절단 +1~2
3	연마핀	∅12 × 130	1		∅규격품 절단 +1~2
4	스프링와셔	M12	1		KS규격품
5	육각너트	M12	1		KS규격품
6	육각렌치볼트	M6 × 15	1		KS규격품
7	무두볼트	M5 × 6	1		KS규격품

표 프로젝트 (큐브-3조각) 구입재료

	품명	규격	수량 (1대기준)	단가	비고
1	연강(SM20C)	45 × 31× 17	1		±0.2 밀링가공
2	연강(SM20C)	45 × 45 × 31	2		±0.2 밀링가공

표 프로젝트 (슬라이더) 구입재료

	품명	규격	수량 (1대기준)	단가	비고
1	연강(SM20C)	12×55×72	1		±0.2 밀링가공
2	연강(SM20C)	10×20×55	2		±0.2 밀링가공
3	연강(SM20C)	10×32×55	1		±0.2 밀링가공
4	맞춤핀	∅4g6×24	4		연마핀
5	육각홈붙이볼트	M5×15	2		KS규격품
6	접시머리볼트	M5×15	2		KS규격품

표 프로젝트 (나사바이스_수가공) 구입재료

	품명	규격	수량 (1대기준)	단가	비고
1	연강(SM20C)	16×55×72	1		±0.2 밀링가공
2	연강(SM20C)	18×55×58	1		±0.2 밀링가공
3	연강(SM20C)	18×42×75	1		±0.2 밀링가공
4	연강(SM20C)	∅12×120	1		∅절단 +1~2
5	연강(SM20C)	∅35×65	1		∅절단 +1~2
6	멈춤링	∅12/축용_C형	1		KS규격품
7	육각홈붙이볼트	M6×20	2		KS규격품
8	무두 볼트	M5×6	1		KS규격품

표 프로젝트 (팽이) 구입재료

	품명	규격	수량 (1대기준)	단가	비고
1	알루미늄 or 연강	∅55 × 35	1		∅규격품 절단 +1~2

표 프로젝트 (축구공) 구입재료

	품명	규격	수량 (1대기준)	단가	비고
1	연강(SM20C)	10×75×85	20		±0.2 밀링가공
2	알루미늄봉	∅2.4×1M	2		±0.2 밀링가공
3	무두 볼트	M5×6	60		KS규격품

표 프로젝트 (벌집 연필통) 구입재료

	품명	규격	수량 (1대기준)	단가	비고
1	알루미늄봉 or 연강	∅30×100	7		∅규격품 절단 +1~2
2	육각홈붙이볼트	M4×25	6		KS규격품

표 프로젝트 (소형 바이스) 구입재료

	품명	규격	수량 (1대기준)	단가	비고
1	연강(SM20C)	14×48×67	1		±0.2 밀링가공
2	연강(SM20C)	17×48×52	2		±0.2 밀링가공
3	연강(SM20C)	∅30 × 110	1		∅절단 +1~2
3	연마핀(열처리)	∅4 × 45	1		∅절단 +1~2
4	육각홈붙이볼트	M6 × 15	2		KS규격품

표 프로젝트 (나사탁상바이스_B형) 구입재료

	품명	규격	수량 (1대기준)	단가	비고
1	연강(SM20C)	18×60×80	1		±0.2 밀링가공
2	연강(SM20C)	32×32×82	2		±0.2 밀링가공
3	연강(SM20C)	24×55×60	2		±0.2 밀링가공
4	연강(SM20C)	∅35 × 60	1		∅절단 +1~2
5	연강(SM20C)	∅12 × 130	1		∅절단 +1~2
6	연강(SM20C)	∅20 × 60	1		∅절단 +1~2
7	육각홈붙이볼트	M5 × 15	2		KS규격품
8	육각홈붙이볼트	M5 × 25	2		KS규격품
9	멈춤나사	M5 × 6	1		KS규격품
10	멈춤링	∅12 축용 C형	1		KS규격품

표 프로젝트 (수평공압프레스 A형) 구입재료

	품명	규격	수량 (1대기준)	단가	비고
1	연강(SM20C)	18×70×95	1		±0.2 밀링가공
2	연강(SM20C)	22×42×56	2		±0.2 밀링가공
3	연강(SM20C)	12×40×70	1		±0.2 밀링가공
4	연강(SM20C)	∅35 × 65	2		∅절단 +1~2
5	연마봉	∅8 × 80	1		∅절단 +1~2
6	압축코일스프링	∅12/∅1.0 × 30	1		∅절단 +1~2
7	압축코일스프링	∅12/∅1.0 × 90	1		∅절단 +1~2
8	육각홈붙이볼트	M4 × 15	1		KS규격품
9	육각홈붙이볼트	M5 × 10	2		KS규격품
10	육각홈붙이볼트	M5 × 15	2		KS규격품
11	육각너트	M6	2		KS규격품
12	평와셔	M6	2		KS규격품
13	공압 단동실린더	APC B10-S15	1		KS규격품
14	고압 미세조절밸브	APC B10-S15 부착용/∅4	1		KS규격품
15	고압호스	우레탄/∅4×∅2×300	1		KS규격품
16	셀렉터 스위치	공압 3/2way	1		작품작동검사(교사용)

표 프로젝트 (수직공압프레스 A형) 구입재료

	품명	규격	수량 (1대기준)	단가	비고
1	연강(SM20C)	18×65×90	2		±0.2 밀링가공
2	연강(SM20C)	20×50×56	1		±0.2 밀링가공
3	연강(SM20C)	12×44×64	1		±0.2 밀링가공
3	연강(SM20C)	12×45×65	1		±0.2 밀링가공
4	연강(SM20C)	∅35 × 65	2		∅절단 +1~2
5	연마봉	∅8 × 80	1		∅절단 +1~2
5	연마봉	∅8 × 50	1		∅절단 +1~2
6	압축코일스프링	∅12/∅1.0 × 30	1		∅절단 +1~2
7	압축코일스프링	∅12/∅1.0 × 100	1		∅절단 +1~2
8	육각홈붙이볼트	M4 × 15	3		KS규격품
9	육각홈붙이볼트	M5 × 10	2		KS규격품
10	육각홈붙이볼트	M5 × 15	2		KS규격품
11	육각너트	M6	1		KS규격품
12	평와셔	M6	1		KS규격품
13	공압 단동실린더	APC B10-S15	1		KS규격품
14	고압 미세조절밸브	APC B10-S15 부착용/∅4	1		KS규격품
15	고압호스	우레탄/∅4×300	1		KS규격품
16	셀렉터 스위치	공압 5/2way	1		작품작동검사(교사용)

표 프로젝트(전기자동차 A형)구입재료

구분	품명	규격	수량 (1대기준)	단가	비고
1	알루미늄 or 연강	∅70 × 100	2		∅규격품 절단 ±0.5
2	알루미늄 or 연강	∅40 × 100	1		∅규격품 절단 ±0.5
3	연마봉(비열처리)	∅10 × 2M	1		∅규격품 절단 ±0.5
4	육각홈붙이볼트	M4 × 35	2		
5	육각홈붙이볼트	M4 × 15	4		
6	육각홈붙이볼트	M3 × 30	2		
7	육각홈붙이볼트	M3 × 10	2		
8	무두볼트	M5 × 6	2		
9	스트레이트 베벨기어	m1-20TB	2		
10	멈춤링	축용 ∅10_C형	6		
11	고무오링	S-35(∅34.5x2)	4		
12	기어드 DC모터	K26 2W 26∅ DC24V, 기어비 1/60~1/120	1		
13	건전지	9V	2		
14	건전지스냅홀더	9V용	2		
15	푸시버튼스위치	W12N-A(LOCK)-RD	2		
16	릴레이	KH-103-4CL DC24V-14P	1		
17	릴레이 소켓	KH-103-4CL-14P	1		
18	발광다이오드	LED 5mm-RD	4		
19	저항	1kΩ 1/4W	4		
20	칼라리본케이블	무지개 30선x300	1		
21	원형자석	네오디움 ∅12x3	1		

표 프로젝트(전기자동차 B형) 구입재료

구분	품명	규격	수량 (1대기준)	단가	비고
1	알루미늄 or 연강	∅70 × 95	2		∅규격품 절단 ±0.5
2	알루미늄 or 연강	∅70 × 75	1		∅규격품 절단 ±0.5
3	알루미늄 or 연강	∅30 × 150	1		∅규격품 절단 ±0.5
4	연마봉(비열처리)	∅10 × 2M	1		∅규격품 절단 ±0.5
5	알루미늄 or 연강	15 ×30 × 65	2		t절단 가공 ±0.5
6	알루미늄 or 연강	30 ×50 × 55	1		t절단 가공 ±0.5
7	알루미늄 or 연강	30 ×33 × 55	2		t절단 가공 ±0.5
8	육각홈붙이볼트	M5 × 35	2		
9	육각홈붙이볼트	M5 × 10	5		
10	육각홈붙이볼트	M4 × 10	8		
11	육각홈붙이볼트	M3 × 10	2		
12	육각홈붙이볼트	M3 × 30	2		
13	무두볼트	M5 × 6	2		
14	스트레이트 베벨기어	m1-20TB	2		
15	멈춤링	축용 ∅10_C형	4		
16	고무오링	S-26(∅25.5x2)	4		
17	기어드 DC모터	K26 2W 26∅ DC24V, 기어비 1/60~1/120	1		
18	건전지	9V	2		
19	건전지스냅홀더	9V용	2		
20	푸시버튼스위치	W12N-A(LOCK)-RD	2		
21	릴레이	KH-103-4CL DC24V-14P	1		
22	릴레이 소켓	KH-103-4CL-14P	1		
23	발광다이오드	LED 5mm-RD	4		
24	저항	1kΩ 1/4W	4		
25	칼라리본케이블	무지개 30선x300	1		
26	원형자석	네오디움 ∅12x3	1		

표 프로젝트 (윤장대) 구입재료

구분	품명	규격	수량 (1대기준)	단가	비고
1	황동, 알루미늄	Ø70 × 15	1		∅규격품절단 +1~2
2	황동, 알루미늄	Ø40 × 19	1		∅규격품절단 +1~2
3	황동, 알루미늄	Ø50 × 50	1		∅규격품절단 +1~2
4	황동, 알루미늄	10t × 69 × 69	1		t규격품절단 +1~2
5	황동, 알루미늄	Ø60 × 58	1		∅규격품절단 +1~2
6	황동, 알루미늄	Ø60 × 20	1		∅규격품절단 +1~2
7	황동, 알루미늄	20t × 45 × 45	8		t규격품절단 +1~2
8	황동, 알루미늄	10t × 105 × 105	1		t규격품절단 +1~2
9	황동, 알루미늄	Ø60 × 30	1		∅규격품절단 +1~2
10	황동, 알루미늄	Ø20 × 40	1		∅규격품절단 +1~2
11	황동, 알루미늄	Ø5 × 15	8		∅규격품절단 +1~2
12	황동, 알루미늄	Ø5 × 35	1		∅규격품절단 +1~2
13	황동, 알루미늄	Ø5 × 20	8		∅규격품절단 +1~2
14	황동, 알루미늄	Ø2.4 × 1m	1		∅규격품절단 +1~2
15	스러스트 베어링	내경Ø5/외경Ø10	2		
16	육각홈붙이볼트	M3 × 10	8		
17	육각홈붙이볼트	M3 × 15	8		
18	육각홈붙이볼트	M4 × 10	8		
19	육각홈붙이볼트	M5 × 170	1		

표 프로젝트 (석가탑) 구입재료

구분	품명	규격	수량 (1대기준)	단가	비고
1	황동, 알루미늄	8t × 200 × 200	1		t규격품을 절단 +1~2
2	황동, 알루미늄	30t × 110 × 110	1		t규격품을 절단 +1~2
3	황동, 알루미늄	10t × 90 × 90	1		t규격품을 절단 +1~2
4	황동, 알루미늄	35t × 75 × 75	1		t규격품을 절단 +1~2
5	황동, 알루미늄	8t × 80 × 80	1		t규격품을 절단 +1~2
6	황동, 알루미늄	8t × 58 × 58	1		t규격품을 절단 +1~2
7	황동, 알루미늄	30t × 43 × 43	1		t규격품을 절단 +1~2
8	황동, 알루미늄	10t × 63 × 63	1		t규격품을 절단 +1~2
9	황동, 알루미늄	12t × 70 × 70	1		t규격품을 절단 +1~2
10	황동, 알루미늄	8t × 44 × 44	1		t규격품을 절단 +1~2
11	황동, 알루미늄	20t × 36 × 36	1		t규격품을 절단 +1~2
12	황동, 알루미늄	10t × 52 × 52	1		t규격품을 절단 +1~2
13	황동, 알루미늄	10t × 60 × 60	1		t규격품을 절단 +1~2
14	황동, 알루이늄	8t × 39 × 39	1		t규격품을 절단 +1~2
15	황동, 알루미늄	15t × 31 × 31	1		t규격품을 절단 +1~2
16	황동, 알루미늄	10t × 47 × 47	1		t규격품을 절단 +1~2
17	황동, 알루미늄	10t × 55 × 55	1		t규격품을 절단 +1~2
18	황동, 알루미늄	Ø35 × 26	1		∅규격품을 절단 +1~2
19	황동, 알루미늄	15t × 30 × 30	1		t규격품을 절단 +1~2
20	황동, 알루미늄	12t × 15 × 30	8		t규격품을 절단 +1~2
21	황동, 알루미늄	“	4		t규격품을 절단 +1~2
22	황동, 알루미늄	Ø25 × 100	1		∅규격품을 절단 +1~2
23	황동, 알루미늄 또는 전기금 체인	Ø5 × 1M 또는 Ø2×7mm, 1M	1		∅규격품을 절단 +1~2 비즈뱅크
24	육각홈붙이볼트	M5 × 10	14		
25	육각홈붙이볼트	M5 × 35	6		
26	육각홈붙이볼트	M4 × 35	4		
27	육각홈붙이볼트	M4 × 20	1		

표 프로젝트 (다보탑) 구입재료

구분	품명	규격	수량 (1대기준)	단가	비고
1	황동, 알루미늄	8t × 200 × 200	1		t규격품을 절단 +1~2
2	황동, 알루미늄	45t × 75 × 75	1		t규격품을 절단 +1~2
3	황동, 알루미늄	35t × 45 × 45	4		t규격품을 절단 +1~2
4	황동, 알루미늄	10t × 45 × 45	8		t규격품을 절단 +1~2
5	황동, 알루미늄	12t × 15 × 40	8		t규격품을 절단 +1~2
6	황동, 알루미늄	10t × 87 × 87	1		t규격품을 절단 +1~2
7	황동, 알루미늄	10t × 75 × 75	1		t규격품을 절단 +1~2
8	황동, 알루미늄	25t × 25 × 45	4		t규격품을 절단 +1~2
9	황동, 알루미늄	8t × 40 × 40	4		t규격품을 절단 +1~2
10	황동, 알루미늄	8t × 95 × 95	1		t규격품을 절단 +1~2
11	황동, 알루미늄	10t ×125×125	1		t규격품을 절단 +1~2
12	황동, 알루미늄	10t × 85 × 85	1		t규격품을 절단 +1~2
13	황동, 알루미늄	30t × 45 × 45	1		t규격품을 절단 +1~2
14	황동, 알루미늄	10t × 10 × 25	4		t규격품을 절단 +1~2
15	황동, 알루미늄	10t × 10 × 25	4		t규격품을 절단 +1~2
16	황동, 알루미늄	Ø3 × 2M	1		Ø규격품을 절단 +1~2
17	황동, 알루미늄	10t × 65 × 65	1		t규격품을 절단 +1~2
18	황동, 알루미늄	Ø6 × 2M	1		Ø규격품을 절단 +1~2
19	황동, 알루미늄	Ø2.4 × 2M	1		Ø규격품을 절단 +1~2
20	황동, 알루미늄	Ø55 × 50	1		Ø규격품을 절단 +1~2
21	황동, 알루미늄	8t × 45 × 45	1		t규격품을 절단 +1~2
22	황동, 알루미늄	10t × 35 × 23	8		t규격품을 절단 +1~2
23	황동, 알루미늄	10t × 75 × 75	1		t규격품을 절단 +1~2
24	황동, 알루미늄	Ø60 × 60	1		Ø규격품을 절단 +1~2
25	황동, 알루미늄	Ø25 × 90	1		Ø규격품을 절단 +1~2
26	황동, 알루미늄	Ø5 × 2M	1		Ø규격품을 절단 +1~2
27	황동, 알루미늄	12t × 12 × 28	8		t규격품을 절단 +1~2
28	황동, 알루미늄	12t × 12 × 28	4		t규격품을 절단 +1~2
29	황동, 알루미늄 또는 전기금 체인	Ø5 × 1M 또는 Ø2×7mm, 1M	1		Ø규격품을 절단 +1~2 또는 비즈뱅크
30	육각홈붙이볼트	M5 × 10	42		
31	육각홈붙이볼트	M5 × 15	4		
32	육각홈붙이볼트	M5 × 20	8		
33	육각홈붙이볼트	M4 × 10	8		
34	육각홈붙이볼트	M4 × 6	16		
35	육각홈붙이볼트	M5 × 130	1		

∷ 부록_05 : 원기둥 고정구 도면

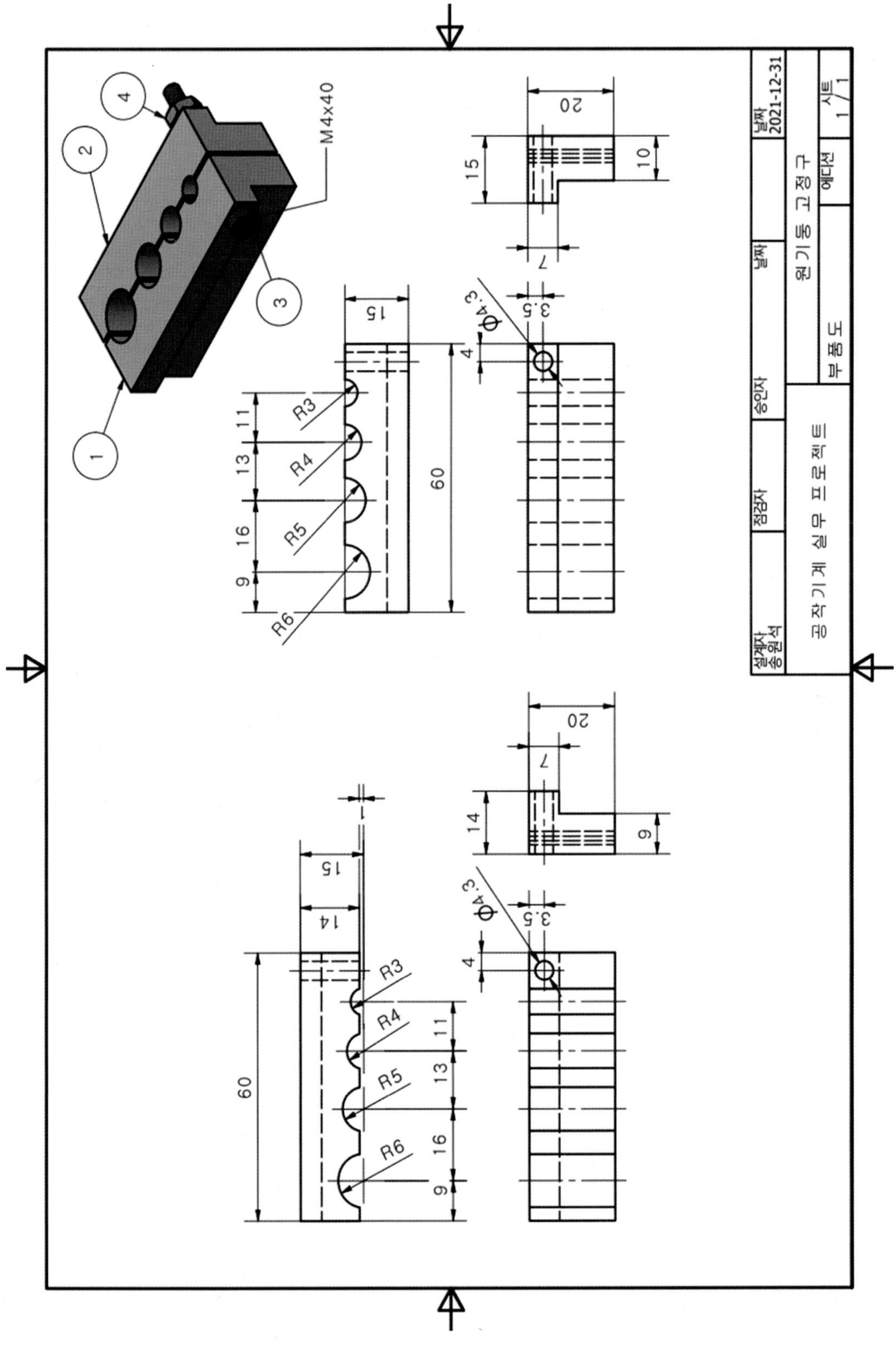

실무를 위한 **기계가공 프로젝트 공학**

초 판 인쇄 | 2022년 10월 1일
초 판 발행 | 2022년 10월 10일

저 자 | 송원석 민경성
발행인 | 조규백
발행처 | **도서출판 구민사**
(07293) 서울특별시 영등포구 문래북로 116, 604호(문래동 3가 46, 트리플렉스)
전 화 | (02) 701－7421(～2)
팩 스 | (02) 3273－9642
홈페이지 | www.kuhminsa.co.kr
신고번호 | 제2012-000055호 (1980년 2월4일)
I S B N | 979-11-6875-110-1 [13550]

값 25,000원